Mathematik – Problemlösungen mit MATHCAD und MATHCAD PRIME

Hans Benker

Mathematik – Problemlösungen mit MATHCAD und MATHCAD PRIME

 Springer Vieweg

Prof. Dr. Hans Benker
Martin-Luther-Universität Halle-Wittenberg
Naturwissenschaftliche Fakultät II
Institut für Mathematik
06099 Halle (Saale)
Deutschland

ISBN 978-3-642-33893-9   ISBN 978-3-642-33894-6 (eBook)
DOI 10.1007/978-3-642-33894-6

Die Deutsche Nationalbibliothek verzeichnet diese Publikation in der Deutschen Nationalbibliografie;
detaillierte bibliografische Daten sind im Internet über http://dnb.d-nb.de abrufbar.

Springer Vieweg
© Springer-Verlag Berlin Heidelberg 2013

Springer Vieweg ist eine Marke von Springer DE. Springer DE ist Teil der Fachverlagsgruppe Springer
Science+Business Media.
www.springer-vieweg.de

Vorwort

Das vorliegende Buch soll kein weiteres Werk über Mathematik im klassischen Sinne sein, da es hiervon bereits eine große Anzahl gibt.

Die Berechnung mathematischer Probleme per Hand, wie in vielen Mathematiklehrbüchern praktiziert wird, ist nicht mehr zeitgemäß und auch bei den meisten praktischen Aufgabenstellungen ohne Computer nicht möglich.

Bei mathematischen Problemen werden im heutigen Computerzeitalter hauptsächlich Mathematiksysteme (z.B. MAPLE, MATHEMATICA, MATHCAD, MATHCAD PRIME, MATLAB und MuPAD) oder andere Programmsysteme (wie z.B. EXCEL) eingesetzt, um anfallende Berechnungen mit vertretbarem Aufwand bewältigen zu können.

MATHCAD und MATHCAD PRIME werden bevorzugt eingesetzt, weil sie

- mit *anderen Systemen* wie MuPAD und EXCEL zusammenarbeiten und C- und Fortran-Programme einbinden können,
- hervorragende Fähigkeiten bei *numerischen Berechnungen* besitzen,
- sich durch zahlreiche Zusatzpakete *erweitern* lassen, die als *Erweiterungspakete* und *Elektronische Bücher* bezeichnet werden. Diese existieren für wichtige Gebiete aus Technik, Natur- und auch Wirtschaftswissenschaften.

Das vorliegende Buch ist folgendermaßen aufgebaut:

- Die *erste Aufgabe* (Teil I) des Buches besteht darin, Struktur, Arbeitsweise und Fähigkeiten von MATHCAD und MATHCAD PRIME kurz und übersichtlich darzustellen, so dass auch Einsteiger in der Lage sind, beide problemlos einzusetzen.
- Da Berechnungen mathematischer Probleme auf Computern nicht ohne Mathematikkenntnisse möglich sind, besteht die *Hauptaufgabe* (Teil II und III) des Buches in einer Einführung in Grundgebiete und Vorstellung wichtiger Spezialgebiete der Mathematik, wobei die Anwendbarkeit von MATHCAD und MATHCAD PRIME im Vordergrund steht:
  - Neben mathematischen Grundlagen werden zusätzlich wichtige Spezialgebiete wie Differenzengleichungen, Differentialgleichungen, Optimierung, Transformationen, Simulationen, Wahrscheinlichkeitsrechnung und Statistik vorgestellt, die für zahlreiche praktische Problemstellungen erforderlich sind.
  - Theoretische Grundlagen und Näherungsmethoden (numerische Methoden) werden so behandelt, wie es für den Einsatz von MATHCAD und MATHCAD PRIME erforderlich ist:
    Auf Beweise und ausführliche theoretische Abhandlungen wird verzichtet.
    Notwendige Formeln und Methoden werden an Beispielen illustriert und erläutert.

Da die behandelten mathematischen Gebiete nicht nur zu Grundlagen für Ingenieure und Naturwissenschaftler gehören, kann das Buch auch für die Wirtschaftsmathematik herangezogen und allgemein als *Nachschlagewerk* benutzt werden, wenn Fragen mathematischer Natur in Bezug auf die Anwendung von MATHCAD und MATHCAD PRIME auftreten.

◆

Das Buch ist aus Lehrveranstaltungen und Computerpraktika entstanden, die der Autor an der Universität Halle gehalten hat, und wendet sich sowohl an *Studenten* und *Lehrkräfte* der Mathematik, Ingenieur- und Natur- und Wirtschaftswissenschaften von Fachhochschulen und Universitäten als auch in der *Praxis* tätige Mathematiker, Ingenieure, Naturwissenschaftler und Wirtschaftswissenschaftler.

Im Folgenden werden *Hinweise* zum *Aufbau* des *Buches* gegeben:

- *Kursiv* werden geschrieben:
  - wichtige Begriffe,
  - Anzeigen und Fehlermeldungen im Arbeitsblatt,
  - Untersymbolleisten und Gruppen in Registerkarten.
- **Fett** werden geschrieben:
  - Anweisungen und Operatoren der Programmierung,
  - Dialogfenster und Menüs,
  - Internetadressen,
  - Registerkarten,
  - Schlüsselwörter,
  - Symbolleisten,
  - Vordefinierte (integrierte) Funktionen,
  - Überschriften und Bezeichnungen von Abbildungen, Beispielen und Namen von Vektoren und Matrizen.
- In GROSSBUCHSTABEN werden geschrieben:
  - Namen von Erweiterungspaketen und Elektronischen Büchern,
  - Vordefinierte Variablen
  - Programm-, Datei- und Verzeichnisnamen.
- *Abbildungen* und *Beispiele* werden folgendermaßen gekennzeichnet:
  - Sie werden in jedem Kapitel mit 1 beginnend nummeriert, wobei die Kapitelnummer vorangestellt ist.
  - So bezeichnen z.B. **Abb.4.2** und **Beisp.3.8** die Abbildung 2 aus Kapitel 4 bzw. das Beispiel 8 aus Kapitel 3.
  - *Beispiele enden* mit dem *Symbol* ♦, wenn sie vom nachfolgenden Text abzugrenzen sind.
- Folgende *Darstellungen* werden *verwendet:*
  - Einzelne *Menüs* einer *Menüfolge* von MATHCAD werden mittels Pfeil ⇒ getrennt, der gleichzeitig für einen Mausklick steht.
  - Wichtige *Bemerkungen*, *Hinweise* und *Erläuterungen* beginnen mit

    und enden mit dem Symbol ♦, wenn sie vom nachfolgenden Text abzugrenzen sind.
- Wichtige Erklärungen zu Anwendungen von MATHCAD und MATHCAD PRIME sind zwecks schnellerem Auffinden mittels der Pfeile

  bzw.

  gekennzeichnet und bei größerem Erklärungsumfang mittels folgender Pfeile abgeschlossen:

  bzw.

Für die *Unterstützung* bei der Erstellung des Buches möchte ich *danken:*

Frau Hestermann-Beyerle und Frau Kolmar-Thoni vom Springer-Verlag Berlin Heidelberg für die Aufnahme des Buchvorschlags in das Verlagsprogramm und die gute Zusammenarbeit.

Frau Mona Zeftel von PTC in Needham (USA) für die kostenlose Bereitstellung der neuen Versionen von MATHCAD und MATHCAD PRIME, für die Teilnahme an den Beta-Tests und die Hilfe bei Unklarheiten.

Meiner Gattin Doris, die großes Verständnis für meine Arbeit aufgebracht hat.

Meiner Tochter Uta für die Hilfe bei Computerfragen.

Über Fragen, Hinweise, Anregungen und Verbesserungsvorschläge würde sich der Autor freuen. Sie können an folgende E-Mail-Adresse gesendet werden:

hans.benker@mathematik.uni-halle.de

Halle, Frühjahr 2013   Hans Benker

Inhaltsverzeichnis

Teil I: Einführung in MATHCAD und MATHCAD PRIME

Teil II: Anwendung von MATHCAD und MATHCAD PRIME in Grundgebieten der Mathematik

1 Einleitung

1.1 Mathematiksysteme

Aktuelle Mathematiksysteme wie MATHCAD, MATHCAD PRIME, MATLAB, MAPLE, MATHEMATICA und MuPAD verwenden Methoden der *Computeralgebra* und *Numerischen Mathematik* (*Numerik*), um mathematische Probleme mittels Computer lösen zu können (siehe auch Abschn.1.1.1 und 1.1.2).

MATHCAD war ebenso wie MATLAB zu Beginn seiner Entwicklung ein reines *Numeriksystem*, d.h. es bestand aus einer Programmsammlung für *numerische Methoden* (Näherungsmethoden) unter einheitlicher Benutzeroberfläche zur *numerischen (näherungsweisen) Berechnung* mathematischer Probleme mittels Computer.

In der Folgezeit wurde in MATHCAD und auch MATLAB in Lizenz eine Variante des *Symbolprozessors* von MAPLE bzw. in neuere Versionen von MuPAD zur *exakten (symbolischen) Berechnung* mathematischer Probleme aufgenommen.

Deshalb können MATHCAD und MATHCAD PRIME ebenso wie MATLAB jetzt neben numerischen auch exakte (symbolische) Berechnungen durchführen.

Da ursprünglich reine Computeralgebrasysteme für exakte (symbolische) Berechnungen mittels Computer wie MAPLE, MATHEMATICA und MuPAD in ihre neueren Versionen auch numerische Methoden aufgenommen haben, bezeichnen wir alle als *Mathematiksysteme*, deren Fähigkeiten der Abschnitt 1.1.3 kurz vorstellt.

1.1.1 Anwendung der Computeralgebra

Da in Computern nur Zahlendarstellungen mit endlicher Anzahl von Ziffern möglich sind, könnte angenommen werden, dass nur numerische (näherungsweise) Berechnungen auf Basis endlicher Dezimalzahlen (Gleitkommazahlen) durchführbar sind.

Dies ist jedoch nicht der Fall, wie die sich mit der Computerentwicklung herausgebildete mathematische Theorie zeigt, die *exakte (symbolische) Berechnungen* mathematischer Probleme mittels Computern zum Inhalt hat und als *Computeralgebra* oder *Formelmanipulation* bezeichnet wird und folgendermaßen *charakterisiert* ist (siehe auch Abschn.12.2):

- Die Begriffe Computeralgebra und Formelmanipulation werden *synonym* verwandt, wobei *Formelmanipulation* aus folgendem Grund den Sachverhalt besser trifft:
  Computeralgebra könnte leicht zu dem Missverständnis führen, dass nur Berechnungen algebraischer Probleme untersucht werden.
  Die Bezeichnung *Algebra* steht jedoch nur für die verwendeten Methoden zur *exakten (symbolischen) Manipulation* (Berechnung), d.h. die *Algebra* liefert im Wesentlichen das Werkzeug zur Berechnung und Umformung von *Ausdrücken* und zur *Entwicklung exakter (endlicher) Lösungsmethoden* (Algorithmen), wie z.B. für Matrizenoperationen, zur Lösung linearer Gleichungen und Differentialgleichungen, für die Differentiation von Funktionen und Berechnung gewisser Integrale, für die Integrationsregeln zum Erfolg führen.

- *Rationale* und *reelle Zahlen* wie z.B. $0.3333...$, $\sqrt{2}$ und π werden nur *exakt* dargestellt, d.h. durch *Brüche* bzw. *Symbole*, und nicht in gerundeter Form als endliche *Dezimalzahlen* wie in der *Numerik*.

- *Vor-* und *Nachteile* der *Computeralgebra* lassen sich folgendermaßen *charakterisieren:*

  - *Vorteile* bestehen im Folgenden:
    Formelmäßige Eingabe des zu berechnenden Problems.
    Das Ergebnis wird ebenfalls als Formel geliefert. Diese Vorgehensweise ist der manuellen Berechnung mit Papier und Bleistift angepasst.
    Da mit Zahlen exakt gerechnet wird, treten keinerlei Fehler auf, so dass exakte Ergebnisse erhalten werden.

  - Der einzige (aber wesentliche) *Nachteil* besteht darin, dass nur solche Probleme berechenbar sind, für die eine *exakte (endliche) Berechnungsmethode bekannt* ist, d.h. eine Methode, die eine *exakte Lösung* nach endlich vielen Schritten liefert. Derartige Methoden gibt es nur für spezielle Kategorien mathematischer Probleme, wie im Buch illustriert ist. Praktische Problemstellungen fallen nicht immer in diese Kategorien, so dass die Computeralgebra nicht anwendbar ist und auf *numerische Methoden* zurückgegriffen werden muss.

- Während Algorithmen/Methoden/Verfahren der *Numerik* schon bei Grundkenntnissen einer Programmiersprache (z.B. BASIC, C, PASCAL) für *Computer programmierbar* sind, erfordert das Erstellen eines *Computeralgebrasystems* tiefe *mathematische (algebraische) Kenntnisse*. So wurden aktuelle Computeralgebrasysteme von Wissenschaftlergruppen und Softwarefirmen im Verlaufe mehrerer Jahre erstellt und werden laufend verbessert.

Beispiel 1.1:

Im Folgenden ist die Problematik der *Computeralgebra* kurz illustriert:

a) *Reelle Zahlen* wie z.B. $\sqrt{2}$ und π werden nach Eingabe im Rahmen der *Computeralgebra* (exakte Berechnungen) nicht durch eine Dezimalzahl wie z.B.

$$\sqrt{2} \approx 1.414214 \qquad \text{bzw.} \qquad \pi \approx 3.141593$$

approximiert, wie dies bei numerischen Methoden der Fall ist, sondern werden formelmäßig (symbolisch) als $\sqrt{2}$ bzw. π erfasst, so dass z.B. bei weiteren Berechnungen für $(\sqrt{2})^2$ der exakte Wert 2 folgt.

b) An der *Lösung* des einfachen *linearen Gleichungssystems* $\quad$ a·x+y=1 , x+b·y=0 , das zwei frei wählbare Parameter a und b enthält, ist ein typischer Unterschied zwischen Computeralgebra und numerischen Methoden zu sehen. Der Vorteil der Computeralgebra liegt darin, dass die Lösung in Abhängigkeit von a und b gefunden wird, während numerische Methoden für a und b Zahlenwerte fordern.
MATHCAD und MATHCAD PRIME liefern bei exakter (symbolischer) Berechnung die *formelmäßige Lösung*

$$x = \frac{b}{-1 + a \cdot b} \quad , \quad y = \frac{-1}{-1 + a \cdot b}$$

in Abhängigkeit von den Parametern a und b. Der Anwender muss lediglich erkennen, dass für a und b die Ungleichung a·b≠1 zu fordern ist, da sonst keine Lösung existiert.

c) Ein weiteres typisches Beispiel für die Anwendung der Computeralgebra liefert die *Differentiation* (*Ableitung*) von Funktionen (siehe Abschn.20.1):

Durch Kenntnis der Ableitungen elementarer mathematischer Funktionen $x^n, \sin x, e^x$ usw. und der bekannten *Differentiationsregeln* (*Ableitungsregeln*)

Summenregel , Produktregel , Quotientenregel , Kettenregel

kann die Differentiation (Ableitung) jeder noch so komplizierten (differenzierbaren) Funktion durchgeführt werden, die sich aus elementaren Funktionen zusammensetzt. Dies lässt sich als *algebraische Behandlung* der *Differentiation* interpretieren.

1.1.2 Anwendung der Numerischen Mathematik (Numerik)

Im Gegensatz zur Computeralgebra steht die *Numerische Mathematik*, deren Methoden (Algorithmen/Verfahren) mit gerundeten Dezimalzahlen (Gleitkommazahlen) rechnen und i.Allg. nur Näherungswerte liefern, so dass von *numerischen Methoden* oder *Näherungsmethoden* bzw. *numerischen Berechnungsmethoden* oder *Algorithmen* gesprochen wird.

Die Notwendigkeit, *Methoden* zur *numerischen Berechnung* (*numerische Methoden*) in alle Mathematiksysteme aufzunehmen, liegt darin begründet, dass sich für praktische Problemstellungen nicht immer exakte Berechnungsmethoden im Rahmen der Computeralgebra finden lassen, wie im Verlaufe des Buches zu sehen ist.

Numerische Methoden sind folgendermaßen *charakterisiert* (siehe auch Abschn.12.3):

- Der *Vorteil* liegt in ihrer *Universalität*, d.h. sie lassen sich zur Berechnung der meisten mathematischen Probleme entwickeln.

- *Nachteile* bestehen im Folgenden:
  - Numerische Methoden liefern in einer endlichen Anzahl von Schritten im günstigen Fall eine *Näherungslösung*. Es können jedoch auch falsche Ergebnisse auftreten.
  - Für hochdimensionale und komplizierte Probleme können numerische Methoden einen großen Rechenaufwand erfordern, dem selbst die heutige Computertechnik nicht gewachsen ist.

Beispiel 1.2:

Betrachtung des *Unterschieds* zwischen *Numerik* und *Computeralgebra* am Beispiel der Integralrechnung (siehe Kap.21):

Es ist nicht möglich, jedes bestimmte *Integral* mittels der aus dem Hauptsatz der Differential- und Integralrechnung bekannten Formel

$$\int_a^b f(x)\,dx = F(b) - F(a)$$

exakt zu berechnen. Es ist zwar bewiesen, dass für jeden stetigen Integranden $f(x)$ eine Stammfunktion $F(x)$ (d.h. $F'(x) = f(x)$) existiert, es gibt aber keine allgemeine exakte Berechnungsmethode.

Dies gilt z.B. schon für das einfache Integral

$$\int_1^2 x^x \, dx \, ,$$

das nicht exakt berechenbar ist.

Es lassen sich nur diejenigen Integrale exakt berechnen, bei denen die *Stammfunktion* F(x) (d.h. F'(x) = f(x)) von f(x) nach endlich vielen Schritten in analytischer Form exakt berechenbar ist, z.B. durch bekannte *Integrationsmethoden* wie partielle Integration, Substitution, Partialbruchzerlegung.

Der *Vorteil numerischer Methoden* für die Integralberechnung liegt darin, dass sie (z.B. mittels Trapez-, Simpson-, Gauß-, Romberg-Methode) *jedes* gegebene *bestimmte Integral berechnen* können, allerdings nur *näherungsweise*.

1.1.3 Fähigkeiten

Die *Fähigkeiten* aktueller Mathematiksysteme wie MAPLE, MATHCAD, MATHCAD PRIME, MATHEMATICA, MATLAB und MuPAD lassen sich folgendermaßen *charakterisieren:*

- Sie haben eine leicht zu bedienende WINDOWS-Benutzeroberfläche, über die mit ihnen in Dialog zu treten ist und die die Arbeit wesentlich erleichtert.

- Die *Arbeit* mit ihnen geschieht *interaktiv* (siehe Abschn.3.1). Dies ist ein großer Vorteil im Gegensatz zu Numerikprogrammen, die mit herkömmlichen Programmiersprachen (BASIC, C, FORTRAN, PASCAL usw.) erstellt sind.

- Sie können *mathematische Probleme* mittels *Computer* berechnen, ohne dass Anwender entsprechende Algorithmen zur exakten (symbolischen) bzw. numerischen (näherungsweisen) Berechnung kennen bzw. programmieren müssen:

  - Durch Einsatz von Methoden der *Computeralgebra* können gewisse mathematische Probleme exakt (symbolisch) gelöst bzw. berechnet werden, wie z.B. lineare Gleichungen und Differentialgleichungen, Ableitungen von Funktionen und Klassen von Integralen.

  - Sie stellen erprobte *numerische Methoden* zur näherungsweisen Berechnung bereit, wenn die exakte (symbolische) Berechnung mittels Computeralgebra versagt.

- Sie können zahlreiche in Technik, Natur- und Wirtschaftswissenschaften anfallende Probleme mit mathematischem Hintergrund berechnen, da neben vordefinierten (integrierten) *Berechnungsfunktionen* zusätzlich *Erweiterungspakete* für technische, naturwissenschaftliche und wirtschaftswissenschaftliche Gebiete existieren bzw. entwickelt werden.

- Die neueren Versionen können auch zur Berechnung von Problemen der *Wirtschaftsmathematik* herangezogen werden, da hierfür Funktionen (z.B. zur Optimierung, Statistik und Finanzmathematik) vordefiniert sind.

- In ihnen ist eine *Programmiersprache* integriert, so dass Anwender gegebenenfalls Programme erstellen können, falls für anfallende Probleme keine vordefinierten (integrierten) Berechnungsfunktionen bzw. Erweiterungspakete gefunden werden.

- Für die einzelnen *Mathematiksysteme* kann bzgl. der Fähigkeiten keine Reihenfolge angegeben werden, da jedes *Vorteile* und *Nachteile* besitzt:

  - In der *Leistungsfähigkeit* bzgl. *exakter (symbolischer) Berechnungen* sind MATHCAD, MATHCAD PRIME und MATLAB den Systemen MAPLE, MATHEMATICA und MuPAD etwas unterlegen, da sie nur eine Variante des Symbolprozessors von MAPLE bzw. MuPAD enthalten.

  - Die bei exakten (symbolischen) Rechnungen geringeren Fähigkeiten gegenüber MAPLE, MATHEMATICA und MuPAD werden von MATHCAD, MATHCAD PRIME und MATLAB durch überlegene *numerische Fähigkeiten* ausgeglichen.

  - Obwohl alle Mathematiksysteme inzwischen ebenfalls verbessert wurden, stehen MATHCAD und MATHCAD PRIME in der *Nutzerfreundlichkeit* weiterhin an *erster Stelle*, da die *Gestaltungsmöglichkeiten* des *Arbeitsblatts* (siehe Kap.5) von keinem anderen erreicht werden.

1.2 MATHCAD und MATHCAD PRIME

Im Buch werden MATHCAD 15 und MATHCAD PRIME 2 besprochen. Von beiden Versionen existieren für schmale Geldbeutel auch preiswerte *Studenten-Editionen*. Aktuell wird MATHCAD ab der Version 14 und MATHCAD PRIME von der Softwarefirma PTC Corporation in Needham (USA) herausgegeben und weiterentwickelt.

Im folgenden Abschn.1.2.1 werden Unterschiede zwischen beiden Versionen kurz vorgestellt und im Abschn.1.2.2 Einsatzgebiete angegeben.

Im Gegensatz zu anderen Mathematiksystemen, die meistens nur in *Englisch* vorliegen, gibt es Versionen von MATHCAD und MATHCAD PRIME in einer Reihe von Sprachen, so neben Englisch auch in *Deutsch*. Da jede Sprachversion zusätzlich Englisch versteht, werden im Buch vordefinierte Funktionen in Englisch angegeben und deutsche Bezeichnungen in wichtigen Fällen in Klammern.

Während man MATHCAD in den verschiedenen Sprachversionen getrennt kaufen muss, liegt der Vorteil von MATHCAD PRIME hier darin, dass eine gekaufte Version in den Sprachen Englisch, Französisch, Deutsch und Italienisch aufrufbar ist, indem in WINDOWS bei **Ausführen** Folgendes eingegeben wird:

"C:\Program Files\Mathcad\Mathcad Prime 2.0\MathcadPrime.exe"/culture:en-US

wobei **en-US** für *Englisch*, **fr-FR** für *Französisch*, **de-DE** für *Deutsch*, **it-IT** für *Italienisch* nach **culture:** steht.

1.2.1 Vergleich

MATHCAD PRIME ist als Weiterentwicklung der aktuellen Version 15 von MATHCAD anzusehen. Deshalb gibt es beim Kauf von MATHCAD PRIME die Version 15 häufig als kostenlose Beilage.

Aus diesem Grund ist der Schwerpunkt des Buches auf MATHCAD PRIME gerichtet und Eigenschaften von MATHCAD 15 werden weggelassen, die bei MATHCAD PRIME nicht mehr vorhanden sind. Diesbezüglich kann das ausführliche Buch [5] des Autors über MATHCAD 11 konsultiert werden, da alle hier beschriebenen Eigenschaften auch für die aktuelle Version 15 gültig bleiben.

MATHCAD PRIME 1 ist der erste Vertreter für die Nachfolger der Version 15 von MATHCAD, die neue Benutzeroberflächen mit einer *Multifunktionsleiste* (Ribbon-Leiste) besitzen, die in einer Reihe aktueller Programmsysteme wie z.B. MICROSOFT OFFICE 2007 und 2010 Anwendung finden:

- Mit dieser Multifunktionsleiste (siehe Abschn.4.2.1) werden Menü- und Symbolleiste als Standard bisheriger Benutzeroberflächen von MATHCAD bis zur Version 15 miteinander verbunden. Diese Multifunktionsleiste soll eine bessere Bedienung ermöglichen, worüber sich allerdings streiten lässt.

- Weiterhin wurden in MATHCAD PRIME u.a. neue Numerik- und Statistikfunktionen aufgenommen und der Gleichungseditor zur Lösung von Gleichungen verbessert.

- Allerdings kann MATHCAD PRIME 1 die aktuelle Version MATHCAD 15 noch nicht ersetzen, da wesentliche Eigenschaften wie exakte (symbolische) Berechnungen und die Erstellung von 3D-Grafiken fehlen. Diese Eigenschaften sind erst in MATHCAD PRIME ab Version 2 verfügbar, die im Buch behandelt wird.

Von MATHCAD und MATHCAD PRIME können auch wie von anderen Mathematiksystemen keine Wunder erwartet werden:

- Es lassen sich nur solche Probleme *exakt berechnen*, für die die Mathematik (Computeralgebra) *exakte* (endliche) *Lösungsalgorithmen* bereitstellt.

- Für die *numerische Berechnung* werden (moderne) *Standardmethoden* angeboten, die häufig akzeptable Näherungen liefern, jedoch auch versagen können. Die Ursachen für das Versagen können vielfältig sein, wie die Numerische Mathematik zeigt.

Da sich MATHCAD PRIME gegenwärtig unter einer neuen Softwarefirma in der aktiven Weiterentwicklung befindet, kann es gelegentlich gegenüber früheren MATHCAD-Versionen zu kleineren Problemen kommen, die man der Firma PTC melden sollte. Für 2013 ist die weiterentwickelte Version 3 angekündigt.

1.2.2 Einsatzgebiete

Die Einsatzgebiete von MATHCAD und MATHCAD PRIME sind umfangreich. Dies ist durch die Fähigkeiten für exakte und numerische Berechnungen und zahlreiche Erweiterungspakete zu verschiedenen Gebieten aus Mathematik, Technik, Natur- und Wirtschafts-wissenschaften (siehe Abschn.2.3) begründet.

Zusammenfassend lässt sich Folgendes zum Einsatz von MATHCAD und MATHCAD PRIME sagen:

* Sie bieten sich für diejenigen an, die
  - häufig Probleme zu berechnen haben, deren Berechnung nur numerisch (näherungs-weise) möglich ist. Dies trifft für viele praktische Probleme in Technik und Natur-wissenschaften zu, da sich diese aufgrund der meistens auftretenden Nichtlinea-ritäten nicht exakt berechnen lassen.
  - Wert auf eine druckreife Darstellung der durchgeführten Rechnungen legen, da MATHCAD und MATHCAD PRIME in der *Gestaltung* der *Arbeitsblätter* anderen Mathematiksystemen überlegen sind, weil sie alle Berechnungen in *mathematischer Standardnotation* darstellen und die Anordnungen frei gewählt werden kann (siehe Kap.5).
  - Berechnungen mit *Maßeinheiten* benötigen.

* MATHCAD und MATHCAD PRIME haben sich neben MATLAB zu einem *bevorzug-ten System* und *wirksamen Hilfsmittel* für *Ingenieure* und *Naturwissenschaftler* entwi-ckelt, wie die Ausführungen des vorliegenden Buches erkennen lassen.

* MATHCAD PRIME und neuere Versionen von MATHCAD lassen sich auch zur Be-rechnung von Problemen der *Wirtschaftsmathematik* einsetzen, da Funktionen und Er-weiterungspakete zur Statistik, Optimierung und Finanzmathematik aufgenommen wur-den bzw. entwickelt werden.

2 Aufbau von MATHCAD und MATHCAD PRIME

Um optimal arbeiten zu können, sind Kenntnisse über den *Aufbau* von MATHCAD und MATHCAD PRIME erforderlich, der im Folgenden unter einem WINDOWS-Betriebssystem kurz vorgestellt wird. Beide teilen sich wie andere Mathematiksysteme auf in

- *Benutzeroberfläche* (Bedieneroberfläche, Desktop - siehe Abschn.2.1 und Kap.4)
  Weitere synonyme Bezeichnungen sind GUI (englisch: Graphical User Interface) und dessen wörtliche Übersetzung *grafische Benutzerschnittstelle*.
  Sie dient zur interaktiven Arbeit zwischen Anwendern und MATHCAD und MATHCAD PRIME, erscheint beim Start auf dem Bildschirm des Computers und ist für alle WINDOWS-Programme typisch.

- *Kern* (siehe Abschn.2.2)
  Er wird bei jedem Aufruf in den Speicher des Computers geladen, kann vom Anwender nicht verändert werden und enthält die Grundoperationen von MATHCAD und MATHCAD PRIME.

- *Erweiterungspakete* (siehe Abschn.2.3)
  dienen zur Erweiterung der Fähigkeiten von MATHCAD und MATHCAD PRIME und brauchen nur bei Bedarf geladen/geöffnet werden.

2.1 Benutzeroberfläche (Desktop)

Die Benutzeroberflächen von MATHCAD und MATHCAD PRIME unterscheiden sich wesentlich:

- MATHCAD besitzt bis zur aktuellen Version 15 die Benutzeroberfläche klassischer WINDOWS-Programme, die durch *Menüleiste* und *Symbolleisten* gekennzeichnet ist (siehe Abschn.4.1).

- Bei MATHCAD PRIME hat die Benutzeroberfläche die *Ribbon-Struktur* aktueller WINDOWS-Programme wie z.B. MICROSOFT OFFICE ab Version 2007 (siehe Abschn.4.2).

2.2 Kern

Im *Kern* von MATHCAD sind folgende *Hauptbestandteile* enthalten:

- *Arbeitsumgebung*
  Hierzu zählen alle Hilfsmittel, die Anwendern die Arbeit erleichtern, so u.a. die Verwaltung der Variablen, der Ex- und Import (Ausgeben und Einlesen) von Daten.

- *Funktionsbibliothek*
  Hierin sind sowohl *elementare* und *höhere mathematische Funktionen* als auch eine umfangreiche Sammlung von *Funktionen* zur *exakten* bzw. *numerischen Berechnung* mathematischer Probleme und weitere allgemeine Funktionen enthalten. Diese Funktionen werden als *vordefinierte Funktionen* (englisch: *Built-In Functions*) bezeichnet.

- *Grafiksystem*
  Es gestattet umfangreiche grafische Möglichkeiten (siehe Kap.15).

- *Programmiersprache*
  Sie gestattet das Schreiben von Funktionsprogrammen (siehe Kap.13).

- *Programmschnittstelle*
  Diese Schnittstelle gestattet das Erstellen von Programmen in C oder C++, die einge-
  bunden werden können.
  Damit lässt sich die Leistungsfähigkeit erweitern, indem eigene benutzerdefinierte
  Funktionen erstellt werden. Dazu können DLL in C oder C++ geschrieben werden, die
  die UserDLL-Schnittstelle verwenden. Hierzu wird auf die Hilfe von MATHCAD und
  MATHCAD PRIME verwiesen.

2.3 Erweiterungspakete

Erweiterungspakete stellen Sammlungen von Dokumenten für MATHCAD und MATH-
CAD PRIME dar, die für bestimmte Themen aus unterschiedlichen Gebieten erstellt werden. Sie teilen sich auf in *Extension Packs* (eigentliche Erweiterungspakete) und *E-Books*,
gehören oft nicht zum Lieferumfang, sondern müssen extra gekauft und installiert werden.

2.3.1 Extension Packs

Extension Packs fügen neue Funktionen und teilweise auch weitere Komponenten hinzu.
Im Laufe der Entwicklung von MATHCAD wurden über 50 Extension Packs zur Berech-
nung von Problemen aus Mathematik, Technik, Natur- und Wirtschaftswissenschaften von
Spezialisten der jeweiligen Gebiete erstellt und enthalten hierfür relevante Formeln, Be-
rechnungsmethoden und Beispiele, die Anwender in ihr Arbeitsblatt einbeziehen können.
Diese werden laufend aktualisiert und ergänzt und es kommen Neue hinzu.
Deshalb sollte zuerst in vorhandenen Extension Packs nachgesehen werden, wenn für ein
zu berechnendes Problem keine unmittelbare Realisierung in MATHCAD oder MATH-
CAD PRIME gefunden wird.

2.3.2 E-Books

E-Books (Electronic Books - Elektronische Bücher) enthalten eine Sammlung von MATH-
CAD-Dokumenten mit Suchfunktionen, Querverweisen und Hyperlinks. Wenn ein E-Buch
ausgewählt ist, wird es in einem eigenen Ressourcenfenster geöffnet. Dies ist dasselbe
Fenster, das auch für die **Hilfe** verwendet wird.
Alle installierten E-Books sind bis zur Version 15 von MATHCAD in der Ressourcen-
Symbolleiste und im Menü **Hilfe** unter **E-Books** aufgeführt.
Die E-Book-Technik kann als ein Publikations- und Verteilungsmedium betrachtet und da-
zu verwendet werden, Dokumente entweder für den eigenen Gebrauch oder zum Verteilen
zu sammeln. Bei Bedarf können die verfügbaren *QuickSheets* als Muster für die Einrich-
tung eigener Bücher verwendet werden.

3 Arbeitsweise von MATHCAD und MATHCAD PRIME

3.1 Interaktive Arbeit

Die *interaktive Arbeit* bei der Berechnung von Problemen mittels MATHCAD und MATH-CAD PRIME ist dadurch charakterisiert, dass ein laufender *Dialog* zwischen *Anwender* und *Computer* über die Benutzeroberfläche (siehe Kap.4) besteht, wobei sich folgender *Zyklus* wiederholt:

I. *Eingabe* des zu berechnenden *Problems* in das Arbeitsblatt (siehe Kap.5) durch Anwender.

II. *Auslösung* der *Berechnung* des *Problems* durch Anwender.

III. *Ausgabe* der *berechneten Ergebnisse* in das Arbeitsblatt.

IV. Die ausgegebenen *Ergebnisse* stehen für weitere Berechnungen zur Verfügung.

3.2 Vektororientierung

MATHCAD und MATHCAD PRIME sind *vektororientiert*, d.h. alle Eingaben werden auf Basis von Vektoren realisiert, wobei hierfür nur Spaltenvektoren (bzw. transponierte Zeilenvektoren - siehe Abschn.17.2) akzeptiert werden. Damit wird jede einzeln eingegebene Zahl als Spaltenvektor mit einer Komponente interpretiert.

Beispiel 3.1:

Der Vorteil der *Vektororientierung* zeigt sich bereits bei Funktionswertberechnungen. Bei praktischen Problemen sind oft Funktionswerte f(x) für eine Reihe von x-Werten zu berechnen:

Wird z.B. die Sinusfunktion für die Werte zwischen 1 und 1.5 und mit der Schrittweite 0.1 benötigt, so kann ein Spaltenvektor **v** mit diesen Werten erzeugt und die Sinusfunktion anschließend auf diesen Vektor angewendet werden, d.h.:

$$\mathbf{v} := \begin{pmatrix} 1 \\ 1.1 \\ 1.2 \\ 1.3 \\ 1.4 \\ 1.5 \end{pmatrix} \qquad \sin(\mathbf{v}) = \begin{pmatrix} 0.841 \\ 0.891 \\ 0.932 \\ 0.964 \\ 0.985 \\ 0.997 \end{pmatrix}$$

Eine weitere effektive Methode zur Funktionswertberechnung wird durch Anwendung von Bereichsvariablen (siehe Abschn.9.2) im Beisp.9.1b illustriert.

3.3 Berechnungen

MATHCAD und MATHCAD PRIME können Berechnungen auf zwei verschiedene Arten durchführen:

- *Exakte (symbolische) Berechnungen* durch integrierte Minimalvarianten der Symbolprozessoren der Mathematiksysteme MAPLE bzw. in neueren Versionen MuPAD.

Hiermit können jedoch meistens nur lineare Probleme berechnet werden, für die im Rahmen der Computeralgebra ein endlicher Lösungsalgorithmus existiert.

- *Numerische (näherungsweise) Berechnungen* werden durch Einsatz numerischer Methoden (Näherungsmethoden) realisiert, die die Numerische Mathematik zur Verfügung stellt.
  Derartige numerische Berechnungsmethoden lassen sich für die meisten praktisch auftretende mathematische Probleme entwickeln und besitzen neben dem Vorteil universeller Einsetzbarkeit jedoch auch nicht zu übersehende *Nachteile.*

Beide Berechnungsarten sind bereits im Kap.1 erwähnt. Weitere ausführliche Informationen hierüber findet man im Kap.12 und im gesamten Buch.

3.4 Zusammenarbeit mit anderen Systemen

Die Funktionalität von MATHCAD und MATHCAD PRIME lässt sich durch Zusammenarbeit mit anderen Systemen erweitern, so u.a. mit

- EXCEL
  dem bekannten Tabellenkalkulationsprogramm aus dem OFFICE-Paket von MICROSOFT. So können beide u.a. auf Zellen und Formeln von EXCEL-Tabellen zugreifen.
- WINDCHILL
  ist eine von der Softwarefirma PTC für die Verwaltung von Produktinhalten und -prozessen entwickelte Software.

Ausführlichere Informationen zur Zusammenarbeit liefert die Hilfe von MATHCAD und MATHCAD PRIME, wenn bei Index der Name des betreffenden Systems eingegeben wird.

4 Benutzeroberfläche (Desktop) von MATHCAD und MATHCAD PRIME

Die *Benutzeroberflächen* von MATHCAD und MATHCAD PRIME unterscheiden sich wesentlich, wie im Folgenden zu sehen ist.

4.1 Benutzeroberfläche von MATHCAD

Die *Benutzeroberflächen* bis zur Version 15 von MATHCAD wurden gegenüber den Vorgängerversionen kaum verändert und haben die Form aus Abb.4.1.

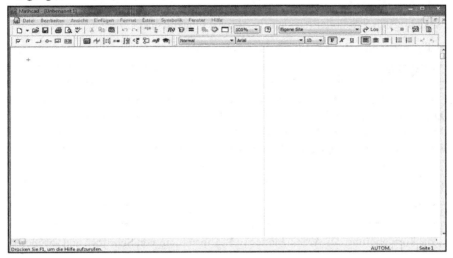

Abb.4.1. Benutzeroberfläche mit eingeblendeten Symbolleisten der deutschen Version von MATHCAD 15

Wer schon mit klassischen WINDOWS-Programmen gearbeitet hat, die bis 2007 erstellt wurden, hat keine großen Schwierigkeiten mit den Benutzeroberflächen von MATHCAD bis zur Version 15, da sie den gleichen Aufbau in

Menüleiste, einzeilige *Symbolleisten*, *Lineal*, *Arbeitsblatt* und *Statusleiste*

besitzen, der im Folgenden erläutert ist.

4.1.1 Menüleiste

Die *Menüleiste* (englisch: *Menu Bar*) befindet sich am oberen Rand der Benutzeroberfläche und enthält folgende Menüs:

Datei - Bearbeiten - Ansicht - Einfügen - Format - Extras - Symbolik - Fenster - Hilfe

(englisch: **File - Edit - View - Insert - Format - Tools - Symbolics - Window - Help**)

Die einzelnen Menüs enthalten *Untermenüs*, wobei hier drei Punkte auf ein erscheinendes *Dialogfenster* (Dialogfeld, Dialogbox) hinweisen, in dem sich gewünschte Einstellungen vornehmen lassen. Die meisten Menüs wie

Datei, Bearbeiten, Ansicht, Einfügen, Format, Fenster und **Hilfe**

sind analog wie in klassischen WINDOWS-Programmen einzusetzen.

Hinzu kommen zwei MATHCAD-spezifische Menüs **Extras** und **Symbolik**, mit deren Hilfe sich wesentliche Einstellungen vornehmen bzw. exakte (symbolische) und numerische (näherungsweise) Berechnungen durchführen lassen. Ausführlicher werden diese beiden Menüs in den entsprechenden Kapiteln besprochen.

4.1.2 Symbolleisten

Symbolleisten (englisch: Toolbars) lassen sich mittels der *Menüfolge*

Ansicht ⇒ Symbolleisten   (englisch: **View ⇒ Toolbars**)

unterhalb der Menüleiste ein- oder ausblenden.

Die sechs wichtigsten Symbolleisten sind (in Abb.4.1 eingeblendet):

- Symbolleiste **Standard** (englisch: Toolbar **Standard**)

Hier befinden sich bereits aus anderen WINDOWS-Programmen bekannte Symbolen für Dateiöffnung, Dateispeicherung, Drucken, Ausschneiden, Kopieren usw.
Des Weiteren stehen hier spezifische Symbole für Funktionen, Maßeinheiten, Auslösung von Berechnungen usw., die in den entsprechenden Kapiteln vorgestellt werden.

- Symbolleiste **Formatierung** (englisch: Toolbar **Formatting**)

Dient zur Formatierung des Arbeitsblattes (z.B. Einstellung von Schriftart und -größe).

- Symbolleiste **Rechnen** (englisch: Toolbar **Math**)

Dient zur Durchführung sämtlicher Berechnungen und zur Programmierung mittels der neun enthaltenen Untersymbolleisten "*Taschenrechner*", "*Diagramm*", "*Matrix*", "*Auswertung*", "*Differential/Integral*", "*Boolesche Operatoren*", "*Programmierung*", "*Griechisch*", "*Symbolische Operatoren*".

- Symbolleiste **Steuerelemente** (englisch: Toolbar **Controls**)

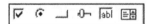

Mit Steuerelementen lassen sich Schaltflächen, Textfelder, Listenfelder und Schieberegister in das Arbeitsblatt einfügen und u.a. zum Steuern von Berechnungen im Arbeitsblatt verwenden.
Ausführlichere Informationen liefert die Hilfe, die mittels der Menüfolge

Help (Hilfe) ⇒ Developer's Reference ⇒ MathSoft Controls

zu öffnen ist.

- Symbolleiste **Ressourcen** (englisch: Toolbar **Resources**)

Dient zum Aufruf von *Lernprogrammen*, *QuickSheets* und *Verweistabellen* (siehe Abschn.6.1) und installierter *Extension Packs* (Erweiterungspakete).

- Symbolleiste **Debbuging** (englisch: Toolbar **Debug**)

Wenn vom Anwender in MATHCAD erstellte Programme (siehe Kap.13) nicht die erwarteten Ergebnisse liefern, lassen sich die Hilfsmittel für die Fehlersuche (Debbuging) in Programmen heranziehen, wozu die Symbolleiste **Debbuging** dient. MATHCAD stellt verschiedene Funktionen für die Verfolgung des Werts eines beliebigen Teilausdrucks in einem Programm zur Verfügung. Die Ergebnisse können im *Verfolgungs-Fenster* geprüft werden, das mittels des Symbols

zu öffnen ist.

Bemerkung

Ausführlicher werden Symbolleisten in den entsprechenden Kapiteln besprochen.

4.1.3   Lineal

Über dem Arbeitsblatt liegt das aus Textverarbeitungssystemen bekannte *Lineal* (englisch: Ruler)

mit dessen Hilfe das Arbeitsblatt formatiert werden kann (z.B. mittels Tabulatoren). Das Lineal lässt sich mittels der Menüfolge

Ansicht ⇒ Lineal   (englisch: **View ⇒ Ruler**)

ein- oder ausblenden.

4.1.4   Arbeitsblatt (Worksheet)

Das *Arbeitsblatt* (auch Arbeitsfenster, englisch: Worksheet oder Document) schließt sich an das Lineal an, wird nach unten durch die Statusleiste begrenzt und nimmt den Hauptteil der Benutzeroberfläche ein. Es wird ausführlich im Kap.5 beschrieben.

4.1.5   Statusleiste

Unter dem Arbeitsblatt liegt die aus vielen WINDOWS-Programmen bekannte *Statusleiste / Nachrichtenleiste* (englisch: Status Bar), aus der sich u.a. Informationen über die aktuelle

Seitennummer des geöffneten Arbeitsblatts, die gerade durchgeführten Operationen, den Rechenmodus (z.B. AUTOM. im Automatikmodus) und Hilfefunktionen erhalten lassen. Die Statusleiste lässt sich mittels der Menüfolge

Ansicht ⇒ Statusleiste   (englisch: **View ⇒ Status Bar**)

ein- oder ausblenden.

4.2 Benutzeroberfläche von MATHCAD PRIME

Die *Benutzeroberfläche* von MATHCAD PRIME hat sich gegenüber den Versionen bis MATHCAD 15 wesentlich verändert, wie folgende Abb.4.2 zeigt.

Sie besitzt jetzt die *Ribbon-Struktur* aktueller WINDOWS-Programme wie z.B. von MICROSOFT OFFICE ab Version 2007.

Diese *Struktur* ist durch eine

Multifunktionsleiste (Menüband, Bandleiste - dem *Ribbon*)

charakterisiert, die im folgenden Abschnitt vorgestellt wird.

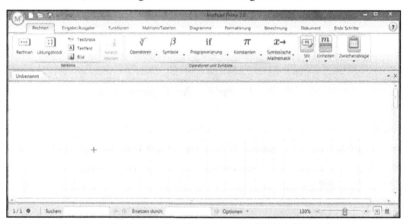

Abb.4.2. Benutzeroberfläche der deutschen Version von MATHCAD PRIME 2.0

4.2.1 Multifunktionsleiste (Menüband)

Die *Multifunktionsleiste* (auch Menüband genannt) vereint das von klassischen WINDOWS -Programmen über Menüs, Symbolleisten und weiterer Komponenten der Benutzeroberfläche Angezeigte. Sie ist folgendermaßen *charakterisiert:*

*   In ihr werden Befehle thematisch in *Registerkarten* (Registerblättern) mit Namen wie

    Rechnen, Eingabe/Ausgabe, Funktionen, Matrizen/Tabellen, Diagramme,...
    (englisch: **Math, Input/Output, Functions, Matrices/Tables, Plots,...**)

    geordnet. Beim Mausklick auf einen dieser Namen klappt kein Menü auf, sondern es erscheint eine *Registerkarte*, die zugehörige *Symbole* (*Schaltflächen*) für Befehle enthält. Diese Symbole sind in *Gruppen* (*Symbolgruppen*) aufgeteilt, die der Gruppenbezeichnung entsprechende Symbole enthalten, so dass nur noch an einer Stelle nach Befehlen gesucht werden muss.

- Sie soll eine bessere Bedienung ermöglichen, worüber allerdings unterschiedliche Meinungen bestehen.

- Von den *Menüs* ist nur das *Datei-Menü* geblieben, das über das *runde Symbol*

am oberen linken Rand der Benutzeroberfläche zu aktivieren ist und neben **Mathcad Optionen** folgende häufig benötigte *Menüs* zum Umgang mit Arbeitsblättern enthält: **Neu, Öffnen, Speichern, Speichern unter, Drucken, Schließen**.

- Von den *Symbolleisten* bleibt nur eine *Symbolleiste* für den *Schnellzugriff* (*Schnellzugriffsleiste*) auf Arbeitsblätter mit den drei Symbolen

für *Neu, Öffnen* und *Speichern*,

die sich am oberen Rand der Benutzeroberfläche neben dem *Datei-Menü* befindet. Mit ihrer Hilfe kann auf drei häufig verwendete Befehle zugegriffen werden, ohne sich durch Registerkarten der Multifunktionsleiste navigieren zu müssen.

Zur *Schnellzugriffsleiste* können weitere häufig verwendete Befehle durch Anklicken mit der rechten Maustaste über das erscheinende Kontextmenü hinzugefügt werden.

Im Folgenden werden die einzelnen *Registerkarten*

nur kurz vorgestellt, da sie entsprechende Kapitel des Buches ausführlicher behandeln:

- Registerkarte **Rechnen** (englisch: **Math**)

ist für mathematische Berechnungen und die Erstellung von Programmen die wichtigste, da die beiden Gruppen *Bereiche* und *Operatoren und Symbole* alle Hilfsmittel wie Lösungsblock, Operatoren, Symbole, Programmierung, Konstanten usw. bereitstellen.

- Registerkarte **Eingabe/Ausgabe** (englisch: **Input/Output**)

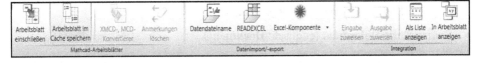

dient zur Bearbeitung und Verwaltung von Arbeitsblättern und zum Daten-Import und -Export.

- Registerkarte **Funktionen** (englisch: **Functions**)

Auflistung häufig benötigter vordefinierter Funktionen nach Gebieten und bei *Alle Funktionen* sämtlicher vordefinierter Funktionen.

- Registerkarte **Matrizen/Tabellen** (englisch: **Matrices/Tables**)

dient zur Arbeit mit Matrizen und Tabellen.

- Registerkarte **Diagramme** (englisch: **Plots**)

dient zur Erzeugung grafischer Darstellungen.

- Registerkarte **Formatierung** (englisch: **Formatting**)

dient zur Formatierung des Arbeitsblattes (z.B. Einstellung von Schriftart und -größe).

- Registerkarte **Berechnung** (englisch: **Calculation**)

dient zur Steuerung sämtlicher Berechnungen.

- Registerkarte **Dokument** (englisch: **Document**)

dient zur Gestaltung des Arbeitsblattes.

- Registerkarte **Erste Schritte** (englisch: **Getting Started**)

dient zum Aufruf sämtlicher Hilfemöglichkeiten.

4.2.2 Arbeitsblatt (Worksheet)

Das *Arbeitsblatt* (auch Arbeitsfenster, englisch: *Worksheet* oder *Document*) schließt sich an die Multifunktionsleiste an, wird nach unten durch die *Statusleiste* (siehe Abschn.4.2.3) begrenzt und nimmt bei MATHCAD PRIME ebenso wie bei MATHCAD den Hauptteil der Benutzeroberfläche ein. Es wird ausführlich im Kap.5 beschrieben.

4.2.3 Statusleiste

Unter dem Arbeitsblatt liegt die *Statusleiste* (englisch: *Status Bar*)

in der u.a. Informationen über die aktuelle Seitennummer des geöffneten Arbeitsblatts zu erhalten, die Größe des Arbeitsblattes einzustellen und Variablen und Textstellen zu suchen sind.

5 Arbeitsblatt (Worksheet) von MATHCAD und MATHCAD PRIME

Das *Arbeitsblatt* (englisch: *Worksheet* oder *Document*) nimmt den Hauptteil der Benutzeroberfläche ein. Es wird hierfür auch die Bezeichnung *Arbeitsfenster* verwandt. Hier findet die gesamte Arbeit statt, so u.a.

Eingabe mathematischer Ausdrücke, Formeln und Gleichungen, Durchführung von Berechnungen, Eingabe von Text und *Erstellung von Grafiken.*

Die folgenden Aussagen gelten sowohl für MATHCAD als auch MATHCAD PRIME. Der Unterschied zwischen beiden Arbeitsblättern besteht nur darin, dass sich bei MATHCAD PRIME die Arbeitsblätter mit oder ohne *Gitternetzlinien* anzeigen lassen und nur vertikale Bearbeitungslinien (siehe Abschn.5.1) auftreten.

5.1 Allgemeine Eigenschaften

Das *Arbeitsblatt* hat folgende allgemeine *Eigenschaften:*

- Es gibt eine *Trennung* in Rechen-, Text- und Grafikbereiche, in denen vom Rechen-, Text- bzw. Grafikmodus gesprochen wird. Hier lassen sich mathematische Berechnungen durchführen, Texte eingeben bzw. Grafiken erstellen.
  Beim Start von MATHCAD oder MATHCAD PRIME ist man automatisch im *Rechenmodus*, d.h. an der durch den Cursor (Einfügekreuz +) markierten Stelle im Arbeitsblatt beginnt ein *Rechenbereich* (siehe Abschn.12.1.2).

- Bei MATHCAD PRIME lässt sich im Arbeitsblatt zusätzlich ein *Raster* in zwei verschiedenen Größen mittels Registerkarte **Dokument** ein- oder ausblenden.

- Ausdrücke, Formeln, Gleichungen, Texte und Grafiken können im Arbeitsblatt mittels folgender Schritte *verschoben* werden:

  I.   Durch *Mausklick* werden sie mit einem Rechteck (*Auswahlrechteck*) umgeben.

  II. Durch Stellen des Mauszeigers auf den Rand des Auswahlrechtecks kann abschließend mit gedrückter Maustaste *verschoben* werden.

- *Schriftarten* und *-formate* lassen sich Text- und Rechenbereichen in MATHCAD mittels Formatleiste bzw. Menü **Format** und in MATHCAD PRIME mittels Registerkarte **Formatierung** zuweisen.

5.1.1 Cursor

Der *Cursor* ist für das Arbeitsblatt von fundamentaler Bedeutung. Er wird für sämtliche Eingaben und Korrekturen im Arbeitsblatt benötigt, wobei folgende *Formen* auftreten können:

- *Einfügekreuz* (Fadenkreuz) **+**
  Es erscheint beim Start von MATHCAD oder MATHCAD PRIME, wenn mit der Maus auf eine beliebige freie Stelle im Arbeitsblatt geklickt wird.

Mit ihm lassen sich *Positionen* im Arbeitsblatt festlegen, an denen die Eingaben im Rechen-, Text- oder Grafikmodus stattfinden sollen, d.h. an der durch das Einfügekreuz markierten Stelle kann ein *Rechen-*, *Text-* oder *Grafikbereich* geöffnet werden.

- *Einfügebalken* (Einfügemarke) |
  Er erscheint im Textbereich, wenn in Textmodus umgeschaltet ist. Er ist schon aus Textverarbeitungssystemen bekannt und dient

  - zur *Kennzeichnung* der *aktuellen Position* im Text.
  - zum *Einfügen* oder *Löschen* von Zahlen, Buchstaben oder Zeichen.

- *Bearbeitungslinie* |_____ o d e r _____|
  Sie besteht aus einem horizontalen und vertikalen Teil, wobei MATHCAD PRIME nur den vertikalen Teil verwendet und den horizontalen Teil durch grauen Hintergrund kennzeichnet.
  Sie erscheint im Rechenbereich (Rechenmodus) und dient zum

  - *Markieren* einzelner Ziffern, Konstanten oder Variablen für die Eingabe, für die Korrektur bzw. für symbolische Rechnungen (siehe Beisp.5.1) und kann davor oder dahinter gesetzt werden
  - *Markieren* von Ausdrücken für die Eingabe, zum *Kopieren* oder für die *symbolische* bzw. *numerische Berechnung* (siehe Kap.12) und hat hier die Form
    Ausdruck|

Erzeugt werden *Bearbeitungslinien* durch Mausklick auf den entsprechenden Ausdruck und Betätigung von $\boxed{\text{L E E R T A S T E}}$ oder $\boxed{\text{C U R S O R T A S T E N}}$ und werden für die Eingabe und Korrektur mathematischer Ausdrücke benötigt, die im Abschn.5.1.2 behandelt und im Beisp.5.1 illustriert sind.

5.1.2 Eingabe und Korrektur mathematischer Ausdrücke

Die *Eingabe* eines mathematischen Ausdrucks in das aktuelle Arbeitsblatt kann auf zwei Arten geschehen:

I. Mittels *Tastatur*, wobei Funktionen (siehe Abschn.14) zusätzlich bei MATHCAD über das Dialogfenster **Funktion einfügen** (englisch: **Insert Function**) bzw. bei MATHCAD PRIME über die Registerkarte **Funktionen** eingefügt werden können.

II. Durch *Kopieren* aus Arbeitsblättern oder Erweiterungspaketen über die Zwischenablage.

Zur *Eingabe* stehen verschiedene mathematische Operatoren, Symbole, Funktionen und griechische Buchstaben aus der Symbolleiste (bei MATHCAD) bzw. Registerkarte **Rechnen** (bei MATHCAD PRIME) per Mausklick zur Verfügung, wobei Operatoren und Symbole gegebenenfalls mit Platzhaltern für benötigte Werte bzw. Variablen erscheinen.

Beispiel 5.1:

Die Vorgehensweise für die Eingabe eines speziellen mathematischen Ausdrucks wird für MATHCAD beschrieben. Für MATHCAD PRIME ist die Vorgehensweise analog, wobei hier nur die horizontale Bearbeitungslinie durch grauen Hintergrund dargestellt wird.

Um den mathematischen Ausdruck $\qquad\qquad\qquad\qquad \dfrac{x+1}{x-1}+2^x+1$

in ein Arbeitsblatt einzugeben, sind folgende Schritte erforderlich:

$$\boxed{x + \underline{1}|}$$

I.   Man beginnt mit der Eingabe von x+1 und erhält wobei die zuletzt eingegebene Zahl 1 von einer Bearbeitungslinie markiert ist.

II. Danach ist der gesamte Ausdruck durch Drücken der $\boxed{\text{L E E R T A S T E}}$ mit einer

$$\boxed{x + \underline{1}|}$$

Bearbeitungslinie zu *markieren*, d.h.

$$\boxed{\begin{array}{l} x + 1 \\ \hline x - \underline{1}| \end{array}}$$

III. Anschließend ist der Bruchstrich / und x-1 einzugeben und es ergibt sich

IV. Um 2^x zu addieren, ist durch zweimaliges Drücken der $\boxed{\text{L E E R T A S T E}}$

$$\boxed{\begin{array}{l} x + 1| \\ \hline x - 1| \end{array}}$$

der *gesamte Ausdruck* durch eine *Bearbeitungslinie* zu *markieren*, d.h.

$$\boxed{\dfrac{x + 1}{x - 1} + 2^{\underline{x}|}}$$

V.   Jetzt kann + 2^x eingegeben werden und es ergibt sich

VI. Um noch 1 addieren zu können, ist 2^x durch Drücken der $\boxed{\text{L E E R T A S T E}}$

$$\boxed{\dfrac{x + 1}{x - 1} + 2^{\underline{x}|}}$$

mit einer *Bearbeitungslinie* zu *markieren*, d.h.

VII. Abschließend ist +1 einzugeben.

Das letzte Beispiel lässt schon erkennen, dass *Bearbeitungslinien* bei der Eingabe von Ausdrücken dazu dienen, den *Ausdruck aufzubauen*, d.h. in das gewünschte Niveau des Ausdrucks zurückzukehren.

Statt LEERTASTE oder CURSORTASTE, die immer funktionieren, kann die Eingabe von Bearbeitungslinien auch durch Mausklick geschehen.

5.2 Zeichenfolgen (Zeichenketten) und Text

5.2.1 Zeichenfolgen (Zeichenketten)

MATHCAD und MATHCAD PRIME können neben Zahlen, Konstanten, Variablen auch *Zeichenfolgen* (Zeichenketten) verarbeiten, die folgendermaßen *charakterisiert* sind:

- Unter einer *Zeichenfolge* wird eine endliche Folge von Zeichen verstanden, die auf der Tastatur des Computers vorhanden sind, und in Anführungszeichen "" eingeschlossen ist. Zusätzlich sind in Zeichenfolgen ASCII-Zeichen zugelassen. Zeichenfolgen werden auch als *Zeichenketten* bezeichnet.
- Zeichenfolgen lassen sich Variablen zuweisen, als Elemente einer Matrix bzw. als Argumente entsprechender Funktionen eingeben.

Zeichenfolgen sind in MATHCAD und MATHCAD PRIME dadurch charakterisiert, dass sie in Anführungszeichen eingeschlossen sind, d.h. die Form "Zeichenfolge" haben.

5.2.2 Zeichenfolgenfunktionen (Zeichenkettenfunktionen)

MATHCAD und MATHCAD PRIME kennen vordefinierte Funktionen, die *Zeichenfolgenfunktionen* oder *Zeichenkettenfunktionen* (englisch: String Functions) heißen und auf Zeichenfolgen (Zeichenketten) anwendbar sind. Mit diesen Funktionen lassen sich u.a. Zeichenfolgen zusammenfügen, Fehlermeldungen ausgeben, Zahlen in Zeichenfolgen umwandeln und umgekehrt.

Hierzu gehören u.a. folgende Funktionen:

strlen(x)   : berechnet die Anzahl der Zeichen in der Zeichenfolge x.

substr(x,m,n)   : liefert aus der Zeichenfolge x die Teilzeichenfolge, die
                        nach der m-ten Position beginnt und n Zeichen hat.

str2vec(x)   : liefert einen Vektor, dessen Komponenten den ASCII- Code
                        der einzelnen Zeichen der Zeichenfolge x enthalten.

Ausführliche Informationen zu allen Zeichenfolgenfunktionen stehen in der Hilfe, wenn *String* (deutsch: *Zeichenfolge*) eingegeben wird.

5.2.3 Texteingabe

Texteingaben mittels Tastatur tragen dazu bei, um im Arbeitsblatt durchgeführte Berechnungsschritte durch Erklärungen anschaulich und verständlich darzustellen.

Text lässt sich an jeder Stelle des Arbeitsblatts eingeben, die durch einen Cursor markiert ist. Dazu muss hier ein *Textbereich* erzeugt, d.h. in den *Textmodus* umgeschaltet werden. Dies kann folgendermaßen geschehen:

Mittels der Menüfolge **Einfügen ⇒ Textbereich** (englisch: **Insert ⇒ Text Region**)

In der Registerkarte **Rechnen** mittels *Textfeld* oder *Textblock*.

Der hierdurch geöffnete *Textbereich* (*Textfeld*) ist von einer Box (*Auswahlrechteck*) mit *Einfügebalken*

umgeben, die sich mit der Texteingabe laufend erweitert, wobei sich der Einfügebalken | hinter dem zuletzt eingegebenen Zeichen befindet.

Die *Texteingabe* lässt sich nicht mit der $\boxed{\text{EINGABETASTE}}$ beenden. Dies bewirkt nur einen Zeilenwechsel im Text. Sie wird mittels Mausklick außerhalb des Textbereichs beendet.

Die *Textverarbeitung* mittels MATHCAD und MATHCAD PRIME lässt sich folgendermaßen *charakterisieren:*

- Wichtige aus *Textverarbeitungssystemen* unter WINDOWS bekannte *Funktionen* sind auch in MATHCAD und MATHCAD PRIME realisiert. Diese *Textverarbeitungsfunktionen* sind in Menüs bzw. bekannten (standardisierten) Symbolen zu finden.

- Es lassen sich in den laufenden Text *Formeln* oder *Gleichungen* einfügen, z.B. durch Verschieben von Rechenbereichen.

- *Text* lässt sich auch durch *Kopieren* und *Einfügen* aus anderen Arbeitsblättern erzeugen.

- Die *Textverarbeitungsfunktionen* von MATHCAD und MATHCAD PRIME reichen natürlich nicht an die von Textverarbeitungssystemen wie MICROSOFT WORD heran:

  - Wenn Rechnungen in einer Ausarbeitung überwiegen, lässt sich mit MATHCAD und MATHCAD PRIME auch der dazugehörige Text schreiben.

– Falls Text in einer Ausarbeitung überwiegt, ist es besser, ein Textverarbeitungssystem wie z.B. WORD einzusetzen und mit MATHCAD und MATHCAD PRIME durchgeführte Berechnungen über die Zwischenablage in den Text zu übernehmen. Diese Vorgehensweise ist immer erforderlich, wenn Zeitschriften- oder Buchveröffentlichungen zu erstellen sind. Das vorliegende Buch ist ein Beispiel hierfür. Es ist mit MICROSOFT WORD erstellt und die enthaltenen Rechnungen und Grafiken wurden aus MATHCAD bzw. MATHCAD PRIME übernommen.

5.2.4 Textausgabe

Ausgabe von Text wirdvon Text benötigt, um berechnete Ergebnisse im Arbeitsblatt zu erklären und anschaulich darzustellen. Zur *Textausgabe* lassen sich *Zeichenfolgen* (siehe Abschn.5.2.1) einsetzen, wie im Beisp.13.2 und 13.3 im Rahmen der Programmierung zu sehen ist.

5.3 Grafiken

Grafiken lassen sich neben Berechnungen und Text an jeder beliebigen Stelle des Arbeitsblatts von MATHCAD und MATHCAD PRIME einfügen. Dies geschieht unter Verwendung von Grafikbereichen (Grafikfenstern) für 2D und 3D-Grafiken, wie im Kap.15 ausführlich erklärt ist.

5.4 Gestaltung von Arbeitsblättern

Das *Arbeitsblatt* von MATHCAD und MATHCAD PRIME besitzt von allen Mathematiksystemen die umfangreichsten *Gestaltungsmöglichkeiten*.

Weiterhin sind alle gängigen Möglichkeiten von Textverarbeitungssystemen wie Ausschneiden, Kopieren, Wechsel der Schriftart und Schriftgröße, Rechtschreibeprüfung, Kopf- und Fußzeile usw. möglich.

Die Abb.5.1 vermittelt bereits einen ersten Eindruck von der *Gestaltungsvielfalt* in einem *Arbeitsblatt* und lässt bereits erkennen, dass es wie ein *Rechenblatt* gestaltet werden kann:

- Es ist durch Einteilung in

  Textbereiche (*Textfelder*):   Zur Eingabe von erläuterndem Text.

  Rechenbereiche (*Rechenfelder*):   Zur Eingabe mathematischer Ausdrücke und Durchführung sämtlicher Berechnungen.

  Grafikbereiche (*Grafikfenster*):   Zur Darstellung von 2D- und 3D-Grafiken

  charakterisiert, wobei sich diese Bereiche an der durch den Cursor markierten Stelle im Arbeitsblatt einfügen lassen.

- Die verwendete *mathematische Symbolik* entspricht dem *mathematischen Standard*, d.h. Formeln, Gleichungen und Berechnungen lassen sich in *druckreifer Form* eingeben.

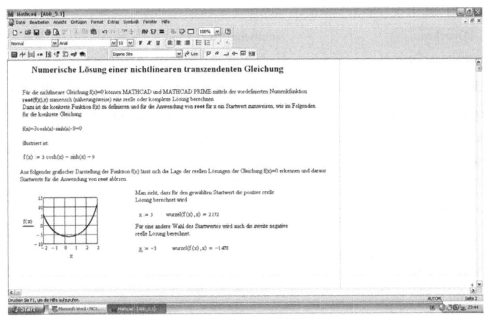

Abb.5.1. Illustration der Gestaltung eines Arbeitsblatts von MATHCAD 15

5.5 Verwaltung von Arbeitsblättern

Nachdem die vorangehenden Abschnitte wesentliche Eigenschaften von Arbeitsblättern vorstellen, werden im Folgenden noch einige *globale Eigenschaften*, wie Öffnen, Speichern und Drucken behandelt.

Das *Öffnen*, *Speichern* und *Drucken* von Dateien (Arbeitsblättern) gehört wie bei allen WINDOWS-Programmen zu Standardoperationen. Eine Datei (Arbeitsblatt) lässt sich

* *öffnen:*

  durch Anklicken des in WINDOWS-Programmen bekannten Symbols
  oder mittels des üblichen Menüs

  Öffnen... (englisch: **Open...**)

* *speichern* auf Festplatte oder externen Speicher:

  durch Anklicken des in WINDOWS-Programmen bekannten Symbols
  oder mittels des üblichen Menüs

  Speichern unter... (englisch: **Save As...**)

* *drucken*

  durch Anklicken des in WINDOWS-Programmen bekannten Symbols

oder mittels des üblichen Menüs

Drucken...   (englisch: **Print...**)

> **Bemerkung**

Ein *neues Arbeitsblatt* wird bei jedem Start *geöffnet*. Weitere neue Arbeitsblätter lassen sich

öffnen durch Anklicken des in WINDOWS-Programmen bekannten Symbols   ⬭

oder mittels des üblichen Menüs

Neu...   (englisch: **New...**)

6 Hilfen für MATHCAD und MATHCAD PRIME

Das *Hilfesystem* von MATHCAD und MATHCAD PRIME wird kontinuierlich ausgebaut und verbessert, so dass Anwender zu wichtigen auftretenden Fragen umfangreiche Antworten bzw. Hilfen erhalten.

Es ist charakterisiert durch Hilfefenster bzw. Hilfe-Center, Fehlermeldungen, Ressourcen und Internetseiten.

Da das Hilfesystem sehr komplex ist, wird Anwendern empfohlen, damit zu experimentieren, um es wirkungsvoll einsetzen zu können. Im Folgenden kann es nur kurz vorgestellt werden.

6.1 Hilfesystem

Das Hilfesystem von MATHCAD und MATHCAD PRIME lässt sich folgendermaßen aufrufen:

Die hauptsächlichen Hilfen für MATHCAD ergeben sich aus dem *Hilfefenster* (siehe Abb. 6.1):

Mathcad Hilfe   (englisch: **Mathcad Help**)

das sich auf eine der folgenden Arten öffnen lässt:

– Anklicken des Symbols   ⟨?⟩   in der Symbolleiste Standard

– Aktivierung der Menüfolge

  Hilfe ⟹ Mathcad-Hilfe   (englisch: **Help ⟹Mathcad Help**)

– Drücken der Taste F1

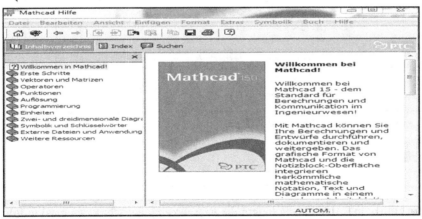

Abb.6.1.Hilfefenster der deutschen Version von MATHCAD 15

Die hauptsächlichen Hilfen für MATHCAD PRIME ergeben sich durch Anklicken der Registerkarte **Erste Schritte** in der Multifunktionsleiste, die folgende Gruppen von Symbolen enthält:

Das *Hilfe-Center* erlaubt Zugriffe auf die Hilfe zu MATHCAD PRIME sowie auf Beispiele.

Es lässt sich öffnen, indem in der oberen rechten Ecke oder bei **Erste Schritte** der Multifunktionsleiste auf

geklickt oder die Taste F1 gedrückt wird.

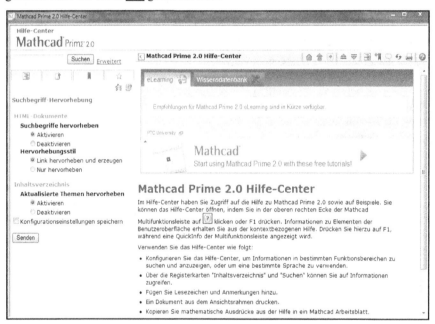

Abb.6.2. Hilfe-Center der deutschen Version von MATHCAD PRIME 2.0

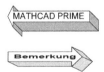

Umfangreiche Hilfen und Anleitungen liefern die *Ressourcen* (englisch: Resources) in folgenden Formen:

- *Lernprogramme*   (englisch: *Tutorials*)

  Hier lassen sich Lernprogramme und Informationen aufrufen, so u.a. das in der jeweiligen Sprache herausgegebene *Benutzerhandbuch*   (englisch: *User's Guide*)

- *QuickSheets*

  Sie besitzen folgende Eigenschaften:

  Sie enthalten Vorlagen, die Anwender anpassen können, um ein breites Spektrum an
  mathematischen Problemen vom Lösen von Gleichungen über das Erstellen von Grafiken bis hin zur Differential- und Integralrechnung und Statistik abhandeln zu können.
  Des Weiteren befinden sich hier ausführliche Erläuterungen mit Beispielen zur Programmierung und zur Einbindung von EXCEL und MATLAB.

- *Verweistabellen*   (englisch: *Reference Tables*)

  Hier sind wichtige Formeln und Konstanten aus Mathematik, Technik und Naturwissenschaften aufgelistet. Die meisten gegebenen Informationen sind allerdings in Englisch
  formuliert.

6.2 Hilfen im Internet

Direkt aus dem Desktop heraus lassen sich Kontakte zum Internet aufnehmen, indem Folgendes bei vorhandenem Internetanschluss unternommen wird:

Aktivierung der Menüfolgen:

Hilfe ⇒ Mathcad Website   (englisch: **Help ⇒ Mathcad Web Site**)

Hierdurch erscheint die Internetseite der Softwarefirma PTC, die viele Informationen liefert
und von der auf die Bibliothek zugegriffen und interessante Arbeitsblätter heruntergeladen
werden können.

Hilfe ⇒ Benutzerforen   (englisch: **Help ⇒ User Forums**)

Hierdurch können an Anwenderforen teilgenommen, Fragen gestellt und Probleme diskutiert werden.

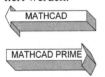

Aufruf der Registerkarte **Erste Schritte**, in der mittels der Gruppen *Verbindung zur Mathcad Community* und *Technischer Support* über das Internet Verbindungen aufgenommen
werden können.

6.3 Weitere Hilfemöglichkeiten

Es gibt zu den oben gegebenen noch weitere Möglichkeiten, um Hilfen zu erhalten:

- Steht der Mauszeiger auf einem Symbol, so wird dessen Bedeutung angezeigt.
- Wenn sich der Cursor auf einer Funktion oder Fehlermeldung befindet, kann durch Drücken der Taste F1 eine Hilfe im Arbeitsblatt eingeblendet werden.

7 Zahlen in MATHCAD und MATHCAD PRIME

Da *Zahlen* die Grundlage aller Berechnungen bilden, sind ausreichende Kenntnisse über die Darstellung von Zahlen im Rahmen von MATHCAD und MATHCAD PRIME erforderlich:

- Sie kennen sowohl *reelle* als auch *komplexe Zahlen*, deren mögliche Darstellungen im Abschn.7.2 bzw. 7.3 zu finden sind.

- Sie kennen auch die Zahlenwerte einer Reihe von *Konstanten*, von denen wichtige im Kap.8 vorgestellt sind.

Als generelle Regel gilt, dass Zahlen in MATHCAD und MATHCAD PRIME durch Drücken der entsprechenden Zahlentasten auf der Tastatur des Computers oder durch Kopieren in das Arbeitsblatt einzugeben sind.

7.1 Zahlenformate

MATHCAD und MATHCAD PRIME kennen verschiedene *Zahlenformate* (englisch: *Number Format*). Diese lassen sich folgendermaßen einstellen und werden in den Abschn.7.2 und 7.3 kurz vorgestellt:

Einstellung für alle Zahlenarten mittels der Menüfolge

Format ⇒ Ergebnis...   (englisch: **Format ⇒ Result...**)

im erscheinenden Dialogfenster   **Ergebnisformat**   (englisch: **Result Format**)

bei *Zahlenformat*, wie im Folgenden zu sehen ist:

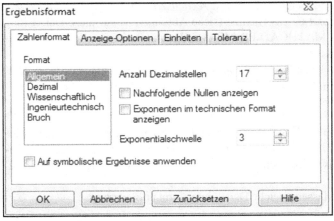

Einstellung für alle Zahlenarten mittels der Registerkarte **Formatierung** in der Gruppe *Ergebnisse*:

7.2 Reelle Zahlen

7.2.1 Exakte (symbolische) Darstellung

Reelle Zahlen lassen sich in MATHCAD und MATHCAD PRIME nur *exakt* (*symbolisch*) eingeben, wenn sie

- *rational* sind (ganze Zahlen oder Brüche), d.h. sich in der Form

$$\frac{m}{n}$$

  darstellen lassen, wobei m und n ganze Zahlen sind. Dabei ist zu beachten, dass Brüche mittels Schrägstrich (englisch: Slash) / einzugeben sind, der in einen Bruchstrich um-gewandelt wird.

- *irrational* sind und sich als *Symbole* darstellen lassen, wie z.B.

  e   (Eulersche Zahl=2.71828182845904........)

  π (Pi=3.14159265358979........)

  $\sqrt{2}$ (Quadratwurzel aus 2=1.41421356237309........)

7.2.2 Dezimaldarstellung

Im Buch wird bei numerischen Berechnungen mit *reellen Zahlen* die *Dezimaldarstellung* verwendet, die bei *Zahlenformat* einzustellen ist (siehe Abschn.7.1). Für diese Darstellung verwenden MATHCAD und MATHCAD PRIME den *Dezimalpunkt* anstelle des im deut-schen Sprachraum üblichen Kommas.

Bei *Dezimaldarstellung* ist zu beachten, dass *Näherungswerte* auftreten können, da die Dar-stellung reeller Zahlen auf dem Computer nur durch endlich viele Ziffern möglich ist.

Bei *Zahlenformat* lässt sich außer der im Buch verwandten Dezimaldarstellung eine weitere Darstellungsform (*Exponentialdarstellung*) für reelle Zahlen wählen, die bei der Einstel-lung *Wissenschaftlich* (englisch: *Scientific*) oder *Ingenieurtechnisch* (englisch: *Enginee-ring*) Anwendung findet.

Es bleibt dem Anwender überlassen, welche Darstellungsform er bevorzugt.

7.3 Komplexe Zahlen

Komplexe Zahlen z sind in der Form

z := a + bi   *oder*   z := a + bj

einzugeben, d.h. die *imaginäre Einheit* $\sqrt{-1}$ lässt sich durch i oder j darstellen.

Dabei ist zu beachten, dass zwischen dem Imaginärteil b und der imaginären Einheit i oder j kein Multiplikationszeichen oder Leerzeichen stehen darf.

Es lassen sich neben Rechenoperationen noch folgende Operationen für komplexe Zahlen z=a + bi durchführen:

- Berechnung des *Realteils* a mittels   **Re**(z)

- Berechnung des *Imaginärteils* b mittels   **Im**(z)

- Berechnung des *Arguments* $\phi = \arctan\frac{b}{a}$ mittels   **arg**(z)

- Berechnung des *Betrags* $|z|$ mittels des Betragsoperators $\boxed{|x|}$

- Bildung der zu z *konjugiert komplexen Zahl* $\overline{z}$:
  Bei MATHCAD wird nach der Eingabe z mit einer Bearbeitungslinie markiert und danach die Taste $\boxed{"}$ gedrückt. Bei MATHCAD PRIME ist der Operator $\boxed{\overline{z}}$ aus der Registerkarte **Rechnen** einzusetzen.

Wenn es mehrere Ergebnisse für eine Rechenoperation mit komplexen Zahlen gibt, so wird i.Allg. der *Hauptwert* ausgegeben (siehe Beisp.7.1c).

7.4 Rechenoperationen mit Zahlen

MATHCAD und MATHCAD PRIME können mit reellen und komplexen Zahlen die *Rechenoperationen* (*Grundrechenarten*) Addition, Subtraktion, Multiplikation, Division und Potenzierung durchführen, für die die *Operationszeichen*

+   -   *   /   ^

zu verwenden sind.

Für die Durchführung der Operationen in einem Zahlenausdruck gelten die üblichen *Prioritäten*, d.h. es wird zuerst potenziert, dann multipliziert (dividiert) und zuletzt addiert (subtrahiert).

Ist man sich bzgl. der Reihenfolge der durchgeführten Operationen nicht sicher, so empfiehlt sich das Setzen zusätzlicher Klammern.

Rechenoperationen sind in *exakter* (symbolischer) oder *numerischer* (näherungsweiser) Form möglich, je nachdem ob für die Ergebnisausgabe das symbolische Gleichheitszeichen → oder numerische Gleichheitszeichen = steht.

Bei exakter (symbolischer) Durchführung von Rechenoperationen kann der Fall auftreten, dass keine weiteren Berechnungen ausgeführt werden, da enthaltene reelle Zahlen in symbolischer Darstellung nicht weiter umformbar sind (siehe Kap.12). Dieser wichtige Sachverhalt ist im folgenden Beisp.7.1a illustriert.

♦

Beispiel 7.1:

a) Im Folgenden wird ein Ausdruck sowohl exakt als auch numerisch berechnet, der reelle
   Zahlen in exakter (symbolischer) Schreibweise enthält:

   Bei *exakter* (symbolischer) *Berechnung* werden die beiden irrationalen Zahlen $\sqrt{2}$ und
   $\sqrt{3}$ in exakter (symbolischer) Darstellung nicht verändert:

   $$\frac{1+\sqrt{2}-\sqrt{3}}{2+\sqrt[3]{8}} \rightarrow \frac{\sqrt{2}}{4}-\frac{\sqrt{3}}{4}+\frac{1}{4}$$

   Bei *numerischer* (näherungsweiser) *Berechnung* werden die beiden irrationalen Zahlen
   $\sqrt{2}$ und $\sqrt{3}$ in exakter (symbolischer) Darstellung numerisch mit der eingestellten Genauigkeit von 17 Dezimalstellen angenähert, so dass folgendes Ergebnis in Dezimal-
   form erscheint:

   $$\frac{1+\sqrt{2}-\sqrt{3}}{2+\sqrt[3]{8}} = 0.17054068870105443$$

b) Definition zweier komplexer Zahlen $z_1 := 2+3i$ $z_2 := 1-5i$

   im Arbeitsblatt und Durchführung von Rechenoperationen unter Verwendung des symbolischen bzw. numerischen Gleichheitszeichens:

   $$z_1 + z_2 \rightarrow 3-2i \qquad z_1 + z_2 = 3-2i \qquad \frac{z_1}{z_2} \rightarrow -\frac{1}{2}+\frac{1}{2}\cdot i \qquad \frac{z_1}{z_2} = -0.5+0.5i$$

c) Wenn es mehrere Ergebnisse für eine Rechenoperation mit komplexen Zahlen gibt, so
   wird i.Allg. der *Hauptwert* ausgegeben:

   $$\sqrt{z_1} = 1.674+0.896i \qquad\qquad \sqrt{z_2} = 1.746+1.432i$$

   Bei der Berechnung n-ter Wurzeln ist zu beachten, dass das Ergebnis in Abhängigkeit
   von der Schreibweise geliefert wird, wie im Folgenden am Beispiel der Kubikwurzel
   von -1 illustriert ist:

   In der Form

   $$(-1)^{\frac{1}{3}} = 0.5 + 0.866i$$

   wird der *Hauptwert* berechnet, während die Anwendung des Wurzeloperators

   $$\sqrt[3]{-1} = -1$$

   das reelle Ergebnis -1 liefert. Dies liegt an der Eigenschaft des Wurzeloperators, der
   immer ein reelles Ergebnis liefert (falls vorhanden).

8 Konstanten in MATHCAD und MATHCAD PRIME

Es sind eine Reihe von Konstanten vordefiniert (englisch: *Built-In Constants*), die die Arbeit erleichtern. Sie sind dadurch charakterisiert, dass MATHCAD und MATHCAD PRIME ihnen immer den gleichen Wert zuweisen.

Im Buch werden folgende *vordefinierten mathematischen Konstanten* benötigt, wobei die Bezeichnungen für die Eingabe mit angegeben sind:

Vordefinierte Konstante		Eingabe
Pi	$\pi = 3.14159...$	π aus Symbolleiste **Rechnen** (MATHCAD) bzw. Registerkarte **Rechnen** (MATHCAD PRIME)
Eulersche Zahl	$e = 2.718281...$	e mittels Tastatur
Imaginäre Einheit	$i = \sqrt{-1}$	1i oder 1j mittels Tastatur
Unendlich	∞	∞ aus Symbolleiste **Rechnen** (MATHCAD) bzw. Registerkarte **Rechnen** (MATHCAD PRIME)
Prozentzeichen	%=0.01	% mittels Tastatur

Zu vordefinierten Konstanten ist Folgendes zu bemerken:

- Bei Verwendung der *imaginären Einheit* i ist zu beachten, dass diese von MATHCAD und MATHCAD PRIME nur erkannt wird, wenn eine Zahl (ohne Multiplikationspunkt) vor ihr steht. Statt i ist auch j für die imaginäre Einheit zulässig (siehe Abschn.7.3).

- *Unendlich* ∞ ist im mathematischen Sinne keine Konstante, sondern nur als Grenzwert zu verstehen. MATHCAD und MATHCAD PRIME verwenden hierfür bei numerischen Berechnungen den Zahlenwert 10^{307}, wie im Beisp.8.1a illustriert ist. Auch bei symbolischen Berechnungen ist die Verwendung von ∞ mathematisch nicht zu vertreten, wie im Beisp.8.1b zu sehen ist.

- Die Bezeichnungen für vordefinierte Konstanten sind in MATHCAD und MATHCAD PRIME ebenso wie die für vordefinierte Variablen und Funktionen reserviert und sollten nicht für andere Größen (Konstanten, Variablen oder Funktionen) verwendet werden, da dann die vordefinierten Werte der Konstanten nicht mehr zur Verfügung stehen. Dies betrifft besonders die Verwendung von i und j als Laufvariable bei Schleifen (siehe Abschn.13.2.3), wodurch die imaginäre Einheit überschrieben wird.

- Anwender können natürlich auch selbst häufig benötigte Konstanten im Arbeitsblatt definieren, wobei die verwendeten Bezeichnungen den gleichen Regeln wie Variablennamen unterliegen.

Beispiel 8.1:

a) Folgende numerische Berechnungen mit ∞ sind mathematisch nicht zulässig, sondern resultieren aus dem Sachverhalt, dass MATHCAD und MATHCAD PRIME ∞ als Konstante betrachten, d.h.

$$\infty = 10^{307} \qquad\qquad \text{verwenden:}$$

$$\frac{\infty}{\infty} = 1 \qquad 0 \cdot \infty = 0 \qquad \infty - \infty = 0 \qquad \infty + \infty = 2 \times 10^{307} \qquad 0^{\infty} = 0 \qquad \infty^{0} = 1$$

b) Folgende symbolische Berechnungen mit ∞ sind mathematisch ebenfalls nicht zulässig:

$$0^{\infty} \to 0 \qquad\qquad 1^{\infty} \to 1 \qquad\qquad \infty^{\infty} \to \infty$$

9 Variablen in MATHCAD und MATHCAD PRIME

Variablen (veränderliche Größen) spielen eine fundamentale Rolle in der Mathematik, da sie in Formeln, Ausdrücken und Argumenten von Funktionen auftreten.

Bei *Berechnungen* besteht ein Teil der Arbeit im Arbeitsblatt in der *Eingabe* von *Variablen*, in *Zuweisungen* von Zahlen bzw. Ausdrücken an *Variablen* und in der *Verarbeitung* von *Variablen* durch vordefinierte Funktionen.

Deshalb sind Kenntnisse über *Variablennamen*, *Eigenschaften* von *Variablen* und *Variablenarten* im Rahmen von MATHCAD und MATHCAD PRIME erforderlich:

* Variablen sind durch Ihre Namen charakterisiert, wobei Folgendes bei der Festlegung von *Variablennamen* zu beachten ist:
  - Es wird nicht zwischen Namen von Variablen, Konstanten und Funktionen unterschieden.
    Deshalb ist bei der Festlegung von Variablennamen zu berücksichtigen, dass keine Namen *vordefinierter* oder *früher verwandter Konstanten, Variablen* oder *Funktionen* verwendet werden, da diese dann nicht mehr verfügbar sind.
  - Es sind Variablennamen zugelassen, die aus mehreren Zeichen bestehen:
    Jeder Variablenname muss mit einem *Buchstaben beginnen*. Es sind auch griechische Buchstaben zulässig. Außer Buchstaben und Ziffern sind noch *Unterstrich _ , Prozentzeichen % und Strichsymbol ′* erlaubt. *Leerzeichen* sind *nicht* zugelassen.
  - Bei Variablennamen wird zwischen *Groß-* und *Kleinschreibung* unterschieden.

* Alle benötigten *Variablen* lassen sich problemlos *definieren*, indem ein *Variablenname* (z.B. v) festzulegen und diesem Namen im Arbeitsblatt eine Größe G (Ausdruck, Funktion, Feld, Zahl, Konstante oder Zeichenkette) zuzuweisen ist, wobei dies mittels *Zuweisungsoperator* $:=$ durch die *Zuweisung* v:=G geschieht:
  - Werden im Arbeitsblatt stehenden Variablen *neue Größen* zugewiesen, so wird ihr alter Inhalt überschrieben und ist dann nicht mehr verfügbar.
  - Bei *exakten (symbolischen) Berechnungen* (z.B. Differentiation) dürfen den verwendeten Variablen vorher keine Zahlenwerte zugewiesen sein.
    Ist z.B. der Variablen x bereits ein Zahlenwert zugewiesen und soll sie zur Differentiation einer Funktion f(x) wieder als symbolische Variable verwendet werden, so ist dies durch eine *Neudefinition* x := x möglich.
  - Bei *numerischen Berechnungen* müssen allen Variablen vorher Zahlen zugewiesen werden. Dies wird als Definition der Variablen bezeichnet.

* Deklarationen, Typerklärungen oder Dimensionsanweisungen für Variablen werden nicht benötigt. Bei Eingabe eines neuen Variablennamens in das Arbeitsblatt wird diese Variable automatisch eingerichtet und ihr Speicherplatz und *Datentyp* aufgrund der Zuweisung zugeordnet.

* Während die Mathematik nur zwischen *einfachen* und *indizierten Variablen* unterscheidet, verwenden MATHCAD und MATHCAD PRIME indizierte Variablen in den zwei Formen

Indizierte Variablen mit Literalindex   *Indizierte Variablen mit Feldindex*
und zusätzlich   *Bereichsvariablen,*

deren wesentliche Eigenschaften im Abschn.9.1 und 9.2 zu finden sind.

9.1 Einfache und indizierte Variablen

Die Mathematik unterscheidet zwischen einfachen und indizierten Variablen:

- *Einfache Variablen* sind durch ihren Variablennamen charakterisiert, wie z.B.

  x, y, x1, y2, ab3, x_3

- *Indizierte Variablen* besitzen nach ihrem Variablennamen noch einen Index, wie z.B.

  x_i, y_k, z_{ik}

MATHCAD und MATHCAD PRIME können beide Variablenarten darstellen und bieten zur Darstellung *indizierter Variablen* in Abhängigkeit vom Verwendungszweck folgende *zwei Möglichkeiten* für den Index:

I. *Feldindex* (englisch: *Array Subscript*):

Ist eine Größe x_i bzw. a_{ik} als Komponente eines Vektors **x** bzw. Element einer Matrix

A zu interpretieren, so muss diese unter Verwendung des *Indexoperators*

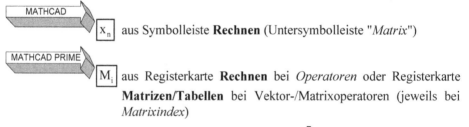

$\boxed{x_n}$ aus Symbolleiste **Rechnen** (Untersymbolleiste "*Matrix*")

$\boxed{M_i}$ aus Registerkarte **Rechnen** bei *Operatoren* oder Registerkarte **Matrizen/Tabellen** bei Vektor-/Matrixoperatoren (jeweils bei *Matrixindex*)

erzeugt werden, indem in die erscheinenden Platzhalter ▪▪

oben der Name x bzw. A und unten der Index (*Feldindex*) i bzw. i,k eingetragen und damit x_i bzw. $A_{i,k}$ erhalten wird. Die Besonderheit besteht darin, dass bei Matrizen

$A_{i,k}$ statt a_{ik}

zu schreiben ist, wobei die Indizes durch Komma zu trennen sind. Ausführlicher wird diese Problematik bei Vektoren und Matrizen im Kap.17 behandelt.

II. *Literalindex* (englisch: *Literal Subscript*):

Ist im Gegensatz zum Feldindex aus I. nur eine Größe x oder y mit *tief gestelltem Index* i bzw. ik erforderlich, so ist nach Eingabe von x bzw. y mittels Tastatur bei

ein Punkt einzugeben,

in der Registerkarte **Rechnen** in der Gruppe *Stil* das Symbol *Tiefgestellt* anzuklicken.

Die abschließende Eingabe von i bzw. ik erscheint jetzt tief gestellt in der Form x_i bzw. y_{ik}

9.2 Bereichsvariablen

Im Unterschied zu anderen Mathematiksystemen kennen MATHCAD und MATHCAD PRIME zusätzlich sogenannte *Bereichsvariablen* (englisch: *Range Variables*), denen man mehrere Zahlenwerte aus einem Bereich (Intervall) zuweisen kann. Bereichsvariablen lassen sich in vielen Berechnungen effektiv einsetzen, wie im Buch illustriert ist. Da derartige Variablen in der Mathematik nicht explizit auftreten, werden diese im Folgenden ausführlicher betrachtet und im Beisp.9.1 illustriert.

Definieren lassen sich *Bereichsvariablen* v in MATHCAD und MATHCAD PRIME *folgendermaßen:*

$v := a , a + \Delta v .. b$　　　　　　(a - Anfangswert , Δv - Schrittweite , b - Endwert)

wobei die Punkte **..** auf folgende Arten einzugeben sind:

Anklicken von $\boxed{m..n}$ in der Symbolleiste **Rechnen** (Untersymbolleiste "*Matrix*") o d e r Eingabe des Semikolons mittels Tastatur.

Anklicken von $\boxed{1..2}$ (bei Schrittweite 1) bzw. $\boxed{1,3..n}$ (bei beliebiger Schrittweite) in der Registerkarte **Rechnen** bei *Operatoren* (*Vektor und Matrix*).

Definierte *Bereichsvariablen* haben folgende *Eigenschaften:*

* Eine Bereichsvariable v nimmt alle Zahlenwerte zwischen Anfangswert a und Endwert b mit der Schrittweite Δv an, wobei die Schrittweite negativ sein kann, wenn b < a gilt. Fehlt eine Schrittweitenangabe Δv, d.h. ist v in der Form v := a .. b definiert, so werden von v die Werte zwischen a und b mit der Schrittweite 1 angenommen, d.h. für

a < b	gilt	v = a , a+1, a+2,...,b
a > b	gilt	v = a , a-1, a-2,...,b

* Es dürfen nur einfache Variablen auftreten, d.h. indizierte Variablen sind für Bereichsvariablen nicht erlaubt.

* Die einer Bereichsvariablen zugewiesenen Zahlenwerte lassen sich als *Tabelle* (*Wertetabelle/Ausgabetabelle*) anzeigen, indem nach dem Variablennamen das numerische Gleichheitszeichen = eingegeben wird (siehe Beisp.9.1a).

* Bereichsvariablen nehmen zwar mehrere Werte an, können aber nicht wie Vektoren verwendet werden (siehe Kap.17), sondern lassen sich nur als *Listen* auffassen. Wie sich Vektoren und Matrizen mittels Bereichsvariablen erzeugen lassen, ist im Beisp.9.1 illustriert.

* Bereichsvariablen v lassen sich nicht dazu verwenden, weitere Bereichsvariablen u zu definieren. Hier erfolgt eine Fehlermeldung.

* Bereichsvariablen und damit auch ihre Anfangswerte, Schrittweiten und Endwerte können beliebige reelle Zahlenwerte annehmen und lassen sich u.a. bei folgenden Problemen einsetzen:

Grafische Darstellung von Funktionen (siehe Kap.15), Bildung von Schleifen bei der Programmierung (siehe Abschn.13.2.3), Berechnung von Summen und Produkten (Bereichssummen und -produkte - siehe Abschn.22.4), Berechnung von Funktionswerten (siehe Beisp.9.1b), Erzeugung von Vektoren und Matrizen (siehe Beisp.9.1c und Abschn.17.3), Berechnung von Ausdrücken (siehe Beisp.9.1d).

Beispiel 9.1:

a) Definition von Bereichsvariablen u und v in den Intervallen [1.2,2.1] bzw. [-2,3] mit der Schrittweite 0.2 bzw. 1 und Ausgabe der berechneten Werte durch Eingabe des numerischen Gleichheitszeichens = als *Tabelle* (*Wertetabelle/Ausgabetabelle*):

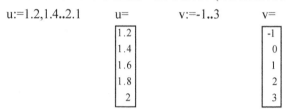

u:=1.2,1.4..2.1   u=   v:=-1..3   v=

$$
\begin{array}{|c|}
\hline
1.2 \\
1.4 \\
1.6 \\
1.8 \\
2 \\
\hline
\end{array}
\qquad
\begin{array}{|c|}
\hline
-1 \\
0 \\
1 \\
2 \\
3 \\
\hline
\end{array}
$$

b) Berechnung der Funktion sin x für die Werte x = 1,1.1,1.2,...,1.5 , indem x als Bereichsvariable mit der Schrittweite 0.1 definiert ist:

x := 1,1.1..1.5

x =   sin(x) =

$$
\begin{array}{|c|}
\hline
1 \\
1.1 \\
1.2 \\
1.3 \\
1.4 \\
1.5 \\
\hline
\end{array}
\qquad
\begin{array}{|c|}
\hline
0.841 \\
0.891 \\
0.932 \\
0.964 \\
0.985 \\
0.997 \\
\hline
\end{array}
$$

Die Eingabe des numerischen Gleichheitszeichens = nach x und sin(x) liefert die Wertetabelle (Ausgabetabelle) der definierten Bereichsvariablen x bzw. der zugehörigen Funktionswerte von sin x.

Die Anwendung von Bereichsvariablen ist für diese Problemstellung effektiver als die Ausnutzung der Vektorisierung (siehe Abschn.17.3.3).

c) Illustration der Erzeugung von Vektoren und Matrizen (siehe Abschn.17.3) unter Verwendung von Bereichsvariablen, wobei der Startindex mittels der vordefinierten Variablen ORIGIN (siehe Abschn.9.3) auf 1 gestellt ist:

- Mittels einer Bereichsvariablen j lässt sich ein (Spalten-) Vektor **x** erzeugen, dessen Komponenten in der Form einer Funktion vom Index abhängen, d.h. $x_j = f(j)$.

  Im folgenden Beispiel berechnet sich die j-te Komponente eines Vektors **x** mit 5 Komponenten aus j+1, d.h. f(j) = j + 1:

$$\text{ORIGIN}:=1 \qquad j:=1..5 \qquad x_j := j+1 \qquad x = \begin{pmatrix} 2 \\ 3 \\ 4 \\ 5 \\ 6 \end{pmatrix}$$

- Mit zwei Bereichsvariablen i und k lassen sich Matrizen **A** erzeugen, deren Elemente in der Form einer Funktion vom Zeilen- und Spaltenindex abhängen, d.h.

$$a_{ik} = f(i,k)$$

Im folgenden konkreten Beispiel berechnet sich das Element der i-ten Zeile und k-ten Spalte einer Matrix **A** vom Typ (2,3) aus i+k, d.h. $f(i,k) = i + k$:

$$\text{ORIGIN}:=1 \qquad i := 1..2 \qquad k := 1..3 \qquad A_{i,k}:=i+k \qquad A = \begin{pmatrix} 2 & 3 & 4 \\ 3 & 4 & 5 \end{pmatrix}$$

d) Berechnung eines konkreten Ausdrucks für mehrere Werte a=1, 2,...,5 der enthaltenen Variablen a mittels Bereichsvariablen:

$$a := 1..5 \qquad \frac{a^2+a+1}{\sqrt{a}+2} = \begin{bmatrix} 1 \\ 2.05 \\ 3.483 \\ 5.25 \\ 7.318 \end{bmatrix}$$

Derartige Berechnungen sind auch mit dem *Vektorisierungsoperator* möglich (siehe Abschn.17.3.3).

9.3 Vordefinierte Variablen

MATHCAD und MATHCAD PRIME kennen eine Reihe von *vordefinierten Variablen* (englisch: *Built-In Variables*). Ihre Namen sind ebenso wie die für vordefinierte Konstanten und Funktionen reserviert und sollten nicht für andere Größen verwendet werden, da sie dann nicht mehr zur Verfügung stehen.

Im Folgenden werden drei wichtige *vordefinierte Variablen* betrachtet, wobei die von MATHCAD und MATHCAD PRIME verwendeten Standardwerte in Klammern angegeben sind:

- ORIGIN (0)
  Gibt bei Vektoren und Matrizen (Feldern) den Index (*Feldindex*) des ersten Elements an (*Startindex*), für den als Standardwert 0 verwendet wird. Dies ist bei der Rechnung mit Matrizen und Vektoren zu beachten, da hier i.Allg. mit dem Index (Feldindex) 1 begonnen wird (siehe Kap.17), so dass ORIGIN der Wert 1 zuzuweisen ist.

- TOL (0.001)

  Gibt die bei numerischen Berechnungen verwendete *Genauigkeit* an, wobei von MATHCAD und MATHCAD PRIME als Standardwert 0.001 verwendet wird (siehe auch Abschn.12.3.3).

- CTOL (0.001)

  Liefert die Steuerung dafür, wie genau eine Nebenbedingung in einem Lösungsblock (siehe Abschn.12.1.3) erfüllt sein muss, damit eine Lösung akzeptabel ist, wenn die vordefinierten Lösungsfunktionen **find**, **minerr**, **minimize** oder **maximize** verwendet werden.

Während *vordefinierten Konstanten*, wie   e, π, i, %
feste Werte zugeordnet sind (siehe Kap.8), können *vordefinierten Variablen* andere als die von MATHCAD und MATHCAD PRIME verwendeten *Standardwerte* zugewiesen werden, ohne die Bedeutung der Variablen zu ändern.

Andere Werte als die Standardwerte können *vordefinierten Variablen* global für das gesamte Arbeitsblatt eingestellt werden. Dies geschieht bei

mittels Menüfolge **Extras** $\Rightarrow$ **Arbeitsplatzoptionen**.

mittels Registerkarte **Berechnung** in Gruppe *Arbeitsblatteinstellungen*.

Weiterhin können vordefinierten Variablen mittels des Zuweisungsoperators $\boxed{:=}$ im Arbeitsblatt auch *lokal* andere Werte zugewiesen werden, so wird z.B. durch

ORIGIN := 1

lokal der Startwert 1 für die Indexzählung festgelegt. Lokal bedeutet hier, dass der neue Startwert erst neben oder unterhalb der durchgeführten Zuweisung gilt.

10 Funktionen in MATHCAD und MATHCAD PRIME

MATHCAD und MATHCAD PRIME kennen eine große Anzahl von Funktionen, da *Funktionen* in vielen praktischen Problemen eine fundamentale Rolle spielen.
Bisher wurden schon einige dieser Funktionen angewandt und im Laufe des Buches werden zahlreiche weitere vorgestellt und besprochen.

10.1 Vordefinierte Funktionen

Alle in MATHCAD und MATHCAD PRIME enthaltenen (integrierten) Funktionen werden als *vordefinierte Funktionen* (englisch: *Built-In Functions*) bezeichnet.
Es wird zwischen *allgemeinen* und *mathematischen vordefinierten Funktionen* unterschieden, die im Buch bei entsprechenden Anwendungen näher erläutert werden.
Sämtliche *vordefinierten Funktionen* sind folgendermaßen ersichtlich:

Alle vordefinierten Funktionen stehen im *Dialogfenster*

Funktion einfügen (englisch: **Insert Function**),

das auf zwei Arten geöffnet werden kann:
Mittels der Menüfolge

Einfügen ⇒ Funktion ... (englisch: **Insert ⇒ Function ...**)

oder durch Anklicken des Symbols

in der Symbolleiste.

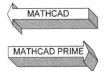

Alle vordefinierten Funktionen stehen in der Registerkarte **Funktionen**. Hier erscheint durch Anklicken von

das *Dialogfenster* **Funktionen** mit allen Funktionen, die in Gruppen eingeteilt sind.

Vordefinierte Funktionen sind folgendermaßen charakterisiert:
- Sie benötigen meistens Argumente, die in runde Klammern einzuschließen und durch Kommas zu trennen sind.
- Sie können im Arbeitsfenster an der durch den Cursor markierten Stelle auf zwei verschiedene Arten eingegeben werden:

I. Direkte Eingabe mittels Tastatur.

II. Einfügen durch Mausklick auf die gewünschte Funktion im *Dialogfenster* **Funktion einfügen** (bei MATHCAD) bzw. **Funktionen** (bei MATHCAD PRIME).

Es wird empfohlen, die Methode II. zu verwenden, da hier neben der Schreibweise der Funktion zusätzlich kurze Erläuterungen erhalten und die benötigten Argumente durch Platzhalter dargestellt sind.

*   Die Arbeit einer eingegebenen vordefinierten Funktion wird durch Betätigung der EINGABETASTE ausgelöst, wobei meistens vorher ein Gleichheitszeichen (symbolisches → oder numerisches =) einzugeben, wie in den entsprechenden Kapiteln ausführlich erklärt ist.

In MATHCAD und MATHCAD PRIME sind zahlreiche allgemeine und mathematische Funktionen vordefiniert, von denen wichtige im Buch zu finden sind:

*   Vordefinierte *allgemeine Funktionen* sind u.a. im Abschn.5.2.2 (*Zeichenfolgenfunktionen*) und im Kap.11 (*Sortierfunktionen* und Funktionen zum Lesen und Schreiben von Daten - *Dateizugriffsfunktionen*) erklärt.

*   Vordefinierte *mathematische Funktionen* bilden einen Hauptinhalt des Buches. Sie werden ab Kap.14 behandelt. Die auch zu mathematischen Funktionen gezählten *Rundungsfunktionen* findet man bereits im Abschn.12.3.5.

10.2 Definition von Funktionen

Obwohl in MATHCAD und MATHCAD PRIME eine Vielzahl von Funktionen vordefiniert sind, ist es für ein effektives Arbeiten häufig erforderlich, weitere *Funktionen* zu *definieren*.

Funktionsdefinitionen lassen sich ebenfalls wie Variablendefinitionen (siehe Kap.9) unter Verwendung des *Zuweisungsoperators*

realisieren. Bei den gewählten Funktionsbezeichnungen ist zu beachten, dass zwischen Groß- und Kleinschreibung zu unterscheiden ist.

Ausführungen und Beispiele zur Definition mathematischer Funktionen sind im Abschn. 14.4.4 zu finden, die als Vorlage für eigene Definitionen anwendbar sind.

11 Datenverwaltung mit MATHCAD und MATHCAD PRIME

Daten spielen bei praktischen Problemen (u.a. in Anwendung von Matrizen und in der Statistik) eine große Rolle, treten hier meistens in Form von Zahlen auf und werden auf Computern in *Dateien* zusammengefasst.

11.1 Datendateien und Felder (Arrays)

MATHCAD und MATHCAD PRIME stellen eine Reihe von Hilfsmitteln zur Verwaltung von Daten (Datenverwaltung) zur Verfügung:

- Vorliegende Daten lassen sich in *Feldern* zusammenfassen, sortieren (siehe Abschn. 11.2) und als *Datendateien* speichern bzw. lesen, wobei eine Reihe von *Dateiformaten*, z.B. für AXUM, EXCEL, MATLAB, ASCII-Editoren möglich sind.

- Der Begriff des *Feldes* (englisch: *Array*) steht als Oberbegriff für Vektoren und Matrizen, die Kap.17 ausführlich behandelt. Elemente von Feldern (*Feldelemente*) können wieder Felder sein, d.h. Felder lassen sich *schachteln*. Es gibt zahlreiche Rechenoperationen zwischen Feldern (Vektoren und Matrizen), die Kap.17 vorstellt.

- Bestehen alle Daten von Dateien bzw. alle Elemente von Feldern aus Zahlen, so heißen sie *Zahlendateien* bzw. *Zahlenfelder*.

- MATHCAD und MATHCAD PRIME unterscheiden bei der Datenverwaltung zwischen

  Eingabe/Import/Lesen von Dateien von Festplatte oder anderen Datenträgern,

  Ausgabe/Export/Schreiben von Dateien auf Festplatte oder andere Datenträger.

  Ausführlicher wird die Problematik des Lesens und Schreibens im Abschn.11.3 und 11.4 behandelt.

Für die Datenverwaltung werden folgende *Dateiformen* benötigt:

Strukturierte Dateien:
In diesen Dateien müssen die Daten (Zahlen) in strukturierter Form (Matrixform mit Zeilen und Spalten) angeordnet sein, d.h. in jeder Zeile muss die gleiche Anzahl von Daten (Zahlen) stehen, die durch Trennzeichen *Leerzeichen* oder *Tabulator* getrennt sind. Das Trennzeichen *Zeilenvorschub* dient hier zur Markierung der Zeilen.

ASCII-Dateien:
Diese sind Textdateien, die ausschließlich ASCII-Zeichen enthalten, wobei diese gemäß ASCII (amerikanischer Standardcode für den Informationsaustausch) codiert sind.

11.2 Sortierfunktionen

In MATHCAD und MATHCAD PRIME sind eine Reihe von *Sortierfunktionen* vordefiniert, mit denen sich Zahlen von Zahlendateien sortieren lassen, wie z.B. die Komponenten von Vektoren **x** oder die Elemente von Matrizen **A**. Wichtige dieser Sortierfunktionen sind im Folgenden vorgestellt, wobei die Eingabe des symbolischen oder numerischen Gleichheitszeichens → bzw. = das Ergebnis liefert:

sort(x)

sortiert die Komponenten eines Vektors (Spaltenvektor oder transponierter Zeilenvektor) **x** in aufsteigender Reihenfolge ihrer Zahlenwerte.

csort(A,n)

sortiert die Zeilen einer Matrix **A** so, dass die Elemente in der n-ten Spalte in aufsteigender Reihenfolge stehen.

rsort(A,n)

sortiert die Spalten einer Matrix **A** so, dass die Elemente in der n-ten Zeile in aufsteigender Reihenfolge stehen.

reverse(x)

ordnet die Komponenten eines Vektors (Spaltenvektor oder transponierter Zeilenvektor) **x** in umgekehrter Reihenfolge, d.h. das letzte Element wird das Erste usw.

reverse(A)

ordnet die Zeilen einer Matrix **A** in umgekehrter Reihenfolge, d.h. die letzte Zeile wird die Erste usw.

reverse(sort(x))

Die geschachtelten Funktionen **reverse** und **sort** sortieren die Komponenten eines Vektors (Spaltenvektor oder transponierter Zeilenvektor) **x** in absteigender Reihenfolge.

11.3   Lesen von Daten

MATHCAD und MATHCAD PRIME können Daten (meistens Zahlen) in Form von Dateien in einer Reihe von Formaten von Datenträgern lesen. Im Folgenden wird hierfür der wichtige Fall strukturierter Zahlendateien betrachtet. Das Lesen anderer Dateiformate gestaltet sich analog, wie im Beisp.11.1c für eine EXCEL-Datei zu sehen ist.

Zum Lesen von Dateien muss natürlich bekannt sein, wo die betreffende Datei steht. Ohne weitere Vorkehrungen suchen sie MATHCAD und MATHCAD PRIME im Arbeitsverzeichnis. Dies ist das Verzeichnis, aus dem das aktuelle Arbeitsblatt geladen oder in das zuletzt gespeichert wurde.

Wenn sich die Datei in einem anderen Verzeichnis befindet, so ist der *Pfad* mitzuteilen, wie im Folgenden zu sehen ist.

♦

Zum *Lesen* von Daten (Dateien) stellen MATHCAD und MATHCAD PRIME zwei Methoden zur Verfügung:

I.   Anwendung von *Menüfolge* bzw. *Registerkarte:*

Einsatz der *Menüfolge*   **Einfügen ⇒ Daten ⇒ Dateieingabe...**
(englisch: **Insert ⇒ Data ⇒ File Input...**)

Einsatz der *Registerkarte* **Eingabe/Ausgabe** in der Gruppe *Datenimport/-export.*

II. Anwendung der *Lesefunktion*

READPRN(DATEN)

Sie kann die strukturierte Datei DATEN in eine Matrix lesen, d.h. jeder Zeile bzw. Spalte der Matrix wird eine Zeile bzw. Spalte von DATEN zugeordnet.

Für DATEN sind die vollständige Bezeichnung der zu lesenden Datei mit Dateiendung und der Pfad als Zeichenkette einzugeben:

Soll z.B. die strukturierte Datei DATEN.txt vom Laufwerk D gelesen und einer Matrix **B** zugewiesen werden, so ist

B:=READPRN("D:\DATEN.txt")

in das Arbeitsblatt einzugeben.

Das Lesen wird abschließend mit einem Mausklick außerhalb der Eingabe oder Betätigung der $\boxed{\text{EINGABETASTE}}$ ausgelöst.

Die Anwendung der Methode I wird dem Anwender überlassen. Im folgenden Beispiel ist das Lesen von Zahlen mittels Methode II illustriert. Da die verwendeten Matrizen erst im Kap. 17 eingeführt werden, ist bei Unklarheiten dort nachzusehen.

Weiterhin lassen sich die Lesefunktion **READFILE** und bei MATHCAD PRIME zusätzlich **READEXCEL** zum Lesen von EXCEL-Dateien verwenden (siehe Beisp. 11.1c).

♦

Beispiel 11.1:
Im Folgenden werden zwei Dateien mittels MATHCAD und MATHCAD PRIME eingelesen und das Ergebnis dargestellt. Für die verwendete Matrix **B** ist als Startindex der Wert 1 eingestellt, d.h. ORIGIN:=1.

a) Die sich auf Laufwerk D des Computers befindende strukturierte Zahlendatei (5 Zeilen, 2 Spalten) DATEN.txt der Form

1	20
2	21
3	22
4	23
5	24

wird mittels **B:=READPRN**("D:\DATEN.txt") eingelesen $\mathbf{B} = \begin{pmatrix} 1 & 20 \\ 2 & 21 \\ 3 & 22 \\ 4 & 23 \\ 5 & 24 \end{pmatrix}$

und im Arbeitsblatt der Matrix **B** zugewiesen.

b) Auf Laufwerk D befinde sich die strukturierte Zahlendatei DATEN.txt folgender Form (2 Zeilen, 19 Spalten):

1 2 3 4 5 6 7 8 9 10 11 12 13 14 15 16 17 18 19
20 21 22 23 24 25 26 27 28 29 30 31 32 33 34 35 36 37 38

Die Datei soll gelesen und im Arbeitsblatt einer Matrix **B** zugewiesen werden. Die Vorgehensweise ist die gleiche wie im Beisp.a. MATHCAD und MATHCAD PRIME liefern folgendes Ergebnis:

$$\mathbf{B} = \begin{pmatrix} 1 & 2 & 3 & 4 & 5 & 6 & 7 & 8 & 9 & 10 & 11 & 12 & 13 & 14 & 15 & 16 & 17 & 18 & 19 \\ 20 & 21 & 22 & 23 & 24 & 25 & 26 & 27 & 28 & 29 & 30 & 31 & 32 & 33 & 34 & 35 & 36 & 37 & 38 \end{pmatrix}$$

c) Die im folgenden zu sehende EXCEL-Tabelle

	A	B	C	D	E
1	1	2	3	4	
2	5	6	7	8	
3	9	10	11	12	
4					

befinde sich als Datei DATEN.xls (oder DATEN.xlsx) auf Laufwerk D. Mittels

B:=READEXCEL("D:\DATEN.xls")

geschieht die Leseoperation bei MATHCAD PRIME und das Ergebnis ist im Folgenden zu sehen:

$$\mathbf{B} = \begin{pmatrix} 1 & 2 & 3 & 4 \\ 5 & 6 & 7 & 8 \\ 9 & 10 & 11 & 12 \end{pmatrix}$$

Bei MATHCAD geschieht diese Leseoperation mittels der Menüfolge

Einfügen ⇒ Daten ⇒ Dateieingabe   (englisch: **Insert ⇒ Data ⇒ File Input**)

11.4 Schreiben von Daten

MATHCAD und MATHCAD PRIME können Daten in Form von Dateien in einer Reihe von Formaten auf Datenträger schreiben, wobei im Folgenden der wichtige Fall von strukturierten Zahlendateien betrachtet wird.

Das Schreiben anderer Dateiformate gestaltet sich analog, wie im Beisp.11.2c für eine EXCEL-Datei illustriert ist.

Bemerkung

Zum Schreiben von Dateien muss natürlich bekannt sein, wohin die betreffende Datei zu schreiben ist. Ohne weitere Vorkehrungen wird die Datei in das Arbeitsverzeichnis geschrieben. Dies ist das Verzeichnis, aus dem das aktuelle Arbeitsblatt geladen oder in das zuletzt gespeichert wurde.

Wenn die Datei in einem anderen Verzeichnis stehen soll, so muss man den *Pfad* mitteilen, wie im Folgenden zu sehen ist.

♦

Zum *Schreiben* von Daten (Dateien) stellen MATHCAD und MATHCAD PRIME zwei Methoden zur Verfügung:

I. Anwendung von Menüfolge bzw. Registerkarte:

Einsatz der Menüfolge **Einfügen** $\Rightarrow$ **Daten** $\Rightarrow$ **Dateiausgabe...**
(englisch: **Insert** $\Rightarrow$ **Data** $\Rightarrow$ **File Output...**)

Einsatz der Registerkarte **Eingabe/Ausgabe** in der Gruppe *Datenimport/-export*.

II. Verwendung von *Schreibfunktionen:*

WRITEPRN(DATEN)

schreibt eine Matrix in die strukturierte Datei DATEN.

APPENDPRN(DATEN)

fügt eine Matrix an die vorhandene, strukturierte Datei DATEN an, d.h. Matrix und Datei müssen die gleiche Anzahl von Spalten besitzen. Die Datei DATEN enthält danach zusätzlich die Zeilen der angefügten Matrix.

Für DATEN sind die vollständige Bezeichnung der zu schreibenden Datei mit Dateiendung und der Pfad als Zeichenkette einzugeben:

- Soll z.B. die im Arbeitsblatt stehende Matrix **B** in die strukturierte Datei DATEN.txt auf Laufwerk D geschrieben werden, so ist

  WRITEPRN("D:\DATEN.txt"):=**B**

  in das Arbeitsblatt einzugeben. Das Schreiben wird abschließend mit einem Mausklick außerhalb der Eingabe oder Betätigung der $\boxed{\text{EINGABETASTE}}$ ausgelöst.

- Im Falle, dass die im Arbeitsblatt stehende Matrix **A** an die Datei DATEN.txt angefügt werden soll, ist Folgendes einzugeben:

  APPENDPRN("D:\ DATEN.txt"):=**A**

Weiterhin lassen sich bei MATHCAD PRIME die *Schreibfunktionen* **WRITEFILE** und **WRITEEXCEL** zum Schreiben von EXCEL-Dateien verwenden (siehe Beisp.11.2c).

Die Anwendung der Methode I wird dem Anwender überlassen. Im folgenden Beispiel ist das Schreiben von Zahlen mittels Methode II illustriert. Da die hier verwendeten Matrizen erst im Kap.17 eingeführt werden, ist bei Unklarheiten dort nachzusehen.

Beispiel 11.2:

a) Für die verwendete Matrix **B** ist als Startindex der Wert 1 eingestellt, d.h. ORIGIN:=1.
   Schreiben der im Arbeitsblatt definierten Matrix **B** auf Laufwerk D:

$$\mathbf{B} := \begin{pmatrix} 1 & 2 & 3 & 4 \\ 5 & 6 & 7 & 8 \\ 9 & 10 & 11 & 12 \end{pmatrix} \qquad \textbf{WRITEPRN}(\text{"D:\textbackslash DATEN.txt"}) := \mathbf{B}$$

Wenn das Schreiben abschließend mit einem Mausklick außerhalb des Ausdrucks oder durch Betätigung der $\boxed{\text{EINGABETASTE}}$ abgeschlossen wird, befindet sich die Matrix **B** in folgender strukturierter Form auf Laufwerk D in der Datei DATEN.txt:

1   2   3   4
5   6   7   8
9   10   11   12

b) Anfügen der im Arbeitsblatt definierten Matrix **A**

$$\mathbf{A} := \begin{pmatrix} 4 & 3 & 2 & 1 \\ 8 & 7 & 6 & 5 \end{pmatrix}$$

an die im Beisp.a geschriebene Datei DATEN.txt auf Laufwerk D mittels der Schreibfunktion **APPENDPRN**:

APPENDPRN ("D:\DATEN.txt "):=**A**

Danach hat die Datei DATEN.txt folgende Gestalt:

1   2   3   4
5   6   7   8
9   10   11   12
4   3   2   1
8   7   6   5

c) Schreiben der im Arbeitsblatt definierten Matrix **B**

$$\mathbf{B} := \begin{pmatrix} 1 & 2 & 3 & 4 \\ 5 & 6 & 7 & 8 \\ 9 & 10 & 11 & 12 \end{pmatrix}$$

als EXCEL-Datei DATEN.xls (oder DATEN.xlsx) auf Laufwerk D mittels der MATH-CAD PRIME-Funktion **WRITEEXCEL**:

WRITEEXCEL("D:\DATEN.xls",B)

Das Ergebnis der Schreiboperation kann von EXCEL als Datei DATEN.xls (oder DATEN.xlsx) eingelesen werden, wie folgender Tabellenausschnitt von EXCEL zeigt:

	A	B	C	D	E
1	1	2	3	4	
2	5	6	7	8	
3	9	10	11	12	
4					

Bei MATHCAD geschieht diese Schreiboperation mittels der Menüfolge

Einfügen ⇒ Daten ⇒ Dateiausgabe   (englisch: **Insert ⇒ Data ⇒ File Output**)

12 Berechnungen mit MATHCAD und MATHCAD PRIME

12.1 Grundlagen

Berechnungen bilden die *Grundeigenschaft* von Mathematiksystemen und somit auch von MATHCAD und MATHCAD PRIME, die hierfür wirkungsvolle Hilfsmittel liefern.

Bei *Berechnungen* unterscheidet die Mathematik zwischen *exakter (symbolischer)* und *numerischer (näherungsweiser)* Durchführung. Dies ist auch bei MATHCAD und MATHCAD PRIME der Fall, die vordefinierte Funktionen zu exakten und numerischen Berechnungen bereitstellen. Diese grundlegende Problematik erläutern die Abschn.12.2 und 12.3. Vorher erklären die Abschn.12.1.1 bis 12.1.3 noch die Vorgehensweise bei Berechnungen, Rechenbereiche und Lösungsblöcke.

12.1.1 Vorgehensweise bei Berechnungen

Bei Berechnungen mathematischer Probleme mittels MATHCAD und MATHCAD PRIME wird im Buch folgendermaßen vorgegangen:

* Zuerst wird die Durchführung *exakter (symbolischer) Berechnungen* erklärt.

* Da exakte Berechnungen oft nicht erfolgreich sind, wird anschließend die *numerische (näherungsweise) Berechnung* erklärt.

Die Vorgehensweise für Berechnungen wird deswegen so gewählt, da exakte Berechnungen wegen der gelieferten exakten Ergebnisse vorzuziehen sind.

Numerikfunktionen sollten erst eingesetzt werden, wenn eine Meldung erfolgt, dass eine exakte Berechnung nicht gelingt.

Numerische Berechnungen können auch falsche Ergebnisse liefern, wie aus der Numerischen Mathematik bekannt ist (siehe auch Abschn.12.3.4). Im günstigen Fall werden näherungsweise Ergebnisse berechnet, für die jedoch meistens keine Fehlerabschätzungen bekannt sind.

Aufgrund der einfachen Handhabung empfehlen sich für exakte Berechnungen die Anwendung des *symbolischen* → (siehe Abschn.12.2.1) und für numerische Berechnungen die Anwendung des *numerischen Gleichheitszeichens* = (siehe Abschn.12.3.1).

12.1.2 Rechenbereiche und Rechenmodus

Sämtliche exakten und numerischen Berechnungen sind in *Rechenbereichen* des Arbeitsblatts durchzuführen und es wird vom *Rechenmodus* (siehe auch Abschn.5.1) gesprochen:

* Wenn der Cursor an einer freien Stelle des Arbeitsblatts die Gestalt eines Einfügekreuzes + hat, ist ein *Rechenbereich (Rechenfeld)* eröffnet, d.h. alle notwendigen Ausdrücke, Formeln, Funktionen, Gleichungen usw. sind hier einzugeben und erforderliche Berechnungen durchzuführen.

* Der *Rechenmodus* ist also nach Eingabe des ersten Zeichens am *Rechenbereich* zu erkennen, in dem eine Bearbeitungslinie (siehe Abschn.5.1) steht und das von einem

Rechteck (Auswahlrechteck) umrahmt ist. Während der Eingabe wird der Rechenbereich laufend erweitert und die Bearbeitungslinie befindet sich hinter dem zuletzt eingegebenen Zeichen (siehe Beisp.5.1).

- Es ist zu beachten, dass *Rechenbereiche* in einem Arbeitsblatt von *links* nach *rechts* und von *oben* nach *unten* abgearbeitet werden. Dies ist bei der Verwendung definierter Größen (Funktionen, Variablen) zu berücksichtigen. Sie lassen sich für Berechnungen erst nutzen, wenn diese rechts oder unterhalb der Definition (Zuweisung) durchgeführt werden. Bei Größen, die bei der Verwendung noch nicht definiert sind, erfolgt eine Fehlermeldung.

- Beim Start von MATHCAD und MATHCAD PRIME ist automatisch der Rechenmodus eingeschaltet.

- Wenn im Laufe der Arbeit ein Textmodus (siehe Abschn.5.2) vorliegt, kann man durch Mausklick außerhalb des Textbereichs in den Rechenmodus umschalten.

12.1.3 Lösungsblöcke

Exakte und numerische Berechnungen von Lösungen einer Reihe von Gleichungen vollziehen sich in MATHCAD und MATHCAD PRIME in sogenannten *Lösungsblöcken*, deren Struktur im Kap.18 und 26 erklärt ist.

12.2 Exakte (symbolische) Berechnungen

Zur Durchführung *exakter* (*symbolischer*) *Berechnungen* verwenden neuere Versionen von MATHCAD und MATHCAD PRIME den Symbolprozessor von MuPAD, der beim Start automatisch geladen wird. Hiermit lassen sich eine Reihe von *exakten* (symbolischen) *Berechnungen* durchführen, wie bei

Grundrechenarten (Abschn.7.4), *mathematischen Ausdrücken* (Abschn.16.1), *Summen* und *Produkten* (Kap.22), *Matrizen* und *Vektoren* (Kap.17), *Lösungen linearer Gleichungen* und *Differentialgleichungen* (Kap.18 und 26), *Ableitungen* von *Funktionen* (Kap.20), gewissen *Integralen* (Kap.21), Problemen aus *Wahrscheinlichkeitsrechnung* und *Statistik* (Kap.29 und 31).

Exakte (symbolische) Berechnungen sind mittels *symbolischem Gleichheitszeichen* und *Schlüsselwörtern* durchführbar, wie in den folgenden Abschn.12.2.1 und 12.2.2 und im gesamten Buch illustriert ist.

12.2.1 Symbolisches Gleichheitszeichen

Das *symbolische Gleichheitszeichen* → bringt eine Reihe von Vorteilen bei der Durchführung exakter (symbolischer) Berechnungen, da es

- zusammen mit *Schlüsselwörtern* (symbolischen Operatoren) anwendbar ist (siehe Abschn.12.2.2),

- sich zur *exakten Berechnung* von Funktionswerten und mathematischen Ausdrücken heranziehen lässt,

- eine Dezimalnäherung für einen mathematischen Ausdruck liefert, wenn alle im Ausdruck vorkommenden Zahlen in Dezimalschreibweise eingegeben sind (siehe Beisp. 12.1),

- bei Verwendung mit dem *Schlüsselwort* **float** (deutsch: **Gleitkommazahl**) eine Dezimalnäherung mit einer Genauigkeit von maximal 250 Stellen für einen mathematischen Ausdruck liefert.

Zur *Eingabe* des *symbolischen Gleichheitszeichens* → gibt es *zwei Möglichkeiten:*

I. Anklicken des Operators

bei

 in Symbolleiste **Rechnen** (Untersymbolleiste "*Auswertung*"),

 in Registerkarte **Rechnen** (Gruppe *Operatoren und Symbole* in *Symbolische Mathematik*).

II. Drücken der Tastenkombination $\boxed{\text{S T R G}}\ \boxed{.}$

Beispiel 12.1:
Illustration der Wirkungsweise des symbolischen und numerischen Gleichheitszeichens durch Berechnung eines mathematischen Ausdrucks:
Der folgende Ausdruck kann nicht weiter mit dem *symbolischen Gleichheitszeichen* exakt berechnet werden, da sich die enthaltenen reellen Zahlen nicht exakt vereinfachen lassen, wie zu sehen ist:

$$\frac{\sqrt{5}+\ln(7)}{e^3+\sqrt[3]{2}} \rightarrow \frac{\ln(7)+\sqrt{5}}{e^3+2^{\frac{1}{3}}}$$

Sobald alle Zahlen im Ausdruck als Dezimalzahlen geschrieben sind, liefert das *symbolische Gleichheitszeichen* eine Dezimalnäherung, wie zu sehen ist:

$$\frac{\sqrt{5.0}+\ln(7.0)}{e^{3.0}+\sqrt[3]{2.0}} \rightarrow 0.195918875660983$$

Das *numerische Gleichheitszeichen* (siehe Abschn.12.3.1) liefert unmittelbar eine Dezimalnäherung des Ausdrucks, wie zu sehen ist:

$$\frac{\sqrt{5}+\ln(7)}{e^3+\sqrt[3]{2}} = 0.195918875660983$$

12.2.2 Schlüsselwörter

Symbolische Schlüsselwörter (kurz: Schlüsselwörter), die MATHCAD und MATHCAD PRIME auch als *symbolische Operatoren* bezeichnen, bieten umfangreiche Möglichkeiten, um mittels des symbolischen Gleichheitszeichens → exakte Berechnungen durchzuführen, wie in entsprechenden Kapiteln des Buches zu sehen ist.

Symbolische Schlüsselwörter (englisch: *Symbolic Keywords*) befinden sich bei

 in *Symbolleiste* **Rechnen** (Untersymbolleiste "*Symbolische Operatoren*"),

 in *Registerkarte* **Rechnen** (Gruppe *Operatoren und Symbole* bei *Symbolische Mathematik*).

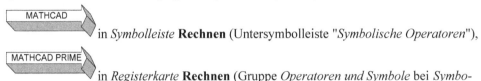

Der einzige *Unterschied* in der Anwendung von Schlüsselwörtern besteht darin, dass bei MATHCAD das symbolische Gleichheitszeichen nach dem Schlüsselwort steht, während sich bei MATHCAD PRIME das Schlüsselwort über dem symbolischen Gleichheitszeichen befindet.

12.3 Numerische (näherungsweise) Berechnungen

MATHCAD war ursprünglich ein reines System für numerische (näherungsweise) Berechnungen. Deshalb besitzen MATHCAD und MATHCAD PRIME hier Vorteile gegenüber den Mathematiksystemen MATHEMATICA und MAPLE.

In MATHCAD und MATHCAD PRIME sind moderne numerische Methoden integriert, die die numerische Berechnung zahlreicher praktischer Probleme ermöglichen und damit dem Anwender von der Arbeit befreien, eigene Computerprogramme schreiben zu müssen.

Da im Rahmen des Buches nicht näher auf die verwendeten numerischen Methoden eingegangen werden kann, werden diese nicht immer angegeben. Interessierte Anwender finden hierüber detailliertere Informationen in der Hilfe.

♦

Numerische Berechnungen mit MATHCAD und MATHCAD PRIME unterscheiden zwischen zwei Möglichkeiten, die in den folgenden beiden Abschn.12.3.1 und 12.3.2 kurz vorgestellt und in entsprechenden Kapiteln des Buches ausführlicher behandelt werden.

Die für numerische Berechnungen wichtige Problematik der Genauigkeit und von Rundungsfunktionen ist in den Abschn.12.3.3 bis 12.3.5 vorgestellt.

12.3.1 Numerisches Gleichheitszeichen

Im Arbeitsblatt befindliche mathematische Ausdrücke können unmittelbar *numerisch* (näherungsweise) durch Eingabe des *numerischen Gleichheitszeichens* = mittels Tastatur berechnet werden (siehe Beisp.12.1).

Die Verwendung des numerischen Gleichheitszeichens ist aufgrund der einfachen Handhabung zu empfehlen, wenn durchzuführende Berechnungen dies zulassen.

Bei eingeschaltetem Automatikmodus (siehe Abschn.12.6.1) wird die Berechnung unmittelbar nach Eingabe des numerischen Gleichheitszeichens ausgelöst.

Das *numerische Gleichheitszeichen* = ist nicht mit dem *symbolischen Gleichheitszeichen* → oder dem *Gleichheitsoperator* $\boxed{=}$ (Gleichheitszeichen im Fettdruck) zu verwechseln.

12.3.2 Vordefinierte Numerikfunktionen

Die Durchführung numerischer Berechnungen kann in MATHCAD und MATHCAD PRIME auch durch vordefinierte *Numerikfunktionen* geschehen, die *numerische Methoden* realisieren. Das numerische Gleichheitszeichen (siehe Abschn.12.3.1) wird hier meistens zusätzlich zur Auslösung der Berechnung benötigt.

Wichtige Numerikfunktionen von MATHCAD und MATHCAD PRIME werden im Buch in den entsprechenden Kapiteln vorgestellt.

12.3.3 Genauigkeit

Bei numerischen Berechnungen besitzen MATHCAD und MATHCAD PRIME folgende Möglichkeiten zur Einstellung der *Genauigkeit:*

- Die Anzahl der *Kommastellen* für das Ergebnis (Dezimalnäherung) lässt sich auf maximal 15 Stellen einstellen (Standardwert 3):

  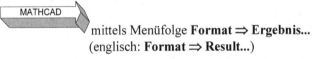 mittels Menüfolge **Format** ⇒ **Ergebnis...** (englisch: **Format** ⇒ **Result...**)

   mittels Registerkarte **Formatierung** in Gruppe *Ergebnisse.*

- Soll das Ergebnis einer Berechnung oder eine reelle Zahl als *Dezimalnäherung* mit einer Genauigkeit bis 250 Dezimalstellen dargestellt werden, so lässt sich das *Schlüsselwort* **float** (deutsch: **Gleitkommazahl**) verwenden.

- Beim Einsatz von Numerikfunktionen kann die gewünschte *Genauigkeit* der verwendeten *numerischen Methode* mit der vordefinierten Variablen TOL:=..... eingestellt werden (Standardwert 0.001).

  Man darf allerdings nicht erwarten, dass berechnete Ergebnisse die eingestellte Genauigkeit besitzen. Es ist nur bekannt, dass die angewandte numerische Methode abbricht, wenn die Differenz zweier aufeinanderfolgender Näherungen kleiner als TOL ist.

12.3.4 Fehlerarten

Bei Anwendung *numerischer Methoden*, die MATHCAD und MATHCAD PRIME durch vordefinierte Numerikfunktionen realisieren, können folgende drei *Fehler auftreten:*

- *Rundungsfehler* resultieren aus der endlichen Rechengenauigkeit des Computers, da er nur endliche Dezimalzahlen verarbeiten kann. Sie können im ungünstigen (instabilen) Fall bewirken, dass berechnete Ergebnisse falsch und damit unbrauchbar sind.

- *Abbruchfehler* treten auf, da numerische Methoden nach endlicher Anzahl von Schritten abgebrochen werden müssen, obwohl meistens die Lösung noch nicht erreicht ist.

- *Konvergenzfehler* liefern falsche Ergebnisse. Sie treten auf, wenn numerische Methoden/Algorithmen (z.B. Iterationsmethoden) nicht gegen eine Lösung des Problems streben, d.h. die Konvergenz nicht gesichert ist.
  Auch bei Konvergenz einer numerischen Methode werden i.Allg. nur *Näherungslösungen* erhalten.

Fehlerabschätzungen für die Abweichung einer Näherungslösung von exakten Lösungen sind jedoch für viele numerische Methoden noch nicht verfügbar. Ihre Untersuchung bildet einen Forschungsschwerpunkt der Numerischen Mathematik.

12.3.5 Rundungsfunktionen

Im Folgenden werden *Rundungsfunktionen* betrachtet, die Anwendungsprobleme häufig benötigen und die zu Numerikfunktionen zählen.

Zu den *Rundungsfunktionen* von MATHCAD und MATHCAD PRIME gehören folgende Funktionen, die Zahlen auf- oder abrunden bzw. Reste berechnen:

ceil(x)   berechnet die kleinste ganze Zahl $\geq x$,

floor(x)   berechnet die größte ganze Zahl $\leq x$,

mod(x,y)   berechnet den Rest bei der Division x:y (y≠0), wobei das Ergebnis das gleiche Vorzeichen wie x hat,

round(x,n)   rundet die Zahl x auf n Dezimalstellen.

trunc(x)   berechnet den ganzzahligen Anteil der Zahl x.

Die abschließende Eingabe des numerischen Gleichheitszeichens = liefert das Ergebnis.

Beispiel 12.2:
Die Wirkungsweise der *Rundungsfunktionen* ist aus folgenden Zahlenbeispielen ersichtlich:

x := 5.87   y := -11.54

floor(x) = 5	**floor**(y) = -12	**ceil**(x) = 6	**ceil**(y) = -11
mod(x,y) = 5.87	**mod** (5,2) = 1	**mod**(6,3) = 0	**mod**(3,6) = 3
round(x,1) = 5.9	**round**(y,1) = -11.5	**trunc**(x) = 5	**trunc**(y) = -11

12.4 Anwendung als Taschenrechner

Die Anwendung als *Taschenrechner* zählt natürlich nicht zu Haupteinsatzgebieten von MATHCAD und MATHCAD PRIME. Hierfür sind auch weiterhin Taschenrechner anwendbar. MATHCAD und MATHCAD PRIME sind bereits bei Taschenrechnerfunktionen klassischen Taschenrechnern überlegen, wie im Buch zu sehen ist.

12.5 Berechnungen mit Maßeinheiten

Ein Vorteil von MATHCAD und MATHCAD PRIME gegenüber anderen Systemen besteht darin, dass sich sämtliche Berechnungen mit *Maßeinheiten* durchführen lassen. Beide kennen mehrere *Einheitensysteme* (*Maßsysteme*), so auch das in Europa übliche *SI-Einheitensystem*.

Das *Einheitensystem* lässt sich folgendermaßen *einstellen:*

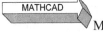

Mittels Menüfolge **Extras ⇒ Arbeitsblattoptionen**
(englisch: **Tools ⇒ Worksheet Options**),

Mittels Registerkarte **Rechnen** (Gruppe *Einheiten*).

Die *Arbeit* mit *Maßeinheiten* ist folgendermaßen *charakterisiert* (siehe auch Beisp.12.3):

- Wenn einer Zahl eine *Maßeinheit zuzuordnen* ist, so wird die Zahl einfach mit der Maßeinheit multipliziert.

- Ist die *Maßeinheit* des Ergebnisses einer Berechnung in eine andere Maßeinheit *umzuformen*, so ist die alte Maßeinheit zu löschen und die neue Maßeinheit in den erscheinenden Platzhalter einzutragen.

Beispiel 12.3:

a) Der Versuch, Zahlen mit Maßeinheiten zu addieren, die nicht kompatibel sind, wird von MATHCAD und MATHCAD PRIME erkannt und es wird kein Ergebnis berechnet, sondern die Fehlermeldung "*Diese Einheiten sind nicht kompatibel*" ausgegeben:
$25 \cdot kg + 7 \cdot s =$

b) Bei der Addition von Zahlen mit kompatiblen Maßeinheiten wird das Ergebnis mit einer dieser Maßeinheiten ausgegeben:
$25 \cdot gm + 250 \cdot gm = 0.275 kg$

  Möchte man die in Kilogramm (kg) angegebenen Ergebnisse in Gramm (gm) umrechnen, so ist kg zu löschen und gm für den Einheitenname Gramm einzutragen:
$25 \cdot gm + 250 \cdot gm = 275 gm$

c) Berechnung mit zwei Dimensionen (Basiseinheiten) Länge und Zeit:

$$a := \frac{3 \cdot cm + 23 \cdot mm}{4 \cdot s + 2 \cdot min} \qquad a = 4.274 \cdot 10^{-4} \frac{m}{s}$$

12.6 Steuerung von Berechnungen

Im Folgenden werden Methoden vorgestellt, mit denen man mit MATHCAD und MATHCAD PRIME durchzuführende *Berechnungen steuern* kann. Hierzu gehören

Automatikmodus: automatische Durchführung von Berechnungen

Manueller Modus: manuelle Durchführung von Berechnungen

Abbruch von *Berechnungen*

12.6.1 Automatikmodus und manueller Modus

Der *Automatikmodus* ist die Standardeinstellung von MATHCAD und MATHCAD PRI-ME, der bei MATHCAD am Wort AUTOM. bzw. bei MATHCAD PRIME am grünen Punkt in der Statusleiste zu erkennen ist.

Im Automatikmodus wird jede Berechnung sofort ausgeführt und das gesamte aktuelle Arbeitsblatt neu berechnet, wenn Konstanten, Variablen oder Funktionen verändert werden.

Möchte man ein *Arbeitsblatt* nur *durchblättern*, kann sich der Automatikmodus hemmend auswirken, da auf die Berechnung sämtlicher im Dokument enthaltener Ausdrücke zu warten ist. In diesem Fall empfiehlt sich der Übergang zum *manuellen Modus*, der durch Ausschalten des Automatikmodus folgendermaßen erhalten wird:

Mittels Menüfolge **Extras⇒Berechnen** (englisch: **Tools⇒Calculate**),

Mittels Registerkarte **Berechnen** (Gruppe *Steuerelemente*).

Der eingeschaltete *manuelle Modus* ist bei MATHCAD am Wort *Rechner F9* (englisch: *Calc F9*) bzw. bei MATHCAD PRIME am roten Punkt in der Statusleiste zu erkennen und durch folgende *Eigenschaft gekennzeichnet:*

Werden Variablen und Funktionen im Arbeitsblatt verändert, so bleiben alle darauf aufbauenden *Berechnungen* im Arbeitsblatt *unverändert*.

12.6.2 Abbruch von Berechnungen

Möchte man laufende *Berechnungen* von MATHCAD und MATHCAD PRIME aus irgendwelchen Gründen *unterbrechen* bzw. *abbrechen*, so ist bei

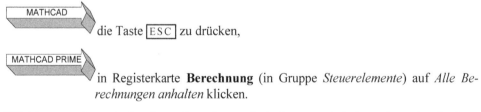

die Taste $\boxed{\text{ESC}}$ zu drücken,

in Registerkarte **Berechnung** (in Gruppe *Steuerelemente*) auf *Alle Berechnungen anhalten* klicken.

Möchte man eine unterbrochene *Berechnung fortsetzen*, so sind der entsprechende Ausdruck anzuklicken und anschließend folgende Aktivitäten durchzuführen:

MATHCAD

Anklicken des *Symbols* $\boxed{=}$ in Symbolleiste **Standard** oder Drücken der Taste F9.

MATHCAD PRIME

Anklicken von *Berechnen* in Registerkarte **Berechnung** (Gruppe *Steuerelemente*).

13 Programmierung mit MATHCAD und MATHCAD PRIME

In diesem Kapitel werden die Programmiermöglichkeiten von MATHCAD und MATH-CAD PRIME vorgestellt:

Zuerst im Abschn.13.1: *Boolesche Operatoren,*

Anschließend im Abschn.13.2: *Prozedurale Programmierung* mit Grundbausteinen *Zuweisungen, Verzweigungen* und *Schleifen,*

Abschließend im Abschn.13.3: *Prozedurale Programme* und Beispiele.

Mit den gegebenen Hinweisen können Anwender eigene Programme erstellen, wenn für ein Problem keine Berechnungsfunktion vordefiniert ist.

13.1 Boolesche Operatoren

Im Folgenden werden in MATHCAD und MATHCAD PRIME einsetzbare *Boolesche Operatoren* vorgestellt, die für die Programmierung wichtig sind, da sie zur Bildung *logischer Ausdrücke* in Verzweigungen und Schleifen (siehe Abschn.13.2) benötigt werden.

Als Boolesche Operatoren stehen *Vergleichsoperatoren* und *logische Operatoren* zur Verfügung:

- *Vergleichsoperatoren:*

  Hierzu gehören

  Gleichheitsoperator $\boxed{=}$, *Kleineroperator* $\boxed{<}$, *Größeroperator* $\boxed{>}$, *Kleiner-Gleich-Operator* $\boxed{\le}$, *Größer-Gleich-Operator* $\boxed{\ge}$, *Ungleichheitsoperator* $\boxed{\ne}$

  Sie haben folgende *Eigenschaften:*

  - Sie sind für reelle Zahlen und Zeichenketten anwendbar.
  - Für komplexe Zahlen haben nur die beiden Operatoren $\boxed{=}$ und $\boxed{\ne}$ einen Sinn.
  - Der *Gleichheitsoperator* $\boxed{=}$ ist nicht mit dem *numerischen Gleichheitszeichen* = (siehe Abschn.12.3.1) zu verwechseln:
    Beide unterscheiden sich optisch, da der Gleichheitsoperator mit dicken Strichen dargestellt ist.
    Der inhaltliche Unterschied zwischen beiden besteht darin, dass Ausdrücke mit dem Gleichheitsoperator verglichen werden, während das numerische Gleichheitszeichen zur numerischen Berechnung dient. Der Gleichheitsoperator dient auch zur Darstellung von Gleichungen (siehe Kap.18).

- *Logische Operatoren:*

  Hierzu gehören   NICHT $\neg$, UND $\wedge$, ODER $\vee$

Beide Arten von Operatoren lassen sich folgendermaßen erzeugen:

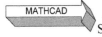
Symbolleiste **Rechnen** (Untersymbolleiste "*Boolesche Operatoren*"),

Registerkarte **Rechnen** in Gruppe *Operatoren und Symbole.*

Beispiel 13.1:

a) Folgende Ausdrücke sind Beispiele für *logische Ausdrücke*:

$$x = y \qquad x \leq y \qquad x \neq y \qquad (a{\geq}b){\wedge}(c{\leq}d) \qquad (a{<}b){\vee}(c{>}b)$$

b) Der *logische Ausdruck*

$(1{<}2){\vee}(3{<}2) \rightarrow 1$ mit dem logischen ODER liefert den Wert 1 (wahr).

$(1{<}2){\wedge}(3{<}2) \rightarrow 0$ mit dem logischen UND liefert den Wert 0 (falsch).

13.2 Prozedurale (strukturierte) Programmierung

Die *prozedurale* (strukturierte) *Programmierung* ist durch die Grundbausteine *Zuweisungen*, *Verzweigungen* (Entscheidungen) und *Schleifen* (Wiederholungen) gekennzeichnet, die in den folgenden Abschn.13.2.1-13.2.3 im Rahmen von MATHCAD und MATHCAD PRIME erklärt sind.

Des Weiteren lassen sich einfache Aufgaben der *rekursiven Programmierung* realisieren (siehe Beisp.13.2b und 14.1c).

MATHCAD und MATHCAD PRIME besitzen eine *Symbolleiste* bzw. *Registerkarte* für die *prozedurale Programmierung*. Diese enthalten *Anweisungen* (*Operatoren*) für *Zuweisungen*, *Verzweigungen* und *Schleifen*, die sich durch Mausklick kurz erklären und einfügen lassen:

Symbolleiste **Rechnen** (Untersymbolleiste "*Programmierung*")

Registerkarte **Rechnen** in Gruppe *Operatoren und Symbole* (bei *Programmierung*)

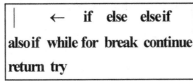

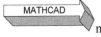

Es ist zu sehen, dass MATHCAD PRIME im Unterschied zu MATHCAD um **else**, **else if**, **also if** erweitert und **otherwise** weggelassen wurde. Des Weiteren wird **onerror** durch **try** und die Anweisung **+1 Zeile** durch den Strich | ersetzt. Es besteht aber keine Schwierigkeit, ein Programm von einer Version in die andere umzuschreiben.

MATHCAD und MATHCAD PRIME besitzen nicht so umfangreiche Programmiermöglichkeiten wie andere Mathematiksysteme.

Die gegebenen prozeduralen Programmiermöglichkeiten reichen jedoch für Anwender meistens aus, um MATHCAD und MATHCAD PRIME zu erweitern und eigenen Bedürfnissen anzupassen.

13.2.1 Zuweisungen

Zuweisungen spielen auch bei der Programmierung eine große Rolle, wobei Folgendes zu beachten ist:

Lokale Zuweisungen innerhalb von Programmen können nur mittels *Zuweisungsoperator*

realisiert werden, der folgendermaßen aufzurufen ist (siehe Beisp.13.3b und 13.4):

 mit Symbolleiste **Rechnen** (Untersymbolleiste "*Programmierung*"),

mit Registerkarte **Rechnen** in Gruppe *Operatoren und Symbole.*

13.2.2 Verzweigungen

Verzweigungen (auch als Verzweigungsanweisungen oder bedingte Anweisungen bezeichnet) liefern in *Abhängigkeit* von *Bedingungen* (auszuwertende arithmetische, transzendente oder logische Ausdrücke) unterschiedliche Resultate, da eine Folge von Anweisungen nur ausgeführt wird, wenn eine Bedingung (auszuwertender Ausdruck) ungleich Null bzw. wahr ist.

Verzweigungen bilden Programmiersprachen mit

if-Anweisungen (**if**-Operatoren),

die auch MATHCAD und MATHCAD PRIME einsetzen und die sich auf zwei Arten in das Arbeitsblatt eingeben lassen:

I.   Über die Tastatur in der Form

if (*ausdr*, *erg1*, *erg2*)

Hier wird das Ergebnis *erg1* ausgegeben, wenn der Ausdruck *ausdr* ungleich Null (bei arithmetischen und transzendenten Ausdrücken) bzw. wahr (bei logischen Ausdrücken) ist, ansonsten das Ergebnis *erg2*.

II. Durch Anklicken der **if**-Anweisung (**if**-Operator)

in

 Symbolleiste **Rechnen** (Untersymbolleiste "*Programmierung*"),

 Registerkarte **Rechnen** in Gruppe *Operatoren und Symbole*.

Beispiel 13.2:

Im Folgenden wird der Einsatz der

if-Anweisung

an konkreten Aufgaben illustriert.

a) Die Definition der stetigen Funktion zweier Variablen

$$z = f(x,y) = \begin{cases} x^2 + y^2 & \text{wenn} & x^2 + y^2 \leq 1 \\ 1 & \text{wenn} & 1 < x^2 + y^2 \leq 4 \\ \sqrt{x^2 + y^2} - 1 & \text{wenn} & 4 < x^2 + y^2 \end{cases}$$

ist mittels der zwei gegebenen Möglichkeiten für die **if**-Anweisung folgendermaßen in das Arbeitsblatt einzugeben:

I.   Als *Funktionsprogramm*

$$f(x,y) := \mathbf{if}\left(x^2 + y^2 \leq 1, x^2 + y^2, \mathbf{if}\left(x^2 + y^2 \leq 4, 1, \sqrt{x^2 + y^2} - 1\right)\right),$$

wobei die **if**-Anweisung über die Tastatur in geschachtelter Form einzugeben ist.

II. Als *Funktionsprogramm* in folgender Form:

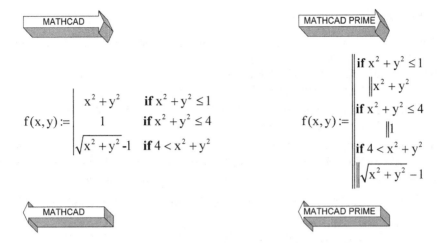

b) Verwendung der **if**-Anweisung zur Berechnung der *Fakultät*

n! = n · (n-1) · (n-2) ·...· 1

einer positiven ganzen Zahl n mittels eines einfachen *rekursiven Programms*, das die Meldung "*Fehler*" (als Zeichenkette) ausgibt, falls für n versehentlich eine negative ganze Zahl eingegeben wird.

Das Programm wird nur zu Übungszwecken geschrieben, da MATHCAD und MATH-CAD PRIME bereits den Operator [n!] bzw. [x!] zur Berechnung der Fakultät besitzen.

Im Arbeitsblatt lässt sich hierfür ein *rekursives Funktionsprogramm* FAK mittels der zwei gegebenen Möglichkeiten für die **if**-Anweisung folgendermaßen erstellen:

I. Durch Eingabe einer geschachtelten **if**-Anweisung über die Tastatur in der Form

FAK(n) := **if** (n<0, "*Fehler*", **if** (n = 0, 1, n·FAK(n-1)))

II. Als *Funktionsprogramm* in folgender Form:

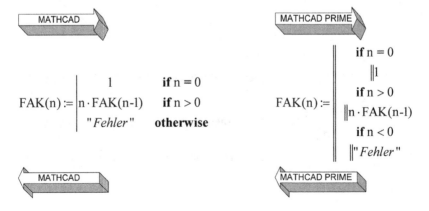

13.2.3 Schleifen

Schleifen (auch *Laufanweisungen* genannt) dienen zur Wiederholung von Anweisungsfolgen. Es wird auch von Durchläufen gesprochen. Programmiersprachen bilden sie mit **for**- oder **while**-Anweisungen (**for**- oder **while**-Operatoren). Sie heißen **for**- bzw. **while**-Schleifen, die sich folgendermaßen unterscheiden:

I.   Schleifen mit einer fest vorgegebenen Anzahl von Durchläufen sind **for**-Schleifen (siehe Beisp.13.3a) und heißen auch *Zählschleifen*.

II. Schleifen ohne vorgegebene Anzahl von Durchläufen sind **while**-Schleifen und benötigen ein Abbruchkriterium (siehe Beisp.13.3b). Sie werden für Iterationsmethoden herangezogen und auch als *Iterationsschleifen* (*bedingte Schleifen*) bezeichnet.

MATHCAD und MATHCAD PRIME bieten zur Bildung von Schleifen folgende Möglichkeiten:

*   *Zählschleifen*/**for**-*Schleifen* (siehe Beisp.13.3a):
    *   Bildung mittels *Bereichsvariablen* (siehe Abschn.9.2):
        Diese Schleifen mit vorgegebener Anzahl von Durchläufen beginnen mit einer Bereichszuweisung (Laufbereich) für den Schleifenindex (Schleifenzähler/Laufvariable), wie z.B.

        $i := m , m + \Delta i .. n$ oder $i := m .. n$

        An die Definition des Schleifenindex i schließen sich die in der Schleife auszuführenden Anweisungen an, die meistens vom Schleifenindex i abhängen.
        Sind mehrere *Schleifen* zu *schachteln*, sind die einzelnen Bereichsvariablen hintereinander oder untereinander zu definieren. So ist z.B. für eine zweifache Schleife mit den Bereichsvariablen i und k Folgendes zu schreiben:

        $i := m .. n$ $k := s .. r$
    *   Bildung mittels **for** :
        Durch Anklicken der **for**-Anweisung (**for**-Operator)

        in

          Symbolleiste **Rechnen** (Untersymbolleiste "*Programmierung*")

          Registerkarte **Rechnen** in Gruppe *Operatoren und Symbole* (bei *Programmierung*)

        erscheint Folgendes an der durch den Cursor markierten Stelle im Arbeitsblatt:

        for ▮ ∈ ▮

             ▮

Hier sind in die Platzhalter hinter **for** der Schleifenindex und der Laufbereich und unter **for** die auszuführenden Anweisungen einzutragen. Sind mehrere Schleifen zu schachteln, muss **for** entsprechend oft aktiviert (geschachtelt) werden.

- *Iterationsschleifen/bedingte Schleifen/***while***-Schleifen* (siehe Beisp.13.3b und 13.4): Durch Anklicken der **while**-Anweisung (**while**-Operator)

  while

  in

  MATHCAD Symbolleiste **Rechnen** (Untersymbolleiste "*Programmierung*")

  MATHCAD PRIME Registerkarte **Rechnen** in Gruppe *Operatoren und Symbole* (bei *Programmierung*)

  erscheint Folgendes an der durch den Cursor markierten Stelle im Arbeitsblatt:

  while ▪

  ▪

  Hier sind in die Platzhalter hinter **while** das *Abbruchkriterium* und unter **while** die auszuführenden Anweisungen einzutragen.

Beispiel 13.3:

Im Folgenden werden Vorgehensweisen bei der Anwendung von Schleifen illustriert:

a) Falls sich die Elemente b_{ik} (in MATHCAD und MATHCAD PRIME $B_{i,k}$) einer Matrix **B** nach einer gegebenen Funktion (Regel) f(i,k) der Zeilen- und Spaltenindizes berechnen, kann dies durch geschachtelte Schleifen geschehen:

  - Zur Illustration werden zwei Programmvarianten gegeben, bei denen die *Funktion* f(i,k) vorher im Arbeitsblatt zu *definieren* ist, d.h.

    f(i,k) := .....

    I. *Geschachtelte Schleifen* unter Anwendung von *Bereichsvariablen:*

    ORIGIN:=1 i := 1..5 k := 1..6 $B_{i,k}$:= f(i,k)

    II. *Geschachtelte Schleifen* unter Anwendung von **for**:

    Es wird folgendes Funktionsprogramm geschrieben, in dem Zeilenanzahl m und Spaltenanzahl n variabel sind und als Argumente ebenso wie der Funktionsname f einzugeben sind:

    ORIGIN:=1

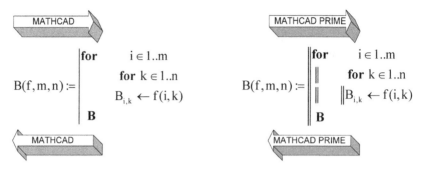

Bei dieser Programmvariante ist zu beachten, dass als letzte Anweisung **B** stehen muss, da sonst als Ergebnis nicht die Matrix **B** sondern das zuletzt berechnete Element ausgegeben wird.

- *Anwendung* für eine *konkrete Matrix* **B**:
  Berechnung der Elemente einer Matrix **B** vom Typ (5,6) als Summe von Zeilen- und Spaltenindex, d.h. die Funktion f(i,k) ist folgendermaßen im Arbeitsblatt zu definieren:

  $f(i,k) := i+k$

  Programmvariante II erzeugt hierfür mittels B(f,5,6) folgende Matrix **B**, wenn vorher der Startindex für die Indizierung mittels ORIGIN auf 1 gestellt ist, d.h.

  ORIGIN := 1

  $$B(f,5,6) \rightarrow \begin{pmatrix} 2 & 3 & 4 & 5 & 6 & 7 \\ 3 & 4 & 5 & 6 & 7 & 8 \\ 4 & 5 & 6 & 7 & 8 & 9 \\ 5 & 6 & 7 & 8 & 9 & 10 \\ 6 & 7 & 8 & 9 & 10 & 11 \end{pmatrix}$$

b) Berechnung der *Quadratwurzel*

   $\sqrt{a}$

   einer positiven Zahl a mittels der bekannten konvergenten Iterationsmethode

   $$x_1 := a \qquad x_{i+1} := \frac{1}{2} \cdot \left(x_i + \frac{a}{x_i} \right) \qquad i = 1, 2, \dots$$

Dies lässt sich in MATHCAD und MATHCAD PRIME durch folgende **while**-Schleife mit einer *variablen Anzahl* von *Durchläufen* (Iterationsschleife, bedingte Schleife) realisieren, wobei konkret die Wurzel aus 2 zu berechnen ist (d.h. a=2):
Eine variable Anzahl von Schleifendurchläufen lässt sich realisieren, indem die Rechnung durch Genauigkeitsprüfung mittels des relativen oder absoluten Fehlers zweier aufeinanderfolgender Näherungen beendet wird.

Bei der Iterationsmethode zur Quadratwurzelberechnung lassen sich folgende effektive *Fehlerabschätzungen* verwenden:

$$\left| x_i^2 - a \right| < \varepsilon \text{ für den } absoluten\ Fehler,$$

$$\left| \frac{x_i^2 - a}{a} \right| < \delta \text{ für den } relativen\ Fehler.$$

Im folgenden *Funktionsprogramm*

QROOT(a,ε)

mittels MATHCAD PRIME werden die Iterationen solange durchgeführt, bis die geforderte Genauigkeit (absoluter Fehler ε) erreicht ist. Hier ist keine feste Anzahl von Schleifendurchläufen festzulegen, da die Schleife bei erreichter Genauigkeit verlassen und mittels **while** gebildet wird:

Im folgenden Programm wird zusätzlich **return** verwendet, um die *Fehlermeldung*

"Zahl a kleiner Null"

auszugeben, wenn versehentlich eine negative Zahl für die Quadratwurzelberechnung eingegeben wird.

$$QROOT(a,\varepsilon) := \begin{Vmatrix} \textbf{if} & a < 0 \\ \quad \begin{Vmatrix} \textbf{return}\ "Zahl\ a\ kleiner\ Null" \end{Vmatrix} \\ x \leftarrow a \\ \textbf{while} & \left| x^2 - a \right| > \varepsilon \\ \quad \begin{Vmatrix} x \leftarrow \frac{1}{2} \cdot \left(x + \frac{a}{x} \right) \end{Vmatrix} \end{Vmatrix}$$

$$QROOT(2, 10^{-10}) = 1.4142135624 \qquad QROOT(-2, 10^{-10}) = "Zahl\ a\ kleiner\ Null"$$

13.3 Prozedurale (strukturierte) Programme

Während in den Mathematiksystemen MAPLE, MATHEMATICA, MATLAB und Mu-PAD *Programmiersprachen* integriert sind, die das Erstellen von Programmen in ähnlicher Qualität wie mit herkömmlichen Programmiersprachen wie BASIC, C, FORTRAN und PASCAL gestatten, fallen MATHCAD und MATHCAD PRIME dagegen mit ihren Programmiermöglichkeiten etwas ab. Mit beiden lassen sich nur prozedurale (strukturierte) Programme mit Grundbausteinen *Zuweisungen*, *Verzweigungen* und *Schleifen* (siehe Abschn.13.2) erstellen, die die Form von Funktionsprogrammen haben müssen.

13.3.1 Programmstruktur

Die *Programmstruktur* in MATHCAD und MATHCAD PRIME ist folgendermaßen *charakterisiert:*

- Sie ist durch die Eigenschaft der prozeduralen Programmierung geprägt, die der vorangehende Abschn.13.2 vorstellt.
- Sie ist durch eine Folge von Anweisungen gekennzeichnet.
- Sie hat die Form von Funktionsprogrammen, bei denen als Ergebnis die zuletzt durchgeführte Zuweisung ausgegeben wird. Deshalb ist gegebenenfalls in einer letzten Anweisung zu schreiben, welche Werte auszugeben sind (siehe Beisp.13.3a).
- Es können sämtliche vordefinierten Funktionen einbezogen werden.

In MATHCAD und MATHCAD PRIME lassen sich erstellte *Programme* in Form von *Arbeitsblättern* abspeichern, damit sie für spätere Anwendungen wieder zur Verfügung stehen. Dabei können neben dem eigentlichen Programm erläuternder Text und Grafiken aufgenommen werden.

13.3.2 Fehlersuche

Bei der Programmierung können *syntaktische Fehler* (in Syntax der Programmiersprache) und *logische Fehler* (in angewandter Berechnungsmethode) auftreten:

- *Syntaktische Fehler* werden in den meisten Fällen von MATHCAD und MATHCAD PRIME erkannt.
- Das Auffinden *logischer Fehler* (Programmierfehler) ist eine schwierige Angelegenheit:
  - Logische Fehler zeigen sich daran, dass *falsche Ergebnisse* geliefert werden, eine angezeigte *Division durch Null* auftritt oder die *Rechnung nicht beendet* wird.
  - Logische Fehler betreffen weniger kleine Programme, sondern umfangreiche Programme für komplexe Methoden mit vielen Programmzeilen.
  - MATHCAD und MATHCAD PRIME stellen zur Suche logischer Fehler gewisse Hilfsmittel bereit.

Bei den im Rahmen des Buches gegebenen Programmen spielt die *Fehlersuche* keine Rolle, da diese und die darin verwendeten Methoden überschaubar sind.

Bei größeren Programmen ist dagegen der Fehlersuche große Aufmerksamkeit zu widmen, da MATHCAD und MATHCAD PRIME *logische Fehler* (*Programmierfehler*) im Gegensatz zu *syntaktischen Fehlern* nicht erkennen können.

Zur Fehlersuche lassen sich in MATHCAD und MATHCAD PRIME die Anweisungen **return** und **on error** bzw. **return** und **try** einsetzen, auf die nicht weiter eingegangen, sondern auf die Hilfe verwiesen wird.

13.3.3 Programmbeispiele

Im folgenden Beispiel sind Programmvarianten für die Newton-Methode zur Bestimmung von Nullstellen einer Funktion f(x) und zur Berechnung maximaler Elemente für Matrizen zu finden. Ein weiteres Programmbeispiel ist im Beisp.30.2 für eine Monte-Carlo-Methode zur Berechnung bestimmter Integrale gegeben.

Die im Buch gegebenen Programme sollen den Anwender anregen, mit den Programmiermöglichkeiten zu experimentieren und auftretende Programmierprobleme zu meistern.

Beispiel 13.4:

a) Erstellung eines Funktionsprogramms NEWTON für die bekannte *Newtonsche Iterationsmethode* zur Bestimmung reeller Nullstellen einer gegebenen differenzierbaren Funktion f(x) einer reellen Variablen x oder analog zur Bestimmung reeller Lösungen der Gleichung f(x)= 0:

$$x^{k+1} = x^k - \frac{f(x^k)}{f'(x^k)} \qquad k=1,2,...$$

Im Falle der Konvergenz bieten sich folgende *Abbruchschranken* an:

– Der *absolute Fehler* zweier aufeinanderfolgender berechneter Werte ist kleiner als ε:

$$\left|x^{k+1} - x^k\right| = \left|\frac{f(x^k)}{f'(x^k)}\right| < \varepsilon$$

– Der *Absolutbetrag* der *Funktion* f(x) ist kleiner als ε, d.h. $\left|f(x^k)\right| < \varepsilon$

Die Newton-Methode muss jedoch nicht konvergieren, selbst wenn der *Startwert* x^1 nahe bei einer Nullstelle liegt:

I. Die Berechnung wird nicht beendet, falls das Verfahren nicht konvergiert.

II. Es kann eine Division durch Null auftreten, wenn die Ableitung der Funktion in einem berechneten Punkt Null wird.

Dies wird in der gegebenen Programmvariante NEWTON berücksichtigt, indem die Anzahl N der Iterationen von vornherein festgelegt ist.

Für dieses Funktionsprogramm NEWTON muss vorher die Funktion f(x) in einer Funktionsdefinition (siehe Abschn.14.4.4) im Arbeitsblatt stehen. Als Argument von NEWTON darf dann nur der Name f der Funktion erscheinen.

Die weiteren Größen im Argument von NEWTON bedeuten:

s   *Startwert* für die Iterationen (Anfangsnäherung),

ε   *Genauigkeitsschranke,*

N   vorgegebene Anzahl von Iterationen.

Die folgende Programmvariante mittels MATHCAD

– gibt unter Verwendung der Anweisung **return** eine Meldung aus, wenn die vorgegebene Anzahl N von Iterationen überschritten wird.

– setzt anstelle einer **for**-Schleife die Anweisung **break** ein, um die vorgegebene Anzahl N von Iterationen zu realisieren.

– gibt zusätzlich die Anzahl der durchgeführten Iterationen aus.

$$
\text{NEWTON}(f,s,\varepsilon,N) := \left| \begin{array}{l} x \leftarrow s \\ i \leftarrow 0 \\ \text{while } |f(x)| > \varepsilon \\ \quad \left| \begin{array}{l} \text{return "f'(x)=0" if } \left| \dfrac{d}{dx}f(x) \right| < \varepsilon \\ i \leftarrow i + 1 \\ \text{break if } i > N \\ x \leftarrow x - \dfrac{f(x)}{\dfrac{d}{dx}f(x)} \end{array} \right. \\ \text{return "i>N" if } i > N \\ \begin{pmatrix} x \\ i \end{pmatrix} \end{array} \right.
$$

Verwendung der gegebenen Programmvariante zur Bestimmung der einzigen reellen *Nullstelle* der Polynomfunktion

$$f(x) := x^7 + x + 1$$

Eine Anfangsnäherung für die Newtonsche Methode lässt sich aus einer grafischen Darstellung von f(x) entnehmen.

Die Anwendung des Programms NEWTON gestaltet sich folgendermaßen, wenn als Startwert s = 0, Anzahl der Iterationen N = 100, Genauigkeitsschranke ε = 0.0001 verwendet werden:

$$
\text{NEWTON}(f,0,0.0001,100) = \begin{pmatrix} -0.796544857980084 \\ 5 \end{pmatrix}
$$

Es ist zu sehen, dass die *Nullstelle* -0.796544857980084 nach 5 Iterationen berechnet wurde.

b) MATHCAD und MATHCAD PRIME besitzen bereits die vordefinierte Funktion **max(A)** zur Bestimmung eines maximalen Elements einer Matrix **A** (siehe Abschn. 17.3.4).

Zur Illustration wird im Folgenden das Funktionsprogramm MAXIMUM(A) mittels MATHCAD erstellt, das ein *maximales Element* einer beliebigen Matrix **A** und zusätzlich die zugehörigen Indizes berechnet:

• Dazu ist zuerst der Startindex für die Indizierung auf 1 zu setzen, d.h. ORIGIN := 1.

• Danach wird das Programm mittels der vordefinierten Matrixfunktionen **rows** und **cols** und einer geschachtelten Schleife geschrieben.

- Das erstellte Programm liefert ein Beispiel dafür, dass sich vordefinierte Funktionen effektiv in die Programmierung einbinden lassen, wie hier die Funktionen zur Bestimmung der Spalten- bzw. Zeilenanzahl einer Matrix **A**

$$
\text{MAXIMUM (A)} := \begin{array}{|l}
\text{MAXIMUM} \leftarrow A_{1,1} \\[4pt]
\text{imax} \leftarrow 1 \\[4pt]
\text{kmax} \leftarrow 1 \\[4pt]
\text{for } i \in 1..\text{rows}(A) \\[4pt]
\quad \text{for } k \in 1..\text{cols}(A) \\[4pt]
\qquad \text{if MAXIMUM} \leq A_{i,k} \\[4pt]
\qquad\quad \begin{array}{|l} \text{MAXIMUM} \leftarrow A_{i,k} \\[4pt] \text{imax} \leftarrow i \\[4pt] \text{kmax} \leftarrow k \end{array} \\[12pt]
\begin{pmatrix} \text{MAXIMUM} \\ \text{imax} \\ \text{kmax} \end{pmatrix}
\end{array}
$$

Für die folgende konkrete Matrix **B** wird durch den Funktionsaufruf MAXIMUM(**B**) mit Eingabe des numerischen Gleichheitszeichens ein maximales Element der Matrix **B** mit den dazugehörigen Indizes berechnet:

$$
\mathbf{B} := \begin{pmatrix} -2 & 3 & 7 & 5 \\ 3 & 5 & 7 & 2 \\ 1 & -4 & 6 & -8 \end{pmatrix} \qquad\qquad \text{MAXIMUM}(\mathbf{B}) = \begin{pmatrix} 7 \\ 2 \\ 3 \end{pmatrix}
$$

Das Programm ist so geschrieben, dass bei mehreren maximalen Elementen die Indizes des zuletzt festgestellten angezeigt werden, d.h. im Beispiel Zeile 2 und Spalte 3.

14 Mathematische Funktionen

Mathematische Funktionen spielen eine fundamentale Rolle in praktischen Anwendungen. Deswegen werden in den Abschn.14.1-14.3 ein kurzer Einblick in die Problematik gegeben und im Abschn.14.4 die Möglichkeiten von MATHCAD und MATHCAD PRIME bei der Arbeit mit diesen Funktionen beschrieben.

Im Buch wird vorausgesetzt, dass Grundkenntnisse über *mathematische Funktionen* vorhanden sind, wobei nur reelle Funktionen betrachtet werden. Es wird keine mathematisch exakte Definition gegeben, sondern nur folgende *anschauliche Definition*, die für Anwendungen ausreicht:

Eine Vorschrift f, die jedem n-Tupel reeller Zahlen $\qquad x_1, x_2, ..., x_n$

aus einer gegebenen Menge A (Definitionsbereich) des n-dimensionalen Raumes genau eine reelle Zahl (Funktionswert) z zuordnet, heißt *reelle Funktion* f von n reellen Variablen

und man schreibt $\qquad z = f(x_1, x_2, ..., x_n)$

In Lehrbüchern wird für eine Funktion häufig statt der Bezeichnung f die nichtexakte

Bezeichnung $\qquad f(x_1, x_2, ..., x_n)$

verwendet. Diese nichtexakte Bezeichnung steht eigentlich für den *Funktionswert* z, stellt aber anschaulich den Sachverhalt besser dar, dass eine Funktion von n Variablen vorliegt.

Für reelle Funktionen werden im Buch folgende übliche Bezeichnungen verwendet:

Funktionen *einer reellen Variablen* x: $\qquad y = f(x)$

Funktionen *zweier reeller Variablen* x,y: $\qquad z = f(x,y)$

Funktionen von *n reellen Variablen* $x_1, x_2, ..., x_n$: $\qquad z = f(x_1, x_2, ..., x_n)$

wobei wir uns der mathematisch nichtexakten Schreibweise anschließen und die Funktionswerte anstelle von f verwenden. Diese Schreibweise verwenden auch MATHCAD und MATHCAD PRIME (siehe Abschn.14.4.1).

Reelle mathematische Funktionen teilen sich in *zwei Gruppen* auf, die Abschn.14.1 kurz vorstellt: *Elementare* und *höhere Funktionen*.

14.1 Elementare und höhere mathematische Funktionen

Zu *elementaren mathematischen Funktionen* (Elementarfunktionen) gehören folgende Funktionen reeller Variablen:

Potenzfunktionen und ihre Inversen (*Wurzelfunktionen*)
Exponentialfunktionen und ihre Inversen (*Logarithmusfunktionen*)
Trigonometrische Funktionen und ihre Inversen
Hyperbolische Funktionen und ihre Inversen

Zu *höheren mathematischen Funktionen* gehören u.a. Besselfunktionen, Betafunktion, Gammafunktion, hypergeometrische und elliptische Funktionen.

Diese Funktionen lassen sich i.Allg. nicht mehr durch elementare mathematische Funktionen darstellen, sondern häufig durch Reihen oder Integrale.

14.2 Eigenschaften mathematischer Funktionen

Für praktische Probleme sind Eigenschaften mathematischer Funktionen sehr wichtig. Die Mathematik liefert zur Untersuchung zahlreiche Hilfsmittel wie z.B.

Grafische Darstellungen (siehe Kap.15), *Nullstellenbestimmung* (siehe Kap.18), *Berechnung* von *Ableitungen* und *Grenzwerten* (siehe Kap.20).

14.3 Approximation mathematischer Funktionen

Die *Approximation* mathematischer *Funktionen* ist ein umfangreiches Gebiet der Numerischen Mathematik, das sich im Rahmen dieses Buches nicht behandeln lässt. Es werden nur drei bekannte Approximationsmethoden in der Ebene vorgestellt, d.h. für Funktionen f(x) einer reellen Variablen x.

Das *Grundprinzip* der *Approximation* von Funktionen f(x) wird bereits durch den Namen ausgedrückt, der Annäherung bedeutet:

Eine analytisch oder durch Punkte (Zahlenpaare) gegebene Funktion f(x), ist durch eine andere Funktion (*Näherungsfunktion*) P(x) nach gewissen Kriterien anzunähern.

Als *Näherungsfunktionen* P(x) dienen meistens einfache Funktionen, wobei Polynome eine wichtige Rolle spielen.

Im Buch werden folgende öfters benötigte *Methoden zur Approximation* von Funktionen f(x) einer Variablen x behandelt:

- Für analytisch gegebene differenzierbare Funktionen f(x) liefert die *Taylorentwicklung* eine Möglichkeit zur Approximation durch Polynome (siehe Abschn.20.2).

- Für eine durch n Punkte (Zahlenpaare, z.B. Paare von Messwerten)

    $(x_1, y_1), (x_2, y_2), ..., (x_n, y_n)$ (auch als Punktwolke bezeichnet)

    in der Ebene gegebene Funktion ist eine analytische Näherungsfunktion zu konstruieren. Hierfür werden zwei Standardmethoden vorgestellt (siehe Abschn.14.3.1 und 14.3.2):

    Interpolation und *Methode* der *kleinsten Quadrate*.

14.3.1 Interpolation

Der *Interpolation* in der *Ebene* liegt folgendes Prinzip (*Interpolationsprinzip*) zugrunde:

- Eine Funktion P(x), als *Interpolationsfunktion* bezeichnet, ist so zu bestimmen, dass sie

    n gegebene Punkte (Zahlenpaare) $(x_1, y_1), (x_2, y_2), ..., (x_n, y_n)$

    einer Funktion f(x) enthält, d.h. es gilt $y_i = f(x_i) = P(x_i)$ für   i=1, 2,..., n .

- Die so bestimmte Interpolationsfunktion $P(x)$ ist damit eine *Näherungsfunktion* für die durch n Punkte gegebene Funktion $f(x)$.

- Die einzelnen *Interpolationsarten* unterscheiden sich durch die Wahl der konkreten Interpolationsfunktion.

- Am bekanntesten ist die Interpolation durch Polynome, die *Polynominterpolation* heißt:

  - Hier sind bei n gegebenen Punkten (Zahlenpaaren) $(x_1, y_1), (x_2, y_2), ..., (x_n, y_n)$ mindestens Polynomfunktionen (n-1)-ten Grades

    $$y = P_{n-1}(x) = a_0 + a_1 \cdot x + ... + a_{n-1} \cdot x^{n-1} \qquad (\textit{Interpolationspolynom})$$

    zu verwenden, um das Interpolationsprinzip erfüllen zu können.

  - Die n unbekannten Koeffizienten a_k (k=0,1,2,...,n-1) bestimmen sich aus der Forderung, dass die gegebenen n Punkte der Polynomfunktion $P_{n-1}(x)$ genügen, d.h. es muss $y_i = P_{n-1}(x_i)$ gelten.

    Dies liefert ein lineares Gleichungssystem mit n Gleichungen zur Bestimmung der n unbekannten Koeffizienten. Damit ergibt sich eine erste Methode zur Bestimmung des Interpolationspolynoms.

    Die Numerische Mathematik liefert effektivere Methoden zur Bestimmung von Interpolationspolynomen.

14.3.2   Quadratmittelapproximation (Methode der kleinsten Quadrate)

Die *Methode* der *kleinsten Quadrate*, auch unter den Namen *Quadratmittelapproximation* oder *Gaußsche Fehlerquadratmethode* bekannt, bildet u.a. die mathematische Standardmethode in der Ausgleichsrechnung (siehe Abschn.31.5) und lässt sich folgendermaßen *charakterisieren:*

- Gegebene Punkte (Zahlenpaare) $(x_1, y_1), (x_2, y_2), ..., (x_n, y_n)$ brauchen nicht wie bei der Interpolation aus Abschn.14.3.1 der berechneten *Näherungsfunktion* $P(x)$ genügen, da das zugrunde liegende *Prinzip* nur fordert, dass die *Summe* der *Abweichungsquadrate* zwischen der Näherungsfunktion und den Punkten *minimal* wird.

- Die Methode der kleinsten Quadrate hat für praktische Anwendungen eine wesentlich größere Bedeutung als die Interpolation, da sich ihr Prinzip den praktischen Gegebenheiten mehr anpasst, dass die Messpunkte in großer Anzahl als Punktwolke vorliegen und meistens fehlerbehaftet sind.

  Für *Näherungsfunktionen* der Form

  $$P(x) = P(x; a_0, a_1, ..., a_m) = a_0 \cdot f_0(x) + a_1 \cdot f_1(x) + ... + a_m \cdot f_m(x)$$

  in denen die Funktionen $f_0(x), f_1(x), ..., f_m(x)$

  gegeben und die linear eingehenden Parameter $a_0, a_1, ..., a_m$

frei wählbar sind, liefert das *Prinzip* der *Methode* der *kleinsten Quadrate* bei n gegebenen Punkten (Zahlenpaaren) $(x_1, y_1), (x_2, y_2), ..., (x_n, y_n)$ zur Bestimmung der Parameter die *Minimierungsaufgabe*

$$F(a_0, ..., a_m) = \sum_{i=1}^{n} (y_i - a_0 \cdot f_0(x_i) - a_1 \cdot f_1(x_i) - ... - a_m \cdot f_m(x_i))^2 \rightarrow \underset{a_0, a_1, ..., a_m}{\text{Minimum}}$$

die exakt lösbar ist.

Über die Form der zu wählenden Funktionen $f_0(x), f_1(x), ..., f_m(x)$ werden erste Informationen aus der grafischen Darstellung der n gegebenen Punkte erhalten:

- Werden *Potenzfunktionen* verwendet, d.h. eine Näherungsfunktion der Form

  $$P(x) = P(x; a_0, a_1, ..., a_m) = a_0 + a_1 \cdot x + ... + a_m \cdot x^m$$

  so wird von *Näherungspolynomen* m-ten Grades gesprochen.

- Offensichtlich ist die *Näherungsgerade* (*Ausgleichsgerade* - siehe Abschn.31.5 und Beisp.14.3) ein Spezialfall von Näherungspolynomen:
  Sie wird durch Setzen von m=1 und Verwendung der Funktionen

  $$f_0(x) = 1 \text{ und } f_1(x) = x \quad \text{in} \quad P(x) = P(x; a_0, a_1) = a_0 \cdot f_0(x) + a_1 \cdot f_1(x)$$

  erhalten.

In der Praxis treten jedoch auch Probleme auf, die sich nicht hinreichend gut durch die betrachteten linearen Näherungsfunktionen annähern lassen. Deshalb bieten sich weitere Formen für Näherungsfunktionen an, die in Lehrbüchern ausführlich beschrieben werden.

14.4 Mathematische Funktionen in MATHCAD und MATHCAD PRIME

14.4.1 Darstellung mathematischer Funktionen

Bei der Darstellung (Schreibweise) von Funktionen mit n Variablen $\quad z = f(x_1, x_2, ..., x_n)$

gestatten MATHCAD und MATHCAD PRIME folgende drei Möglichkeiten, da alle Formen zur Variablenschreibweise (siehe Abschn.9.1) einsetzbar sind:

I. $z = f(x1, x2, ..., xn)$ Verwendung von Variablen *ohne Indizes*

II. $z = f(x_1, x_2, ..., x_n)$ Verwendung von Variablen mit *Feldindizes*

III. $z = f(x_1, x_2, ..., x_n)$ Verwendung von Variablen mit *Literalindizes*

14.4.2 Vordefinierte elementare mathematische Funktionen

Die *Schreibweisen* dieser Funktionen (*Funktionsbezeichnungen*) erhält man folgendermaßen:

Sie lassen sich durch Mausklick auf das Symbol   der Symbolleiste **Standard**
oder mittels der Menüfolge

Einfügen ⇒ Funktion... (englisch: **Insert ⇒ Function...**)

anzeigen und durch Mausklick in das Arbeitsblatt an der durch den Cursor bestimmten Stelle einfügen.

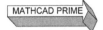

Sie lassen sich mittels der Registerkarte **Funktionen** anzeigen und durch Mausklick in das
Arbeitsblatt an der durch den Cursor bestimmten Stelle einfügen.

Für einige Funktionen existieren keine Funktionsbezeichnungen, sondern folgende Darstellungen, die bei

aus Symbolleiste **Rechnen** (Untersymbolleiste "*Taschenrechner*"),

aus Registerkarte **Rechnen** in Gruppe *Operatoren und Symbole*

zu entnehmen sind:

Potenz- und *Exponentialfunktionen:*   x^n bzw. a^x bzw.

x^n bzw. a^x mittels Operator $\boxed{x^\gamma}$ oder $\boxed{x^y}$,

Exponentialfunktion: hier ist zusätzlich der Operator $\boxed{e^x}$ oder die Funk-

e^x tionsbezeichnung **exp**(x) möglich,

Wurzelfunktionen: mittels Operator $\boxed{\sqrt{}}$ (Quadratwurzel) bzw. $\boxed{\sqrt[n]{}}$ (n-
$\sqrt{x}$, $\sqrt[n]{x}$ te Wurzel). Zusätzlich lässt sich eine Wurzel auch
                                         als Potenzfunktion mit gebrochenem Exponenten
                                         eingeben,

Betragsfunktion $|x|$:   mittels Operator $\boxed{|x|}$.

Die Argumente für *trigonometrische Funktionen* sind im *Bogenmaß* (Maßeinheit *rad*) einzugeben.

Nachdem sich eine Funktionsbezeichnung mit ihrem Argument im Arbeitsfenster befindet, liefern die Eingabe des symbolischen → bzw. numerischen Gleichheitszeichens = mit abschließender Betätigung der $\boxed{\text{EINGABETASTE}}$ den *exakten* bzw. *numerischen Funktionswert*.

14.4.3 Weitere vordefinierte mathematische Funktionen

Von den höheren Funktionen sind in MATHCAD und MATHCAD PRIME u.a. *Besselfunktionen, Gammafunktion, hypergeometrische Funktionen* vordefiniert.

MATHCAD und MATHCAD PRIME bezeichnen auch vordefinierte Funktionen zur Berechnung mathematischer Probleme als mathematische Funktionen (siehe Kap.10).

Es sind weitere Funktionen vordefiniert, so u.a.

Funktionen komplexer Variablen, statistische Funktionen, Matrixfunktionen und *Numerikfunktionen,*

die MATHCAD und MATHCAD PRIME ebenfalls zu *mathematischen Funktionen* zählen.

14.4.4 Definition mathematischer Funktionen

Zusätzliche mathematische Funktionen lassen sich in MATHCAD und MATHCAD PRIME durch *Funktionsdefinitionen* unter Verwendung des *Zuweisungsoperators* $\boxed{:=}$ erzeugen.

Derartige Funktionsdefinitionen haben den Vorteil, dass bei weiteren Berechnungen nur noch die gewählte Funktionsbezeichnung zu verwenden ist, anstatt jedes Mal den gesamten Ausdruck eingeben zu müssen.

Sie empfehlen sich in folgenden Fällen:

- Wenn nicht vordefinierte Ausdrücke im Verlaufe einer Arbeitssitzung öfters anzuwenden sind.
- Wenn als Ergebnis einer Berechnung (z.B. Differentiation oder Integration von Funktionen) Ausdrücke auftreten, die in weiteren Berechnungen benötigt werden.

Zusammenfassung beider *Vorgehensweisen* für *Funktionsdefinitionen:*

I. Der Ausdruck $A(x_1, x_2, ..., x_n)$ wird mittels

   $$f(x_1, x_2, ..., x_n) := A(x_1, x_2, ..., x_n)$$

   der *Funktion* f *zugewiesen*, wobei Folgendes zu *beachten* ist:
   Falls sich die zu definierende Funktion aus mehreren analytischen Ausdrücken zusammensetzt, wie z.B.

$$f(x_1, x_2, ..., x_n) = \begin{cases} A_1(x_1, x_2, ..., x_n) & \text{wenn } (x_1, x_2, ..., x_n) \in D_1 \\ A_2(x_1, x_2, ..., x_n) & \text{wenn } (x_1, x_2, ..., x_n) \in D_2 \\ A_3(x_1, x_2, ..., x_n) & \text{wenn } (x_1, x_2, ..., x_n) \in D_3 \end{cases}$$

lässt sie sich unter Verwendung der **if**-Anweisung definieren (siehe Abschn.13.2.2 und Beisp.13.2a).

II. Soll einem aus einer exakten (symbolischen) Berechnung erhaltenen Ausdruck eine Funktion zugewiesen werden, so ist folgende Vorgehensweise zu empfehlen:
Meistens werden diese Berechnungen mit dem symbolischen Gleichheitszeichen durchgeführt.
Hier ergibt die Berechnung eines Ausdrucks *Ausdruck_1* mittels des symbolischen Gleichheitszeichens → den Ausdruck *Ausdruck_2*, d.h. *Ausdruck_1* → *Ausdruck_2*
Mittels

f(x,y,...) := *Ausdruck_1*→*Ausdruck_2*

wird der Funktion f(x,y,...) das Ergebnis *Ausdruck_2* zugewiesen. Die genaue Vorgehensweise ist aus Beisp.14.1b ersichtlich.

Zur *Definition* von *Funktionen* ist Folgendes zu *bemerken:*

- Die *Funktionswerte definierter Funktionen* können ebenso wie der in MATHCAD und MATHCAD PRIME vordefinierten Funktionen durch Eingabe des symbolischen bzw. numerischen Gleichheitszeichens exakt bzw. numerisch berechnet werden (siehe Beisp. 14.1a), d.h. mittels

  $f(x_1, x_2, ..., x_n) \to$ bzw. $f(x_1, x_2, ..., x_n) =$

- Bei der Definition von Funktionen ist darauf zu achten, dass nicht Namen vordefinierter Funktionen (reservierte Namen) wie z.B. **sin**, **cos**, **ln**, **floor** verwendet werden, da diese dann nicht mehr verfügbar sind.

- Bei den gewählten Funktionsbezeichnungen ist zu beachten, dass MATHCAD und MATHCAD PRIME zwischen Groß- und Kleinschreibung unterscheiden.

- Des Weiteren ist zu beachten, dass MATHCAD und MATHCAD PRIME nicht zwischen Funktions- und Variablennamen unterscheiden. Wird beispielsweise eine Funktion v(x) und anschließend eine Variable v definiert, so ist die Funktion v(x) nicht mehr verfügbar.

- MATHCAD und MATHCAD PRIME gestatten auch die Definition *periodischer mathematischer Funktionen* durch Anwendung rekursiver Programmiermöglichkeiten (siehe Kap.13), wie im Beisp.14.1c illustriert ist.

Beispiel 14.1:

a) Betrachtung verschiedener Möglichkeiten zur Definition einer konkreten Funktion dreier Variablen:

  – Definition unter Verwendung nichtindizierter Variabler wie u, v und w:

  $f(u, v, w) := u \cdot v^2 \cdot \sin(w)$

Die exakte bzw. numerische Berechnung von Funktionswerten geschieht hierfür folgendermaßen:

$f(1,2,3) \rightarrow 4 \cdot \sin(3)$ bzw. $f(1,2,3) = 0.564$

- Werden indizierte Variablen mit *Feldindex* (siehe Abschn.9.1) für die Definition eingesetzt, so kann dies *nicht* in *folgender Form* geschehen:

$$f(x_1, x_2, x_3) := x_1 \cdot (x_2)^2 \cdot \sin(x_3)$$

Da beim Feldindex die Variablen als Komponenten eines Vektors **x** aufgefasst werden, ist folgendermaßen vorzugehen:

$$f(\mathbf{x}) := x_1 \cdot (x_2)^2 \cdot \sin(x_3)$$

Die exakte bzw. numerische Berechnung von Funktionswerten geschieht hierfür in der Form (bei ORIGIN:=1):

$$f\left(\begin{pmatrix} 1 \\ 2 \\ 3 \end{pmatrix}\right) \rightarrow 4 \cdot \sin(3) \qquad \text{bzw.} \qquad f\left(\begin{pmatrix} 1 \\ 2 \\ 3 \end{pmatrix}\right) = 0.564$$

- Werden Variable mit *Literalindex* (siehe Abschn.9.1) eingesetzt, so kann dies in folgender Form geschehen:

$$f(x_1, x_2, x_3) := x_1 \cdot (x_2)^2 \cdot \sin(x_3)$$

Die exakte und numerische Berechnung von Funktionswerten geschieht hier folgendermaßen:

$f(1,2,3) \rightarrow 4 \cdot \sin(3)$ bzw. $f(1,2,3) = 0.564$

b) Im Folgenden werden Möglichkeiten der *Funktionsdefinition für Ergebnisse* von Berechnungen illustriert, die mit symbolischem Gleichheitszeichen $\rightarrow$ durchgeführt werden:

- Ergebnisse von Differentiationen (siehe auch Abschn.20.1)

$$f(x) := \frac{d}{dx}(\sin(x) + e^x) \rightarrow \cos(x) + e^x$$

Falls das Ergebnis nicht im Arbeitsblatt angezeigt werden soll, genügt die Funktionsdefinition in der Form

$$f(x) := \frac{d}{dx}(\sin(x) + e^x)$$

Soll später die so definierte Funktion angezeigt werden, ist das symbolische Gleichheitszeichen einzugeben:

$$f(x) \rightarrow \cos(x) + e^x$$

- Ergebnisse von Integrationen (siehe auch Abschn.21.1)

$$h(x) := \int x^2 \cdot e^x \, dx \rightarrow e^x \cdot \left(x^2 - 2 \cdot x + 2\right)$$

c) Definition einer *periodischen Funktion* g(x) unter Verwendung rekursiver Programmiermöglichkeiten von MATHCAD und MATHCAD PRIME:
Die zu definierende Funktion g(x) habe die Periode 2 und werde im Intervall [0,1] durch
f(x)=x und im Intervall [1,2] durch h(x)=-x+2 dargestellt, d.h. es liegt eine sogenannte
Sägezahnfunktion vor:

$$f(x):=x \qquad h(x):=-x+2 \qquad Periode:=2$$

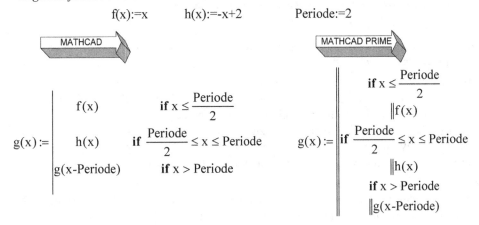

Die grafische Darstellung der definierten Sägezahnfunktion g(x) ist in folgender Abbildung zu sehen:

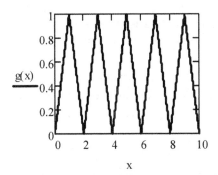

14.4.5   Untersuchung mathematischer Funktionen

Zur Untersuchung von Eigenschaften elementarer mathematischer Funktionen stellen
MATHCAD und MATHCAD PRIME umfangreiche Hilfsmittel zur Verfügung, die im
Buch zu finden sind. Hierzu zählen u.a.
Grafische Darstellungen (Kap.15), Nullstellenbestimmung (Kap.18), Kurvendiskussion
(Abschn.15.1), Ableitungen (Abschn.20.1), Grenzwertberechnung (Abschn.20.4).
Damit lassen sich die meisten Eigenschaften umfassend bestimmen.

14.4.6 Vordefinierte Interpolationsfunktionen

Die vordefinierten Funktionen zur Interpolation benötigen die Koordinaten der gegebenen n Punkte. Im Folgenden befinden sich in den Vektoren (transponierten Zeilenvektoren bzw. Spaltenvektoren) **X** die *x-Koordinaten* (in aufsteigender Reihenfolge geordnet), **Y** die zugehörigen *y-Koordinaten* der gegebenen Punkte (Zahlenpaare), d.h.

$$\mathbf{X} := (x_1\, x_2 \ldots x_n)^T \quad \mathbf{Y} := (y_1\, y_2 \ldots y_n)^T$$

Betrachtung von *Eigenschaften* der in MATHCAD und MATHCAD PRIME vordefinierten *Funktionen* zur *Interpolation:*

linterp(X,Y,x)

verbindet die gegebenen Punkte durch Geraden, d.h. zwischen den Punkten wird *linear interpoliert* und als Näherungsfunktion ein *Polygonzug* berechnet.

Als Ergebnis liefert diese Funktion den zu x gehörigen Funktionswert des Polygonzugs. Liegen die x-Werte außerhalb der gegebenen Werte, so wird extrapoliert. Dies sollte man aber wegen der auftretenden Ungenauigkeiten möglichst vermeiden.

interp(S,X,Y,x)

führt eine *kubische Spline-Interpolation* durch, d.h. die gegebenen Punkte werden durch Polynome dritten Grades (kubische Polynome) verbunden. Es wird damit eine *Splinefunktion* vom Grade 3 erzeugt und die Funktion **interp** berechnet den zum x-Wert gehörigen Funktionswert der berechneten Splinefunktion.

Für das Verhalten der erzeugten Splinefunktion/Splinekurve in den Endpunkten des Interpolationsintervalls (erste und letzte Komponente des Vektors **X**) bieten MATHCAD und MATHCAD PRIME drei Möglichkeiten an, die durch entsprechende Berechnung des Vektors (transponierten Zeilenvektors bzw. Spaltenvektors) **S** mittels folgender vordefinierter Funktionen zu erzeugen sind:

S:=cspline(X,Y):   für Splinekurve, die in den Endpunkten kubisch ist.

S:=lspline(X,Y):   für Splinekurve, die sich an den Endpunkten einer Geraden annähert.

S:=pspline(X,Y):   für Splinekurve, die sich an den Endpunkten einer Parabel annähert.

Beispiel 14.2:

Annäherung der fünf Punkte der Ebene (Zahlenpaare)   (1,2), (2,4), (3,3), (4,6), (5,5), die beispielsweise durch Messungen gewonnen wurden, durch vordefinierte Interpolationsfunktionen von MATHCAD und MATHCAD PRIME, wobei zuerst die Punktkoordinaten als Vektoren (transponierte Zeilenvektoren bzw. Spaltenvektoren) in das Arbeitsblatt einzugeben sind, d.h.:

$$\mathbf{X} := \begin{pmatrix} 1\ 2\ 3\ 4\ 5 \end{pmatrix}^T \quad \mathbf{Y} := \begin{pmatrix} 2\ 4\ 3\ 6\ 5 \end{pmatrix}^T$$

a) Konstruktion eines *Polygonzugs*, der die gegebenen Punkte verbindet, mittels linearer Interpolation durch Anwendung der vordefinierten Funktion **linterp**:
   Der Polygonzug wird zwischen x=0 und x=6 mit Schrittweite 0.001 berechnet und anschließend mit den gegebenen Punkten in ein gemeinsames Koordinatensystem gezeichnet: x:=0,0.001..6

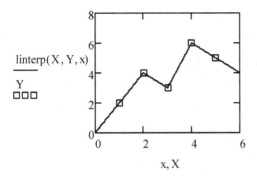

b) Annäherung der gegebenen Punkte durch *kubische Splines* mittels vordefinierter Funktion **interp**, wobei die drei verschiedenen Möglichkeiten für das Verhalten in den Endpunkten x=1 und x=5 betrachtet werden:

I. Mittels der vordefinierten Funktion **cspline** ergibt sich Folgendes:
   Berechnung von:

S:= cspline(X,Y) $\qquad$ $S = \begin{pmatrix} 0 & 3 & 2 & -13.75 & -3 & 7.75 & -4 & 15.75 \end{pmatrix}^{\mathrm{T}}$

Anschließend wird die Splinefunktion zwischen x=0 und x=6 mit Schrittweite 0.001 berechnet und mit den gegebenen Punkten in ein gemeinsames Koordinatensystem gezeichnet:

x:=0,0.001..6

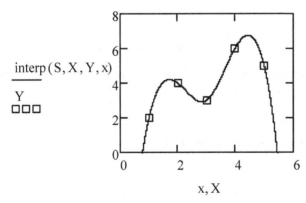

II. Mittels der vordefinierten Funktion **lspline** ergibt sich Folgendes:
    Berechnung von:

S:= lspline(X,Y) $\qquad$ $S = \begin{pmatrix} 0 & 3 & 0 & 0 & -6.964 & 9.857 & -8.464 & 0 \end{pmatrix}^{\mathrm{T}}$

Anschließend wird die Splinefunktion zwischen x=0 und x=6 mit der Schrittweite 0.001 berechnet und mit den gegebenen Punkten in ein gemeinsames Koordinatensystem gezeichnet:

x:=0,0.001..6

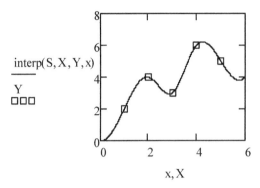

III. Mittels der vordefinierten Funktion **pspline** ergibt sich Folgendes:

x:=0,0.001..6

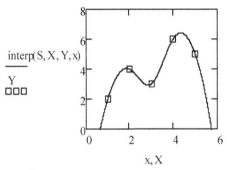

Berechnung von

S:= pspline(X,Y) $S = \begin{pmatrix} 0 & 3 & 1 & -5.4 & -5.4 & 9 & -6.6 & -6.6 \end{pmatrix}^T$

Anschließend wird die Splinefunktion zwischen x=0 und x=6 mit der Schrittweite 0.001 berechnet und mit den gegebenen Punkten in obiges Koordinatensystem gezeichnet.

14.4.7 Vordefinierte Funktionen zur Quadratmittelapproximation

Nach Eingabe der Punkte (Zahlenpaare) $(x_1, y_1), (x_2, y_2), ..., (x_n, y_n)$

als Vektoren (transponierte Zeilenvektoren oder Spaltenvektoren)

$\mathbf{X} := \begin{pmatrix} x_1 & x_2 & ... & x_n \end{pmatrix}^T$ $\mathbf{Y} := \begin{pmatrix} y_1 & y_2 & ... & y_n \end{pmatrix}^T$

in das Arbeitsblatt stellen MATHCAD und MATHCAD PRIME zur Konstruktion von *Näherungsfunktionen* folgende vordefinierte Funktionen zur Verfügung:

* Zur Konstruktion von *Näherungsgeraden* (Ausgleichsgeraden) y(x)=a·x+b :

    slope(X,Y)   berechnet die *Steigung* a

    intercept(X,Y)   berechnet den *Achsenabschnitt* b

- Zur Konstruktion allgemeiner *linearer Näherungsfunktionen:*

  linfit(X,Y,F)

  Im Argument von **linfit** bezeichnet **F** einen Vektor (transponierten Zeilenvektor oder Spaltenvektor), dem vorher die Funktionen $f_i(x)$ aus der verwendeten *Näherungsfunktion* in folgender Form zuzuweisen sind:

  $$\mathbf{F}(x):=\left(f_0(x)\ f_1(x)\ldots f_m(x)\right)^T$$

Beispiel 14.3:

Für die Punkte   (1,2), (2,4), (3,3), (4,6), (5,5)

aus Beisp.14.2 lässt sich die *Näherungsgerade* (Ausgleichsgerade - linke Abbildung)

$y(x)=a\cdot x+b$

auch mittels **linfit** berechnen:

$$\mathbf{X}:=\left(1\ 2\ 3\ 4\ 5\right)^T\quad \mathbf{Y}:=\left(2\ 4\ 3\ 6\ 5\right)^T\qquad \mathbf{F}(x):=\left(1\ x\right)^T$$

$$\mathbf{c}:=\mathbf{linfit(X,Y,F)}\qquad y(x):=F(x)\cdot c\qquad x:=0,0.001..6$$

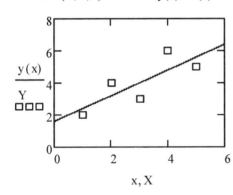
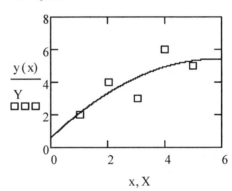

Annäherung der Punkte durch eine *Näherungsparabel* (rechte Abbildung) mittels **linfit**:

$$\mathbf{X}:=\left(1\ 2\ 3\ 4\ 5\right)^T\ \mathbf{Y}:=\left(2\ 4\ 3\ 6\ 5\right)^T\ \mathbf{F}(x):=\left(1\ x\ x^2\right)^T\ \mathbf{c}:=\mathbf{linfit(X,Y,F)}\quad y(x):=F(x)\cdot c$$

15 Grafische Darstellungen

Wir betrachten im Folgenden die grafische Darstellung von

Punkten (siehe Abschn.15.4.1) im

zweidimensionalen Raum (Ebene) R^2

dreidimensionalen Raum R^3

Kurven (siehe Abschn.15.1, 15.2, 15.4.2 und 15.4.3) im

zweidimensionalen Raum (Ebene) R^2 (*ebene Kurven*)

dreidimensionalen Raum R^3 (*Raumkurven*)

Flächen (siehe Abschn.15.3 und 15.4.4) im

dreidimensionalen Raum R^3

15.1 Ebene Kurven und Kurvendiskussion

Zur *analytischen Beschreibung ebener Kurven* gibt es verschiedene Möglichkeiten, von denen mit der bekanntesten begonnen wird:

* Funktionen f(x) einer reellen Variablen x beschreiben in kartesischen Koordinatensystemen der Ebene eine Kurve (grafische Darstellung von f(x)), die sich durch Zeichnung der Punktmenge

  $\{(x,y)\in R^2 \,/\, y=f(x)\,,\, x\in D\}$

  ergibt, in der D für den Definitionsbereich der Funktion f(x) steht und häufig ein Intervall [a,b] ist:

  – Für *grafische Darstellungen* der Funktion f(x) ist eine der folgenden Bezeichnungen üblich: *Graph* (der Funktion), *Funktionskurve*, *Kurve* (der Funktion).

  – Eine durch y=f(x) beschriebene ebene Kurve heißt *Kurve* mit *expliziter Funktionsgleichung.*

  – Funktionen f(x) beschreiben nicht alle möglichen *ebene*n *Kurven*, da sie als eindeutige Abbildungen definiert sind (siehe Kap.14), so dass geschlossene Kurven wie z.B. Kreise und Ellipsen, aber auch Hyperbeln damit nicht beschreibbar sind.

* Weitere *Möglichkeiten* zur analytischen *Beschreibung ebener Kurven* sind:

  – Durch eine *implizite Funktionsgleichung* F(x,y)=0 lassen sich *geschlossene Kurven* darstellen. Diese ebenen Kurven bestehen aus allen Punkten der Menge

  $\{(x,y)\in R^2 \,/\, F(x,y)=0\,,\, x\in D\}$

  – *Parameterdarstellung* in kartesischen Koordinatensystemen: x=x(t), y=y(t) t∈[a,b]

  – Darstellung in *Polarkoordinaten:*   r= r(φ)   φ∈[a,b]
  Diese gehören zu *krummlinigen Koordinaten*, die sich anstatt von kartesischen Koordinaten einsetzen lassen, um ebene Kurven einfach darzustellen. Dabei stehen r für den *Radius* und φ für den *Winkel*, d.h. der Radius r ist eine Funktion des Winkels φ.

Beispiel 15.1:

Illustration der Darstellung *ebener Kurven:*

a) Ein *Kreis* mit Mittelpunkt in 0 und Radius r>0 besitzt in kartesischen Koordinaten die Gleichung

$$x^2 + y^2 = r^2 \,,$$

d.h. die *implizite Funktionsgleichung*

$$F(x,y) = x^2 + y^2 - r^2 = 0.$$

Diese ist nicht eindeutig nach y auflösbar, da sich bei Auflösung nach y die beiden *Halbkreise* $y = \sqrt{r^2 - x^2}$ und $y = -\sqrt{r^2 - x^2}$ ergeben, die zwei verschiedene explizite Funktionsgleichungen haben.

Deshalb ist eine explizite Funktionsgleichung y=f(x) für den Kreis nicht möglich.

Eine mögliche *Parameterdarstellung* in Polarkoordinaten für den *Kreis* lautet:

x(t)=r·cos t , y(t)=r·sin t

wo der Parameter t den Winkel zwischen Radiusvektor und positiver x-Achse darstellt und von 0 bis 2π (360°) läuft, d.h. $0 \le t \le 2\pi$.

b) Die *gebrochenrationale Funktion*

$$y = f(x) = \frac{x^4 - x^3 - x - 1}{x^3 - x^2}$$

hat eine explizite Funktionsgleichung.   Die von MATHCAD gezeichnete Funktionskurve ist im Beisp.15.5a zu sehen.

c) Eine *Lemniskate* lässt sich in folgenden Formen analytisch beschreiben:

Implizite Funktionsgleichung: $(x^2 + y^2)^2 - 2 \cdot a \cdot (x^2 - y^2) = 0$

Parameterdarstellung: $x(t) = a \cdot \cos t \cdot \sqrt{2 \cdot \cos 2t}$, $y(t) = a \cdot \sin t \cdot \sqrt{2 \cdot \cos 2t}$ (0≤t≤2π)

Polarkoordinaten: $r(\phi) = a \cdot \sqrt{2 \cdot \cos 2\phi}$ (0≤ϕ≤2π)

Die von MATHCAD gezeichnete Funktionskurve ist im Beisp.15.5b für a=1 zu sehen.

Die aus der Schule bekannten *Kurvendiskussionen* dienen dazu, die Form der Funktionskurve und Eigenschaften einer analytisch gegebenen Funktion f(x) einer Variablen x zu bestimmen. Da MATHCAD und MATHCAD PRIME ebene Funktionskurven problemlos zeichnen, sind langwierige Untersuchungen der Kurvengestalt überflüssig. Bei den gelieferten Zeichnungen können jedoch Fehler auftreten, so dass sich analytische Betrachtungen wie die Bestimmung von

Unstetigkeitsstellen (Polstellen, Sprungstellen), *Schnittpunkten* mit x-Achse (Nullstellen) und y-Achse, *Maxima* und *Minima* und *Wendepunkten*, *Monotonie-* und *Konvexitätsinter- vallen*
empfehlen, die ebenfalls mit MATHCAD und MATHCAD PRIME durchführbar sind.

15.2 Kurven im dreidimensionalen Raum (Raumkurven)

Kurven im dreidimensionalen Raum R^3 (kurz *Raumkurven*), liegen meistens in folgender *Parameterdarstellung* vor:

x=x(t) , y=y(t) , z=z(t) $t \in$ [a,b]

Beispiel 15.2:
Betrachtung der bekannten Raumkurve *räumliche Spirale*, die auch *Schraubenlinie* heißt. Sie lässt sich durch folgende Parameterdarstellung analytisch beschreiben:

x(t) = a · cos t , y(t) = a · sin t , z(t) = b · t   (a>0 , b>0)

Im Beisp.15.6 ist die von MATHCAD PRIME gezeichnete Funktionskurve (für a=1,b=1) zu sehen.

15.3 Flächen im dreidimensionalen Raum

Flächen im dreidimensionalen Raum R^3 können in kartesischen Koordinatensystemen folgendermaßen beschrieben werden (man vergleiche Analogie zu Kurven in der Ebene):

Explizite Funktionsgleichung   z=f(x,y)   mit (x,y)$\in$D (Definitionsbereich)

Implizite Funktionsgleichung   F(x,y,z)=0   mit (x,y)$\in$D (Definitionsbereich)

Eine weitere analytische Beschreibung für Flächen, besteht in einer *Parameterdarstellung* der Form

x=x(u,v) , y=y(u,v) , z=z(u,v)   mit a≤u≤b , c≤v≤d
♦

Beispiel 15.3:
Illustration der Darstellung von Flächen im dreidimensionalen Raum R^3 :

a) Ein *Ellipsoid* mit Halbachsen a, b und c lässt sich durch folgende implizite Funktions- gleichung beschreiben:

$$\frac{x^2}{a^2} + \frac{y^2}{b^2} + \frac{z^2}{c^2} = 1$$

Unter Verwendung von *Kugelkoordinaten* ergibt sich die *Parameterdarstellung:*

x(u,v)=a·cos u·sin v , y(u,v)=b·sin u·sin v , z(u,v)=c·cos v   (mit 0≤u≤2π , 0≤v≤π)

Der Spezialfall a=b=c liefert eine Kugel, deren grafische Darstellung im Beisp.15.7b zu sehen ist.

b) Ein *Rotationsparaboloid* lässt sich durch eine explizite Funktionsgleichung der Form

$$z = f(x, y) = x^2 + y^2$$

beschreiben und ist grafisch im Beisp.15.7a dargestellt.

15.4 Grafische Darstellung mit MATHCAD und MATHCAD PRIME

MATHCAD und MATHCAD PRIME bieten umfangreiche *Möglichkeiten* zur Darstellung von *2D-* und *3D-Grafiken*. Dazu gehören u.a.

Punktgrafiken (Abschn.15.4.1) , *Kurven* (Abschn.15.4.2 und 15.4.3) und

Flächen (Abschn.15.4.4),

deren grafische Darstellung in *Grafikfenstern* geschieht, die folgendermaßen im *Arbeitsblatt zu öffnen* sind:

MATHCAD   Mittels Symbolleiste **Rechnen** (Untersymbolleiste "*Diagramm*")

MATHCAD PRIME   Mittels Registerkarte **Diagramme** bei *Diagramm einfügen*

Bemerkung

Da im Buch nur einige Grafikmöglichkeiten von MATHCAD und MATHCAD PRIME erklärt werden können, sollte mit den gegebenen Hinweisen und durch Wahl verschiedener Optionen experimentiert werden. Weitere Informationen lassen sich aus der Hilfe erhalten.

15.4.1 Punktgrafiken

Bei praktischen Problemstellungen tritt öfters der Fall auf, dass *mathematische Funktionen* nicht analytisch vorliegen, sondern durch *n Punkte* (Messpunkte) gegeben sind, d.h. bei Funktionen

einer Variablen y=f(x) durch *n Zahlenpaare:* $(x_1, y_1), (x_2, y_2), ..., (x_n, y_n)$

zweier Variablen z=f(x,y) durch *n Zahlentripel:* $(x_1, y_1, z_1), (x_2, y_2, z_2), ..., (x_n, y_n, z_n)$

Diese Punkte lassen sich durch analytisch gegebene Funktionen (z.B. Polynome) annähern, wie im Abschn.14.4 im Rahmen der *Interpolation* und *Quadratmittelapproximation* zu sehen ist.

Im Folgenden werden nur die gegebenen *Punkte grafisch* (*Punktgrafiken*) dargestellt, wofür ein *Grafikfenster* im Arbeitsblatt benötigt wird, das folgendermaßen *aufzurufen* ist:

MATHCAD

Mittels Symbolleiste **Rechnen** (Untersymbolleiste "*Diagramm*") durch Anklicken des *Symbols* für ein *X-Y-Diagramm*.

MATHCAD PRIME

Mittels Registerkarte **Diagramme** bei *Diagramm einfügen* durch Anklicken von *x-y-Diagramm*.

Nach Aufruf des Grafikfensters ist folgendermaßen vorzugehen:

- In *ebenen* kartesischen *Koordinatensystemen* vollzieht sich die *Darstellung* von *n Punkten* (*Zahlenpaaren*) der *Ebene* in folgenden Schritten:

  I.   Zuerst sind x- und y-Koordinaten den Vektoren (transponierten Zeilenvektoren oder Spaltenvektoren) **X** bzw. **Y** mit jeweils n Komponenten zuzuweisen.

  II. Gegebenenfalls ist der Index i für die grafische Darstellung von Vektorkomponenten als Bereichsvariable zu definieren (siehe Beisp.15.4b).

  III. Danach sind in das geöffnete Grafikfenster in den mittleren Platzhalter der x-Achse der Vektor **X** und der y-Achse der Vektor **Y** einzutragen.

  IV. Abschließend erscheint die Punktgrafik durch Mausklick außerhalb des Grafikfensters oder Drücken der $\boxed{\text{EINGABETASTE}}$, in der die Punkte durch Geraden verbunden sind (in Standarddarstellung). Durch zweifachen Mausklick auf die Grafik erscheint ein *Dialogfenster*, in dem sich bei *Spuren* die Geraden entfernen lassen und Symbole für die Darstellung der Punkte wählbar sind.

- In *räumlichen* kartesischen *Koordinatensystemen* vollzieht sich die *Darstellung* von *n Punkten* (*Zahlentripeln*) im *Raum* in folgenden Schritten:

  I.   Zuerst sind x-, y- und z-Koordinaten bei MATHCAD den Vektoren (transponierten Zeilenvektoren oder Spaltenvektoren) **X**, **Y** bzw. **Z** mit jeweils n Komponenten bzw. bei MATHCAD PRIME einer Matrix **M** vom Typ (n,3) zuzuweisen.

  II. Danach sind in diesem Grafikfenster in den unteren Platzhalter die Bezeichnungen der drei Vektoren (durch Komma getrennt) in der Form (**X**,**Y**,**Z**) bzw. die Matrix **M** einzutragen.

  III. Abschließend erscheint die gewünschte Grafik durch Mausklick außerhalb des Grafikfensters oder Drücken der $\boxed{\text{EINGABETASTE}}$, die analog wie bei Punkten der Ebene gestaltet werden kann.

Beispiel 15.4:

a) Es liegen fünf Messpunkte

   (1,2), (2,4), (3,3), (4,6), (5,5)

vor, die grafisch darzustellen sind. Die x- und y-Koordinaten dieser Punkte sind getrennt als Vektoren (transponierte Zeilenvektoren) **X** bzw. **Y** einzugeben:

$$\mathbf{X} := \begin{pmatrix} 1 & 2 & 3 & 4 & 5 \end{pmatrix}^{\mathrm{T}} \qquad \mathbf{Y} := \begin{pmatrix} 2 & 4 & 3 & 6 & 5 \end{pmatrix}^{\mathrm{T}}$$

In folgender Abbildung sind nur die fünf Punkte grafisch als Quadrate dargestellt:

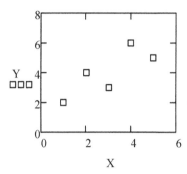

In folgender Abbildung sind die Punkte grafisch als Quadrate dargestellt und durch Geraden verbunden:

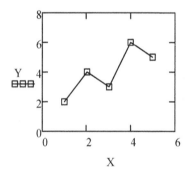

b) Grafische Darstellung der Komponenten des Vektors $\mathbf{X}$ aus Beisp.a in Abhängigkeit vom Index i:

ORIGIN:=1 $\mathbf{X} := \begin{pmatrix} 1 & 2 & 3 & 4 & 5 \end{pmatrix}^{\mathrm{T}}$ i:=1..5

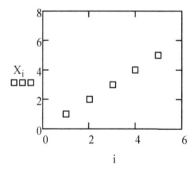

15.4.2 Ebene Kurven

Zur Zeichnung von *Funktionskurven* in der Ebene, d.h. zur grafischen Darstellung *ebener Kurven*, die beschrieben werden durch

Funktionen f(x) einer Variablen x   bzw.

Parameterdarstellung x=x(t), y=y(t)   bzw.

Polarkoordinaten r=r(φ),

sind folgende Schritte erforderlich, wobei nur *2D-QuickPlots* (Schnellzeichnungen) betrachtet werden:

I. Die erforderlichen *Grafikfenster* sind folgendermaßen *aufzurufen:*

Mittels Symbolleiste **Rechnen** (Untersymbolleiste "*Diagramm*") durch Anklicken des *Symbols* für ein *X-Y-Diagramm* bzw. *Kreisdiagramm.*

Mittels Registerkarte **Diagramme** bei *Diagramm einfügen* durch Anklicken von *x-y-Diagramm* bzw. *Kreisdiagramm.*

und erscheinen im Arbeitsblatt an der durch den Cursor bestimmten Stelle.

II. Danach sind im erscheinenden Grafikfenster je nach Art der Kurvenbeschreibung

    in den unteren Platzhalter   x bzw. x(t) bzw. φ

    in den mittleren Platzhalter   f(x) bzw. y(t) bzw. r(φ)

einzutragen (siehe Beisp.15.5), wenn

f(x), x(t), y(t) bzw. r(φ)

vorher definiert sind. Anderenfalls ist der entsprechende Funktionsausdruck einzutragen. Die restlichen Platzhalter dienen zur Festlegung des *Maßstabs* (*Achsenskalierung*).

III. Anschließend kann über dem Grafikfenster der gewünschte Bereich als *Bereichsvariable* eingegeben werden. Falls dies nicht geschieht, wird er von MATHCAD bzw. MATHCAD PRIME gewählt.

IV. Abschließend wird die gewünschte ebene Kurve durch Mausklick außerhalb des Grafikfensters oder Drücken der $\boxed{\text{EINGABETASTE}}$ gezeichnet.

Zur grafischen Darstellung *ebener Kurven* mittels MATHCAD und MATHCAD PRIME ist Folgendes zu bemerken:

– MATHCAD und MATHCAD PRIME zeichnen durch Berechnung der Funktionswerte in (vorgegebenen) Werten des gewählten Bereichs und verbinden so erhaltene Punkte durch Geradenstücke.

– Gezeichnete *Kurven* können vom Anwender gestaltet werden:
Nach zweifachem Mausklick auf die Kurve lassen sich im erscheinenden Dialogfenster die Achsen skalieren, Farbe und Darstellung der Kurve festlegen, die Koordinatenachsen beschriften usw. Da die einzelnen Möglichkeiten einfach durch Probieren zu erkunden sind, wird dies dem Anwender überlassen.

– MATHCAD und MATHCAD PRIME besitzen noch nicht die Eigenschaft wie andere Mathematiksysteme, in *impliziter Form* F(x,y)=0 gegebene ebene Kurven darstellen zu können. Hier ist auf Parameterdarstellungen oder Polarkoordinaten zurückzugreifen.

– Sind *Funktionskurven mehrerer Funktionen* f(x), g(x),... in das gleiche Grafikfenster zu zeichnen, so sind diese in den Platzhalter der y-Achse folgendermaßen einzutragen:

 durch Komma getrennt,

MATHCAD PRIME mit Registerkarte **Diagramme** durch *Diagramm hinzufügen*.

♦

Beispiel 15.5:

a) Zeichnung der gebrochenrationalen Funktion

$$y = f(x) = \frac{x^4 - x^3 - x - 1}{x^3 - x^2}$$

aus Beisp.15.1b: x:=-2,-1.9999..3

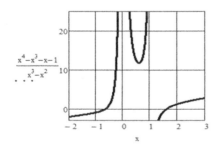

b) Im Folgenden ist ein Beispiel zur Darstellung einer ebenen Kurve in *Parameterdarstellung* im Vergleich mit *Polarkoordinaten* zu sehen, wobei speziell eine *Lemniskate* aus Beisp.15.1c vorliegt. In den gegebenen Abbildungen wird aus Bequemlichkeitsgründen für beide unabhängigen Variablen die Bezeichnung t verwendet: t:=0,0.001..2·π

Parameterdarstellung   *Polarkoordinaten*

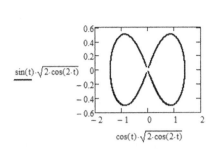

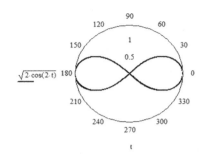

15.4.3 Raumkurven

Die zur grafischen Darstellung von Raumkurven erforderlichen *Grafikfenster* sind folgendermaßen *aufzurufen:*

MATHCAD

Mittels Symbolleiste **Rechnen** (Untersymbolleiste "*Diagramm*") durch Anklicken des *Symbols* für ein *3D-Streudiagramm.*

MATHCAD PRIME

Mittels Registerkarte **Diagramme** bei *Diagramm einfügen* durch Anklicken von *3D-Diagramm.*

und erscheinen im Arbeitsblatt an der durch den Cursor bestimmten Stelle.

Wenn die zu zeichnende Funktion oberhalb des Grafikfensters definiert ist, d.h.

$x(t):=...$ $y(t):=...$ $z(t):=...$

dann ist Folgendes in den unteren Platzhalter einzutragen:

MATHCAD   MATHCAD PRIME

(x,y,z) $\left(x(t) \quad y(t) \quad z(t)\right)^{T}$

Abschließend wird die gewünschte Raumkurve durch einen Mausklick außerhalb des Grafikfensters oder Drücken der $\boxed{\text{EINGABETASTE}}$ erhalten.

Beispiel 15.6:

Zeichnung der bekannten Raumkurve *räumliche Spirale* (*Schraubenlinie*) aus Beisp.15.2.
Sie lässt sich durch die *Parameterdarstellung* $x(t)=a\cdot\cos t$, $y(t)=a\cdot\sin t$, $z(t)=b\cdot t$
analytisch beschreiben ($a>0,b>0$). Im Folgenden ist ihre Grafik als *QuickPlot* für $a=1$ und $b=1$ mittels MATHCAD PRIME zu sehen:

$x(t):=\cos(t)$ $y(t):=\sin(t)$ $z(t):=t$

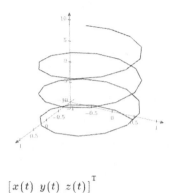

$$\begin{bmatrix} x(t) & y(t) & z(t) \end{bmatrix}^{\mathrm{T}}$$

15.4.4 Flächen

Die *grafische Darstellung* von *Flächen* mit *expliziter Funktionsgleichung*

z=f(x,y)

oder in *Parameterdarstellung*

x=x(u,v) , y=y(u,v) , z=z(u,v)

kann in MATHCAD und MATHCAD PRIME folgendermaßen geschehen:

Die zur grafischen Darstellung von Flächen erforderlichen *Grafikfenster* sind folgendermaßen *aufzurufen:*

Mittels Symbolleiste **Rechnen** (Untersymbolleiste "*Diagramm*") durch Anklicken des *Symbols* für ein *Flächendiagramm.*

Mittels Registerkarte **Diagramme** bei *Diagramm einfügen* durch Anklicken von *3D-Diagramm.*

und erscheinen im Arbeitsblatt an der durch den Cursor bestimmten Stelle.

Wenn oberhalb des Grafikfensters die entsprechenden Funktionsdefinitionen durchgeführt wurden, d.h.

f(x,y):=....   bzw.

x(u,v):=...   y(u,v):=...   z(u,v):=...

ist Folgendes bei einem *QuickPlot* (Schnellzeichnung) in den unteren Platzhalter des aufgerufenen Grafikfensters einzutragen:

f bzw. bei Parameterdarstellung   (x,y,z)

f bzw. bei Parameterdarstellung $\quad \left(x(u,v) \quad y(u,v) \quad z(u,v) \right)^T$

Zur *grafischen Darstellung* von *Flächen* ist folgendes zu *bemerken:*

- MATHCAD und MATHCAD PRIME gestatten keine grafische Darstellung von Flächen, deren Funktionsgleichungen in impliziter Form gegeben sind. In diesem Fall ist auf Parameterdarstellungen zurückzugreifen.

- Analog wie Kurven lassen sich erzeugte *Flächen* (3D-Grafiken) *verändern* (*manipulieren*) und zusätzlich mittels gedrückter Maustaste drehen.

◆

Beispiel 15.7:

Grafische Darstellung von Flächen mit Funktionsgleichung und in Parameterdarstellung:

a) *Rotationsparaboloid* mit *Funktionsgleichung* (siehe Beisp.15.3b)

$z=f(x,y)= x^2 + y^2$

Grafische Darstellung mit MATHCAD PRIME:

$f(x,y):= x^2 + y^2$

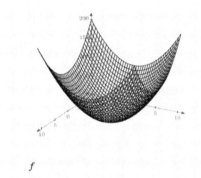

f

b) *Kugel* mit Radius 1 mit *impliziter Funktionsgleichung* (siehe Beisp.15.3a)

$x^2 + y^2 + z^2 = 1 ,$

die sich durch folgende *Parameterdarstellung* beschreiben lässt ($0{\le}u{\le}2\pi$, $0{\le}v{\le}\pi$):

$x(u,v)=\cos(u){\cdot}\sin(v)$, $y(u,v)=\sin(u){\cdot}\sin(v)$, $z(u,v)=\cos(v)$

Grafische Darstellung mit MATHCAD PRIME:

$x(u,v):=\cos(u){\cdot}\sin(v) \quad y(u,v):=\sin(u){\cdot}\sin(v) \quad z(u,v):=\cos(v)$

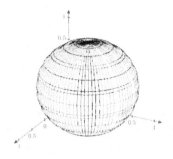

$$\begin{bmatrix} x(u,v) & y(u,v) & z(u,v) \end{bmatrix}^T$$

16 Umformung und Berechnung mathematischer Ausdrücke

Umformung (*Manipulation*) und *Berechnung* von mathematischen *Ausdrücken* treten häufig bei praktischen Problemstellungen auf.

Deshalb gehören sie zum Standard von MATHCAD und MATHCAD PRIME, die komplizierte Ausdrücke in vielen Fällen schnell und fehlerfrei umformen bzw. berechnen können.

16.1 Mathematische Ausdrücke

Mathematische Ausdrücke werden nicht exakt definiert, sondern nur anschaulich vorgestellt:

Es werden hierunter *algebraische* und *transzendente Ausdrücke* folgender Form verstanden:

- Als *algebraischer Ausdruck* wird eine beliebige Zusammenstellung von Ziffern und Buchstaben (d.h. Zahlen, Konstanten und Variablen) bezeichnet, die durch *Rechenoperationen* mit den Operationssymbolen

Addition +   Subtraktion -   Multiplikation *   Division /   Potenzierung ^

miteinander verbunden sind.

Beispiel 16.1:

Beispiele für *algebraische Ausdrücke*:

a) $(a+b+c+d)^4$

b) $c^2 - 2 \cdot c \cdot d + d^2$

c) $\dfrac{a \cdot x + b}{c \cdot x + y^2} + \dfrac{d}{\sqrt{y}}$

d) $c + \sqrt{\dfrac{d}{a}} + 5^3 + \dfrac{a - 5 \cdot c}{3^2 \cdot d - 25}$

e) $\dfrac{a}{\sqrt[3]{b-x}} + \dfrac{c}{\sqrt[5]{d+y}}$

f) $\dfrac{y^4 - 1}{x^2 + 1}$

- *Transzendente Ausdrücke* werden wie algebraische Ausdrücke gebildet, wobei zusätzlich Exponentialfunktionen, trigonometrische und hyperbolische Funktionen und deren Umkehrfunktionen auftreten können.

Beispiel 16.2:

Beispiele für *transzendente Ausdrücke*:

a) $\dfrac{\tan(a+b) - \sqrt{x} + x^2}{\sin x \cdot \sin y + c^2}$

b) $\dfrac{a^y + 3 + b^3}{\sin x - 2}$

c) $\dfrac{\log(c+d) + e^x + a \cdot b}{\cos y + a^{2x} + 1}$

16.2 Umformung von Ausdrücken mit MATHCAD und MATHCAD PRIME

Algebraische und *transzendente* Ausdrücke können im Rahmen der Computeralgebra mittels *exakter* (*symbolischer*) *Operationen umgeformt* werden, wie in diesem Kapitel im Rahmen von MATHCAD und MATHCAD PRIME illustriert ist:

- *Algebraische Ausdrücke* lassen sich

vereinfachen, d.h. kürzen, zusammenfassen usw.(Abschn.16.2.1), in *Partialbrüche zerlegen* (Abschn.16.2.2), *potenzieren*, d.h. Anwendung des binomischen Satzes (Abschn.16.2.3), *multiplizieren* (Abschn.16.2.4), *faktorisieren* als inverse Operation zum Multiplizieren (Abschn.16.2.5), *substituieren* (*ersetzen*), d.h. gewisse Teilausdrücke (Konstanten und Variablen) werden durch andere Ausdrücke ersetzt (Abschn.16.2.6).

- *Transzendente Ausdrücke* lassen sich ebenfalls umformen, wobei in Anwendungen häufig *trigonometrische Ausdrücke* vorkommen (siehe Abschn.16.2.7).

MATHCAD und MATHCAD PRIME stellen *Schlüsselwörter* mit symbolischem Gleichheitszeichen → zur Durchführung von *Umformungen* von Ausdrücken A zur Verfügung, die durch Mausklick bei

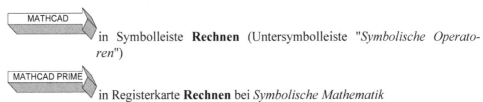

in Symbolleiste **Rechnen** (Untersymbolleiste "*Symbolische Operatoren*")

in Registerkarte **Rechnen** bei *Symbolische Mathematik*

in das Arbeitsblatt einzutragen sind, wobei in den (linken) Platzhalter der Ausdruck A zu schreiben ist.

Das Drücken der $\boxed{\text{EINGABETASTE}}$ oder ein Mausklick (außerhalb) löst die Umformung aus, wobei MATHCAD und MATHCAD PRIME auch versagen können, wie einige Beispiele zeigen.

Beim *Einsatz* der *Schlüsselwörter unterscheiden* sich MATHCAD und MATHCAD PRIME geringfügig in der Darstellung:

Bei MATHCAD steht das entsprechende Schlüsselwort vor und bei MATHCAD PRIME über dem symbolischen Gleichheitszeichen →.

Im Folgenden wird aufgrund des geringfügigen Unterschieds deshalb bis auf Beisp.16.3a nur MATHCAD eingesetzt.

16.2.1 Vereinfachung algebraischer Ausdrücke

Kürzen, auf gemeinsamen Nenner bringen bzw. Zusammenfassen eines *algebraischen Ausdrucks* A wird als *Vereinfachung* bezeichnet, die folgendermaßen geschieht:

Zuerst sind die entsprechenden *Schlüsselworte*

simplify (deutsch: **vereinfachen**):   zum Kürzen bzw. auf gemeinsamen Nenner bringen,

collect (deutsch: **sammeln**):   zur Zusammenfassung nach einer Variablen.

durch Mausklick in das Arbeitsblatt einzutragen.

Danach ist der Ausdruck A in den linken Platzhalter zu schreiben und nach **collect** zusätzlich durch Komma getrennt die Variable einzutragen, nach der zusammenzufassen ist.

Beispiel 16.3:

a) Vereinfachung (Kürzen) eines algebraischen Ausdrucks

Anwendung von MATHCAD:
$$\frac{x^4-1}{x^2+1} \; \textbf{simplify} \to x^2-1$$

Anwendung von MATHCAD PRIME:
$$\frac{x^4-1}{x^2+1} \; \overset{\textbf{simplify}}{\to} \; x^2-1$$

b) Vereinfachung (Auf gemeinsamen Nenner bringen) eines algebraischen Ausdrucks:

$$\left(\frac{1}{x-1}+\frac{1}{x+1}\right) \textbf{simplify} \to \frac{2\cdot x}{x^2-1}$$

c) Illustration der Anwendung des *Schlüsselworts* **collect** anhand des algebraischen Ausdrucks

$$x^2 + 2\cdot y\cdot x^2 + a\cdot x\cdot y^2 + b\cdot x\cdot y + c$$

der sich bzgl. der Variablen x bzw. y zusammenfassen lässt:

$$x^2 + 2\cdot y\cdot x^2 + a\cdot x\cdot y^2 + b\cdot x\cdot y + c \; \textbf{collect}, x \to (2\cdot y+1)\cdot x^2 +(a\cdot y^2 + b\cdot y)\cdot x + c$$

$$x^2 + 2\cdot y\cdot x^2 + a\cdot x\cdot y^2 + b\cdot x\cdot y + c \; \textbf{collect}, y \to a\cdot x\cdot y^2 +(2\cdot x^2 + b\cdot x)\cdot y + x^2 + c$$

16.2.2 Partialbruchzerlegung gebrochenrationaler Ausdrücke

Es ist vorauszusetzen, dass der von einer Variablen x abhängende algebraische Ausdruck A(x) *gebrochenrational* ist, d.h. sich als Quotient zweier Polynome in x darstellt.

Die *Zerlegung* des im Arbeitsblatt befindlichen Ausdrucks A(x) in *Partialbrüche* kann mittels *Schlüsselwort*

parfrac   (deutsch: **teilbruch**)

geschehen, wie aus Beisp.16.4 zu sehen ist.

Da *Partialbruchzerlegungen* eng mit Nullstellenbestimmungen für Nennerpolynome gebrochenrationaler Ausdrücke zusammenhängen, können MATHCAD und MATHCAD PRIME sie nicht immer berechnen. Dies liegt darin begründet, dass es für die Nullstellenbestimmung von Polynomen ab 5.Grades keinen endlichen Algorithmus gibt (siehe Abschn.18.3 und 18.5.2). Bei ganzzahligen Nullstellen wird in vielen Fällen auch für Nennerpolynome höheren Grades eine Partialbruchzerlegung berechnet.

Des Weiteren treten Schwierigkeiten mit der Partialbruchzerlegung auf, wenn das Nennerpolynom komplexe Nullstellen besitzt (siehe Beisp.16.4a).

Beispiel 16.4:

a) Der einfache *gebrochenrationale algebraische Ausdruck*

$$\frac{1}{x^4+1} \quad \text{hat die } \textit{Partialbruchzerlegung} \quad \frac{1}{2\sqrt{2}} \cdot \frac{x+\sqrt{2}}{x^2+\sqrt{2}\cdot x+1} - \frac{1}{2\sqrt{2}} \cdot \frac{x-\sqrt{2}}{x^2-\sqrt{2}\cdot x+1},$$

die *nicht berechnet* wird:
$$\frac{1}{x^4+1} \; \textbf{parfrac} \rightarrow \frac{1}{x^4+1}$$

Einen Grund hierfür bilden die komplexen Nullstellen des Nennerpolynoms.

b) Folgende *Partialbruchzerlegung* wird problemlos geliefert, da das Nennerpolynom neben den beiden ganzzahligen Nullstellen 1 und -1 die einfachen komplexen Nullstellen i und -i besitzt:

$$\frac{x+2}{x^6+x^4-x^2-1} \; \textbf{parfrac} \rightarrow \frac{3}{8\cdot(x-1)} - \frac{1}{8\cdot(x+1)} - \frac{x+2}{2\cdot(x^2+1)^2} - \frac{x+2}{4\cdot(x^2+1)}$$

16.2.3 Potenzierung

Die *Potenzierung* eines Ausdrucks A geschieht mittels *Schlüsselwort*

expand   (deutsch: **erweitern**),

wobei die deutsche Bezeichnung *entwickeln* besser wäre.

Damit lassen sich Ausdrücke folgender Form problemlos potenzieren (n ganze Zahl):

$(a+b+c+...+f)^n$

Beispiel 16.5:
Berechnung der Potenz $(a+b+c)^2$:

$(a+b+c)^2 \; \textbf{expand} \rightarrow a^2+2\cdot a\cdot b+2\cdot a\cdot c+b^2+2\cdot b\cdot c+c^2$

16.2.4 Multiplikation

Sind Ausdrücke zu multiplizieren, so sind sie in üblicher Schreibweise als ein *Gesamtausdruck* A zu schreiben. Die *Multiplikation* geschieht analog zur Potenzierung mittels *Schlüsselwort*

expand   (deutsch: **erweitern**).

Beispiel 16.6:
Berechnung des Produkts $(x^3+x^2+x+1)\cdot(x^2+1)$ von zwei Ausdrücken:

$(x^3+x^2+x+1)\cdot(x^2+1) \, \textbf{expand} \rightarrow x^5+x^4+2\cdot x^3+2\cdot x^2+x+1$

16.2.5   Faktorisierung

Unter *Faktorisierung* eines Ausdrucks ist der Sachverhalt zu verstehen, ihn in Faktoren zu zerlegen, d.h. ihn als Produkt gewisser (einfacherer) Ausdrücke zu schreiben. So ist z.B. ein Polynom nach dem Fundamentalsatz der Algebra immer faktorisierbar, wie Abschn.18.3 zeigt. Des Weiteren lassen sich mittels Faktorisierung natürliche Zahlen in Primfaktoren zerlegen (siehe Beisp.16.7f).

Die *Faktorisierung* eines Ausdrucks A geschieht mittels *Schlüsselwort*

factor   (deutsch: **Faktor**),

wobei in den linken Platzhalter der Ausdruck A einzutragen ist und gegebenenfalls nach **factor** zusätzlich durch Komma getrennt die Faktorisierungsvariablen zu schreiben sind.

Die *Faktorisierung* von *Polynomen* hängt eng mit der Bestimmung ihrer Nullstellen zusammen (siehe Abschn.18.3). So ist es nicht verwunderlich, dass diese Aufgabe nicht immer lösbar ist (siehe Beisp.16.7c). Dies liegt darin begründet, dass es zur Nullstellenbestimmung für Polynome ab 5.Grad keinen endlichen Algorithmus gibt.

Bei ganzzahligen Nullstellen kann die Faktorisierung auch für Polynome höheren Grades erfolgreich sein (siehe Beisp.16.7e), während bei nichtganzzahligen und komplexen Nullstellen schon Schwierigkeiten bei n≤4 auftreten können (siehe Beisp.16.7c).

♦

Beispiel 16.7:

a) Die Anwendung des binomischen Satzes lässt sich durch Faktorisierung wieder rückgängig machen:

$$a^3 - 3 \cdot a^2 \cdot b + 3 \cdot a \cdot b^2 - b^3 \ \textbf{factor} \rightarrow (a\text{-}b)^3$$

b) Faktorisierung eines Polynoms dritten Grades mit der reellen Nullstelle -1 und den beiden komplexen Nullstellen -i und i:

$$x^3 + x^2 + x + 1 \ \textbf{factor} \rightarrow (x+1) \cdot (x^2 + 1)$$

c) Im Unterschied zu Beisp.b wird das Polynom

$$x^3 + x^2 - 2 \cdot x - 1 \ \textbf{factor} \rightarrow x^3 + x^2 - 2 \cdot x - 1$$

nicht faktorisiert. Dies liegt darin begründet, dass die drei reellen Nullstellen nicht ganzzahlig sind.

d) Das folgende Polynom fünften Grades mit einer reellen Nullstelle wird zwar faktorisiert, aber nicht vollständig, da die reelle Nullstelle nicht exakt bestimmbar ist:

$$x^5 + x + 1 \ \textbf{factor} \rightarrow (x^2 + x + 1) \cdot (x^3 - x^2 + 1)$$

e) Betrachtung eines Polynoms achten Grades mit ganzzahligen und rationalen Nullstellen, das faktorisiert wird:

$$x^8 - \frac{77}{60} \cdot x^7 - \frac{529}{120} \cdot x^6 + \frac{63}{10} \cdot x^5 + \frac{21}{20} \cdot x^4 - \frac{91}{20} \cdot x^3 + \frac{93}{40} \cdot x^2 - \frac{7}{15} \cdot x + \frac{1}{30} \; \textbf{factor} \to$$

$$\frac{1}{120} \cdot (x-1) \cdot (x-2) \cdot (2 \cdot x-1) \cdot (5 \cdot x-1) \cdot (3 \cdot x-1) \cdot (4 \cdot x-1) \cdot (x+2) \cdot (x+1)$$

f) Zerlegung der natürlichen Zahl 12345 in *Primfaktoren* mittels Faktorisierung:

12345 **factor** $\to 3 \cdot 5 \cdot 823$

16.2.6 Substitution

Als *Substitution* wird das Ersetzen gewisser Teilausdrücke (Konstanten oder Variablen) in einem Ausdruck (Zielausdruck) durch einen anderen Ausdruck bezeichnet. Sie lässt sich mittels des *Schlüsselworts*

substitute   (deutsch: **ersetzen**)

durchführen, wobei in den linken Platzhalter der Zielausdruck und in den rechten die Substitution unter Verwendung des Gleichheitsoperators einzutragen sind (siehe Beisp.16.8).

Hiermit können auch mehrere Substitutionen gleichzeitig durchgeführt werden, wie im Beisp.16.8b zu sehen ist.

Beispiel 16.8:

a) Es kann in einem Ausdruck auch eine Variable durch eine Zahl ersetzt (substituiert) werden, so lässt sich z.B. in dem Polynom

$$x^3 + x^2 + x + 1$$

für x die Zahl 3 einsetzen:

$$x^3 + x^2 + x + 1 \; \textbf{substitute} , x=3 \to 40$$

b) Gleichzeitige Durchführung von zwei Substitutionen:

$$x^y + e^{\frac{x}{y}} + x \cdot y \; \textbf{substitute} , x=\frac{a}{b} , y=2 \to \frac{a^2 + b^2 \cdot e^{\frac{a}{2 \cdot b}} + 2 \cdot a \cdot b}{b^2}$$

16.2.7 Umformung trigonometrischer Ausdrücke

Es lassen sich auch *Ausdrücke* mit *trigonometrischen Funktionen* umformen und *Additionstheoreme* herleiten.

Hierfür lässt sich die gleiche Vorgehensweise wie bei Potenzierung und Multiplikation anwenden, wobei sich vor allem das *Schlüsselwort*

expand   (deutsch: **entwickeln**)

empfiehlt.

Es wird jedoch nicht jeder trigonometrische Ausdruck umgeformt, wie im Beisp.16.9c zu sehen ist.

♦

Beispiel 16.9:

a) Umformung von sin(x+y):   sin(x+y) **expand** → sin(x)·cos(y)+cos(x)·sin(y)

b) Umformung von sin 2·x: sin(2·x) **expand** → 2·cos(x) ·sin(x)

c) Die Funktionen sin(x/2) und tan(x/2) und sin^2 x werden nicht umgeformt.

16.3 Berechnung von Ausdrücken mit MATHCAD und MATHCAD PRIME

Die *Berechnung* mathematischer *Ausdrücke* lässt sich mittels MATHCAD und MATHCAD PRIME exakt (symbolisch) oder numerisch (näherungsweise) durchführen, wie im Kap.12 ausführlich behandelt ist.

Exakt lassen sich Ausdrücke mit *symbolischem Gleichheitszeichen*→ berechnen, falls dies möglich ist.

Numerisch lassen sich nur *Zahlenausdrücke* mit *numerischem Gleichheitszeichen* = berechnen.

Beispiel 16.10:

Illustration *exakter* und *numerischer Berechnung* mathematischer Ausdrücke:

Berechnung eines algebraischen Ausdrucks:

exakt: $\dfrac{1}{2} - \dfrac{2}{3} + 5 \cdot 2^7 \rightarrow 3839/6$

numerisch: $\dfrac{1}{2} - \dfrac{2}{3} + 5 \cdot 2^7 = 639.833$

Hier wird für 3839/6 der auf 3 Stellen gerundete Näherungswert ausgegeben (Standardgenauigkeit für numerische Berechnungen).

Berechnung eines transzendenten Ausdrucks:

exakt: $\dfrac{\sqrt{64} + \sin\left(\dfrac{\pi}{6}\right) + 5^2}{\cos\left(\dfrac{\pi}{3}\right) + \sqrt[3]{27}} \rightarrow \dfrac{67}{7}$ da $\dfrac{8 + \dfrac{1}{2} + 25}{\dfrac{1}{2} + 3} = \dfrac{\dfrac{67}{2}}{\dfrac{7}{2}} = \dfrac{67}{7}$

numerisch:

$$\frac{\sqrt{64}+\sin\left(\dfrac{\pi}{6}\right)+5^2}{\cos\left(\dfrac{\pi}{3}\right)+\sqrt[3]{27}}=9.571$$

17 Matrizen und Vektoren

Matrizen und *Vektoren* spielen sowohl in Technik- und Naturwissenschaften als auch in Wirtschaftswissenschaften eine fundamentale Rolle. Deshalb sind in MATHCAD und MATHCAD PRIME umfangreiche Möglichkeiten zu Rechnungen mit Matrizen und Vektoren enthalten, wie in diesem Kapitel ausführlich illustriert ist.

17.1 Matrizen

In der Mathematik gehören Matrizen neben linearen Gleichungssystemen zu Grundbausteinen der *linearen Algebra* und sind u.a. in folgenden Anwendungen zu finden:

- Zur Darstellung von Verbindungen wie z.B. in elektrischen Netzwerken, Straßennetzen und Produktionsprozessen.

- In linearen Gleichungssystemen (siehe Abschn.18.4), die in zahlreichen praktischen Problemen auftreten.

Matrizen lassen sich folgendermaßen *charakterisieren:*

- Eine *Matrix* **A** ist als rechteckiges Schema von Elementen a_{ik} ($i=1,2,...,m$; $k=1,2,...,n$) definiert, das in runde Klammern eingeschlossen und in der Form

$$\mathbf{A} = \begin{pmatrix} a_{11} & a_{12} & \cdots & a_{1n} \\ a_{21} & a_{22} & \cdots & a_{2n} \\ \vdots & \vdots & \cdots & \vdots \\ a_{m1} & a_{m2} & \cdots & a_{mn} \end{pmatrix} = (a_{ik})$$

geschrieben ist.

- Die angegebene Matrix besitzt m *Zeilen* und n *Spalten* und wird als Matrix vom *Typ* (m,n) oder m×n-Matrix bezeichnet. Da Zeilen und Spalten einer Matrix als Vektoren interpretierbar sind, werden sie auch als *Zeilen-* bzw. *Spaltenvektoren* bezeichnet.

- Matrizen werden i.Allg. mit Großbuchstaben im Fettdruck **A**, **B**, **C**,... bezeichnet und ihre Elemente (*Matrixelemente* genannt) mit entsprechenden doppelindizierten Kleinbuchstaben a_{ik} , b_{ik} , c_{ik} ,... , wobei i den *Zeilenindex* und k den *Spaltenindex* darstellen.

- In Anwendungen sind Matrixelemente häufig Zahlen, so dass von *Zahlenmatrizen* gesprochen wird.

- Matrizen mit gleicher Anzahl von Zeilen und Spalten (d.h. m=n) heißen n-reihige *quadratische Matrizen*, bei denen die Elemente a_{11} a_{22} ... a_{nn} die *Hauptdiagonale* bilden.

17.2 Vektoren

Vektoren bilden einen *Spezialfall* von *Matrizen* und werden i.Allg. mit Kleinbuchstaben im Fettdruck **a**, **b**, **c**,... bezeichnet und ihre als *Komponenten* bezeichnete Elemente mit entsprechenden indizierten Kleinbuchstaben a_i , b_i , c_i ,...

Vektoren treten in *zwei Formen* auf:

- *Zeilenvektoren*   (n-dimensionale) $\mathbf{a} = (a_1,...,a_n)$

  d.h. Matrizen vom Typ (1,n) mit einer Zeile und n Spalten.

- *Spaltenvektoren*   (n-dimensionale) $\mathbf{b} = \begin{pmatrix} b_1 \\ \vdots \\ b_n \end{pmatrix}$

  d.h. Matrizen vom Typ (n,1) mit n Zeilen und einer Spalte.

17.3 Matrizen und Vektoren in MATHCAD und MATHCAD PRIME

Matrizen sind in MATHCAD und MATHCAD PRIME folgendermaßen *charakterisiert:*

- Matrizen werden unter dem Oberbegriff *Felder* (*Arrays* - siehe Abschn.11.1) geführt.
- Elemente von Matrizen **A**, **B**, **C**,... sind im Unterschied zur mathematischen Schreibweise mit entsprechenden doppelindizierten *Großbuchstaben* in der Form

  $A_{i,k}$, $B_{i,k}$, $C_{i,k}$,...

  mittels *Indexoperator* (siehe Abschn.9.1 und 17.3.2) zu schreiben und die Indizes durch Komma zu trennen.

- Die *Indizierung* der Elemente beginnt in der Standardeinstellung mit 0. Da in der Mathematik die Indizierung aber mit *Startindex* 1 beginnt, bieten beide die Möglichkeit, den Standardstartindex 0 durch 1 zu ersetzen:

  Lokal lässt sich durch die Zuweisung ORIGIN:=1 der Startindex auf 1 stellen.

  Global für das gesamte Arbeitsblatt lässt sich der *Startindex* folgendermaßen *einstellen:*

Durch Anwendung der Menüfolge **Extras** ⇒ **Arbeitsblattoptionen** (englisch: **Tools** ⇒ **Worksheet Options**) lässt sich im erscheinenden Dialogfenster bei **Systemvariablen** (englisch: **Built-In Variables**) ORIGIN:=0 oder ORIGIN:=1 wählen.

In Registerkarte **Berechnung** lässt sich ORIGIN:=0 oder

ORIGIN:=1 in Gruppe *Arbeitsblatteinstellungen* wählen.

Vektoren sind in MATHCAD und MATHCAD PRIME folgendermaßen *charakterisiert:*

- Die für Matrizen gegebenen Fakten gelten auch für Vektoren, falls es deren Typ zulässt.
- Sie akzeptieren nur *Spaltenvektoren* (bzw. transponierte Zeilenvektoren) als *Vektoren*. *Zeilenvektoren* mit n Komponenten werden als Matrizen vom Typ (1,n) betrachtet.

17.3.1 Eingabe in das Arbeitsblatt

Vor Rechnungen mit Matrizen und Vektoren sind diese in das Arbeitsblatt einzugeben. Dafür stehen zwei Möglichkeiten zur Verfügung:

Lesen von *Datenträgern* (Festplatte, Speicherkarte,...) oder *Eingabe* mittels *Tastatur.*

Das Lesen von Datenträgern ist bereits im Abschn.11.3 behandelt.

Im Folgenden werden drei *Möglichkeiten* vorgestellt, die die *Eingabe* von *Matrizen* und als Spezialfall von *Zeilen-* oder *Spaltenvektoren* in das Arbeitsblatt mittels Tastatur bietet:

I. Um ein *Matrixsymbol* mit *Platzhaltern* für m Zeilen und n Spalten im Arbeitsblatt an der durch den Cursor bestimmten Stelle einzufügen, ist folgendermaßen vorzugehen:

In Symbolleiste **Rechnen** (Untersymbolleiste "*Matrix*") den Matrix-operator ▦ anklicken,

Matrix einfügen in Registerkarte **Matrizen/Tabellen** anklicken.

II. *Anwendung* von *Bereichsvariablen:*
    Zuerst sind Indizes wie i,k als Bereichsvariable in der Form i:=1..m und zusätzlich bei Matrizen k:=1..n einzugeben (geschachtelte Schleife). Danach können Matrizen und Vektoren unter Verwendung des Indexoperators folgendermaßen erzeugt werden:
    In die erscheinenden Platzhalter sind die Bezeichnung der Matrix (z.B. **A**) bzw. des Vektors (z.B. **b**) und die Indizes einzutragen (z.B. i,k bei Matrizen, i bei Vektoren). Anschließend lassen sich mittels Zuweisungsoperator ⌷⌷ Werte zuweisen. Dies kann z.B. mittels einer Funktion geschehen, falls die Elemente einer Matrix bzw. eines Vektors Funktionen der Indizes sind (siehe Beisp.17.1b und c), z.B.

$$A_{i,k} := f(i,k) , \ b_i := g(i) .$$

Hierzu lässt sich auch die vordefinierte Matrixfunktion **matrix** anwenden (siehe Abschn.17.3.4).

III. Im Unterschied zur Methode II lassen sich Elemente einer Matrix oder eines Vektors auch ohne Definition der Indizes als Bereichsvariable einzeln mittels

$$A_{i,k} := \text{bzw. } x_i :=$$

unter Verwendung des Indexoperators definieren (siehe Beisp.17.1a).

Zur *Eingabe* von Matrizen und Vektoren ist Folgendes zu *beachten:*

Wenn ein Element einer Matrix (Komponente eines Vektors) nicht eingegeben (definiert) ist, so setzen MATHCAD und MATHCAD PRIME es gleich Null (siehe Beisp.17.1a).
♦

Beispiel 17.1:
Im Folgenden ist die Indizierung mit Startindex 1 vorausgesetzt, d.h.

ORIGIN:=1.

a) Erzeugung einer Matrix **A** nach Methode III:

$$A_{1,1} := 2 \qquad A_{2,3} := 1 \qquad \mathbf{A} = \begin{pmatrix} 2 & 0 & 0 \\ 0 & 0 & 1 \end{pmatrix}$$

Da für die Matrix **A** nur zwei Elemente eingegeben (definiert) wurden, setzen MATH-CAD und MATHCAD PRIME die fehlenden Elemente gleich Null.

b) Erzeugung einer Matrix **A** mit 2 Zeilen und 4 Spalten nach Methode II, deren Elemente sich als Differenz zwischen Zeilennummer und Spaltennummer berechnen:

$$i{:=}1..2 \qquad k{:=}1..4 \qquad A_{i,k} := i - k \qquad \mathbf{A} = \begin{pmatrix} 0 & -1 & -2 & -3 \\ 1 & 0 & -1 & -2 \end{pmatrix}$$

c) Beispiel der Erzeugung eines Vektor **x** nach Methode II, dessen Komponenten sich als Quadrat des Index i berechnen:

$$i := 1..4 \qquad x_i := i^2 \qquad \mathbf{x} = \begin{pmatrix} 1 \\ 4 \\ 9 \\ 16 \end{pmatrix}$$

17.3.2 Zugriff auf Matrixelemente und Vektorkomponenten

Bevor Rechenoperationen mit Matrizen im Rahmen von MATHCAD und MATHCAD PRIME behandelt werden, ist noch zu klären, wie auf einzelne Elemente (Komponenten), Spalten oder Zeilen von im Arbeitsfenster definierten Matrizen (Vektoren) zuzugreifen ist:

• Die Indizes für Matrixelemente und Vektorkomponenten werden mittels *Indexoperator* für *Feldindizes* erzeugt, der folgendermaßen aufzurufen ist:

> MATHCAD

In Symbolleiste **Rechnen** (Untersymbolleiste "*Matrix*") das Index-symbol $\boxed{x_n}$ anklicken,

> MATHCAD PRIME

das Symbol *Matrixindex* $\boxed{M_i}$ in Registerkarte **Rechnen** oder **Matrizen/Tabellen** anklicken (bei *Operatoren* bzw. *Vektor-/Matrixoperatoren*).

- Auf Elemente einer im Arbeitsblatt definierten *Matrix* **A** wird mit Matrixnamen A mit entsprechendem Zeilen- und Spaltenindex (als *Feldindex*) zugegriffen, wobei beide Indizes durch Komma zu trennen und abschließend das symbolische bzw. numerische Gleichheitszeichen einzugeben sind, d.h.

  $A_{i,k} \rightarrow$ bzw. $A_{i,k} =$

- Auf Komponenten eines im Arbeitsblatt definierten *Vektors* **x** wird mit Vektornamen x mit entsprechendem Index (als *Feldindex*) zugegriffen, wobei abschließend das symbolische bzw. numerische Gleichheitszeichen einzugeben ist, d.h.

  $x_i \rightarrow$ oder $x_i =$

  Es ist zu *beachten*, dass als *Vektoren* nur *Spaltenvektoren* (transponierte Zeilenvektoren) akzeptiert werden. Bei *Zeilenvektoren* ist der Zugriff wie bei Matrizen zu handhaben, d.h. als Matrizen mit einer Zeile (siehe Beisp.17.2b).

- Auf *Spalten* einer im Arbeitsblatt befindlichen *Matrix* **A** lässt sich mittels Operator *Matrixspalte*

  $\boxed{\mathbf{M}^{\langle\rangle}}$

  zugreifen, und es erscheint im Arbeitsfenster das Symbol

  $\boxed{\blacksquare^{\langle\,\blacksquare\,\rangle}}$,

  in dessen unteren großen Platzhalter der Name der Matrix **A** und in den oberen kleinen Platzhalter die Nummer der gewünschten Spalte einzutragen sind. Abschließend ist das symbolische bzw. numerische Gleichheitszeichen einzugeben.
  Sind Zeilen aus einer Matrix **A** herauszuziehen, so lässt sich die Methode ebenfalls anwenden, wenn die Matrix vorher transponiert wurde (siehe Abschn.17.4.2).

- Es wird eine *Fehlermeldung* ausgegeben, wenn auf Elemente/Komponenten/Spalten zugegriffen wird, die außerhalb der definierten Indizes liegen.

Beispiel 17.2:
Illustration der Vorgehensweise für *Zugriffsoperationen* auf Matrizen und Vektoren mit Startindex 1, d.h. ORIGIN:=1.

a) Betrachtung des Zugriffs auf die dritte Komponente des (Spalten-) Vektors

$$\mathbf{x} := \begin{pmatrix} 4 \\ 2 \\ 1 \\ 7 \end{pmatrix} \qquad\qquad x_3 = 1 \qquad\qquad x_{3,1} = 1$$

Da *Vektoren Spezialfälle* von *Matrizen* sind, lässt sich auf ihre Komponenten natürlich auch mit Zeilen- und Spaltenindex zugreifen, wie im Beispiel zu sehen ist.
Man wird für praktische Berechnungen jedoch den Zugriff auf (Spalten-) Vektoren mit nur einem Index bevorzugen, wie in der Mathematik üblich ist.

b) Betrachtung des Zugriffs auf die dritte Komponente des Zeilenvektors

$$\mathbf{x} := (4\ 2\ 1\ 7) \qquad\qquad x_{1,3} = 1$$

Da ein Zeilenvektor eine Matrix mit einer Zeile ist, muss als Zeilenindex 1 geschrieben werden und als Spaltenindex der gewünschte Komponentenindex.

c) Betrachtung des *Zugriffs* auf *Elemente* der Matrix **A**:

$$\mathbf{A} := \begin{pmatrix} 3 & 12 & 6 & 7 \\ \dfrac{7}{3} & 23 & \dfrac{35}{2} & 8 \\ 1 & 5 & 4 & 9 \end{pmatrix} \qquad \text{mit:}$$

symbolischem Gleichheitszeichen: $A_{2,1} \rightarrow \dfrac{7}{3}$ $A_{1,1} \rightarrow 3$ $A_{2,3} \rightarrow \dfrac{35}{2}$

numerischem Gleichheitszeichen: $A_{2,1} = 2.333$ $A_{1,1} = 3$ $A_{2,3} = 17.5$

Zugriff auf *Spalten* von **A** mit symbolischem bzw. numerischem Gleichheitszeichen:

$$A^{\langle 1 \rangle} \rightarrow \begin{pmatrix} 3 \\ \dfrac{7}{3} \\ 1 \end{pmatrix} \qquad A^{\langle 4 \rangle} \rightarrow \begin{pmatrix} 7 \\ 8 \\ 9 \end{pmatrix} \qquad A^{\langle 1 \rangle} = \begin{pmatrix} 3 \\ 2.333 \\ 1 \end{pmatrix} \qquad A^{\langle 4 \rangle} = \begin{pmatrix} 7 \\ 8 \\ 9 \end{pmatrix}$$

17.3.3 Vektorisierung

Mit dem *Vektorisierungsoperator* ist es möglich, Ausdrücke für die Komponenten von Vektoren zu berechnen:

- Dazu ist auf den Ausdruck der *Vektorisierungsoperator* anzuwenden, der folgendermaßen zu aktivieren ist:

In Symbolleiste **Rechnen** (Untersymbolleiste "*Matrix*") das Symbol $\boxed{f(\vec{M})}$ anklicken,

das Symbol $\boxed{\vec{v}}$ in Registerkarte **Rechnen** oder **Matrizen/Tabellen** anklicken (bei *Operatoren* bzw. *Vektor-/Matrixoperatoren*).

- Nach Aktivierung des Vektorisierungsoperators zeigt ein Pfeil über dem betreffenden Ausdruck an, dass die Vektorisierung wirksam ist.
- Die Vektorisierung lässt sich effektiv einsetzen, wenn Ausdrücke für mehrere Zahlenwerte zu berechnen sind.

Da eine derartige Vektorisierung in der mathematischen Notation nicht vorkommt, wird die Vorgehensweise im folgenden Beispiel illustriert.

Beispiel 17.3:

Bestimmung von *Lösungen* der *quadratischen Gleichung*

$$a \cdot x^2 + b \cdot x + c = 0$$

für verschiedene Zahlenwerte der Konstanten a, b und c mittels der *Lösungsformel*

$$\frac{-b + \sqrt{b^2 - 4 \cdot a \cdot c}}{2 \cdot a}$$

Für die Konstanten a, b und c werden die Zahlentripel (a,b,c) verwandt. So z.B. die vier konkreten Zahlentripel $(2,6,3)$, $(5,4,2)$, $(1,2,6)$, $(8,7,1)$.

Effektiv lässt sich das Problem mittels *Vektorisierung* lösen, indem die Werte der vier Zahlentripel als Komponenten von Vektoren (transponierten Zeilenvektoren) **a**, **b** bzw. **c** definiert werden und auf die Lösungsformel der *Vektorisierungsoperator* angewandt wird:

$$\mathbf{a} := (2\ 5\ 1\ 8)^T \qquad \mathbf{b} := (6\ 4\ 2\ 7)^T \qquad \mathbf{c} := (3\ 2\ 6\ 1)^T$$

$$x := \frac{\overrightarrow{-b + \sqrt{b^2 - 4 \cdot a \cdot c}}}{2 \cdot a} \qquad \mathbf{x} = \begin{pmatrix} -0.634 \\ -0.4 + 0.49i \\ -1 + 2.236i \\ -0.18 \end{pmatrix}$$

MATHCAD und MATHCAD PRIME liefern die für die Konstanten a, b und c berechneten vier Lösungen in Form eines Vektors (d.h. Spaltenvektors) **x**, wie zu sehen ist.

Ohne Vektorisierungsoperator ist die Formel nur für einzelne Zahlenwerte für die Konstanten a, b und c berechenbar.

17.3.4 Vordefinierte Matrix- und Vektorfunktionen

In MATHCAD sind *Matrix-* und *Vektorfunktionen* vordefiniert, mit deren Hilfe für Matrizen **A**, **B**, ... und Vektoren **v** eine Reihe von Berechnungen durchführbar sind. Sie sind folgendermaßen aufzurufen:

durch Anklicken des Symbol $\boxed{f(x)}$ in der Symbolleiste erscheint das

Dialogfenster **Funktion einfügen**. Hier sind sie bei *Vektor und Matrix* zu finden,

mittels Registerkarte **Matrizen/Tabellen** bei *Vektor-/Matrixfunktionen.*

Vor Anwendung der Matrix- und Vektorfunktionen sind **A**, **B**, **v**,... die entsprechenden Matrizen/Vektoren zuzuweisen oder direkt als Argument einzugeben.

Die Auslösung der *numerischen Berechnung* mittels numerischen Gleichheitszeichens = liefert das Ergebnis. Die *exakte Berechnung* mittels des symbolischen Gleichheitszeichens → funktioniert nicht bei allen Matrix- und Vektorfunktionen, so dass die numerische Berechnung vorzuziehen ist.

Im Folgenden werden wichtige vordefinierte Matrix- und Vektorfunktionen aufgelistet, wobei zu bemerken ist, dass einige Matrixfunktionen auch auf Vektoren anwendbar sind:

* *Matrixfunktionen:*

  augment(A,B)   (deutsch: **erweitern(A,B)**)

  bildet eine neue Matrix, in der die Spalten der Matrizen **A** und **B** nebeneinander geschrieben werden. Diese Funktion ist nur anwendbar, wenn **A** und **B** die gleiche Anzahl von Zeilen besitzen.

  cols(A)   (deutsch: **spalten(A)**)

  berechnet die Anzahl der Spalten der Matrix **A**.

  diag(v)

  erzeugt eine quadratische Matrix, deren Hauptdiagonale vom Vektor **v** gebildet wird und deren restliche Elemente Null sind.

  identity(n)   (deutsch: **einheit**(n))

  erzeugt eine Einheitsmatrix mit n Zeilen und n Spalten.

  match(z,A)   (deutsch: **vergleich**(z,A))

  sucht in der Matrix **A** nach einem Element mit dem Wert z und gibt gegebenenfalls seine Zeilen- und Spaltennummer aus.

  matrix(m,n,f)

  erzeugt eine Matrix mit m Zeilen und n Spalten, deren Elemente durch die Funktion f(i,k) berechnet sind, wobei i die Zeilen- und k die Spaltennummer darstellen. Die Funktion f(i,k) muss vor der Anwendung von **matrix** definiert sein. Weiterhin ist zu beachten, dass hier immer der Startindex 0 verwendet ist, der nicht verändert werden kann. Man kann sich hier helfen, dass bei der Definition der Funktion f(i,k) zum Index i und k jeweils eine 1 addiert wird (siehe Beisp17.4).

  max(A,B,C,...)

  berechnet das Maximum der Elemente der Matrizen **A,B,C,**...

  min(A,B,C,...)

  berechnet das Minimum der Elemente der Matrizen **A,B,C,**...

  rank(A)   (deutsch: **rg(A)**)

  berechnet den Rang der Matrix **A**.

  rows(A)   (deutsch: **zeilen(A)**)

  berechnet die Anzahl der Zeilen der Matrix **A**.

stack(A,B)   (deutsch: **stapeln(A,B)**)

bildet eine neue Matrix, in der die Zeilen von **A** und **B** untereinander geschrieben werden. Diese Funktion ist nur anwendbar, wenn **A** und **B** die gleiche Anzahl von Spalten
besitzen.

submatrix(A,i,m,k,n)

bildet eine Untermatrix der Matrix **A**, die die Zeilen i bis m und die Spalten k bis n enthält, wobei i≤m und k≤n gelten müssen.

tr(A)   (deutsch: **sp(A)**)

berechnet die Spur der quadratischen Matrix **A**, d.h. die Summe der Elemente der
Hauptdiagonalen.

• *Vektorfunktionen:*

Da Vektoren Spezialfälle von Matrizen darstellen, lassen sich hierfür ebenfalls die entsprechenden vorangehenden Matrixfunktionen heranziehen.

Im Folgenden werden vordefinierte Funktionen aufgelistet, die speziell auf (Spalten-)
Vektoren **v** anwendbar sind:

last(v)   (deutsch: **letzte(v)**)

bestimmt den Index der letzten Komponente des Vektors **v**.

length(v)   (deutsch: **länge(v)**)

berechnet die Anzahl der Komponenten des Vektors **v**.

rows(v)   (deutsch: **zeilen(v)**)

berechnet die Anzahl der Komponenten des Vektors **v**.

Beispiel 17.4:

Erzeugung einer Matrix **A** mit 4 Zeilen und 3 Spalten unter Verwendung der *Matrixfunktion* **matrix**, deren Elemente sich aus Summe von Zeilen- und Spaltennummer berechnen,
d.h.

$$a_{ik} = i+k$$

Im Folgenden ist zu sehen, dass **matrix** den Startindex 0 verwendet, der sich nicht verändern lässt, so dass das gelieferte Ergebnis falsch ist:

f(i,k):=i+k   **A:=matrix(4,3,f)** $A = \begin{pmatrix} 0 & 1 & 2 \\ 1 & 2 & 3 \\ 2 & 3 & 4 \\ 3 & 4 & 5 \end{pmatrix}$

Nur durch die oben beschriebene Transformation der Funktion f(i,k) ergibt sich das gewünschte Ergebnis:

$$f(i,k):=i+k+2 \qquad \mathbf{A}:=\mathbf{matrix}(4,3,f) \qquad \mathbf{A} = \begin{pmatrix} 2 & 3 & 4 \\ 3 & 4 & 5 \\ 4 & 5 & 6 \\ 5 & 6 & 7 \end{pmatrix}$$

17.4 Rechenoperationen mit MATHCAD und MATHCAD PRIME

Im Folgenden wird die Vorgehensweise in MATHCAD und MATHCAD PRIME bei der Durchführung von *Rechenoperationen* mit *Matrizen* **A,B,**... betrachtet. Allgemein ist hierfür Folgendes zu beachten:

Addition/ *Subtraktion*	$\mathbf{A} \pm \mathbf{B}$:	Sie sind nur möglich, wenn **A** und **B** den gleichen Typ(m,n) besitzen.
Multiplikation	$\mathbf{A}\cdot\mathbf{B}$:	Sie ist nur möglich, wenn **A** und **B** verkettet sind, d.h. **A** besitzt genauso viele Spalten wie **B** Zeilen.
Berechnung der *Inversen:*		Sie ist nur für quadratische nichtsinguläre Matrizen möglich.
Berechnung von *Determinanten:*		Sie ist nur für quadratische Matrizen möglich.

Falls Voraussetzungen für eine durchzuführende Rechenoperation nicht erfüllt sind, geben MATHCAD und MATHCAD PRIME eine *Fehlermeldung* aus.

Während Addition, Multiplikation und Transponierung auch für größere Matrizen problemlos durchführbar sind, stoßen MATHCAD und MATHCAD PRIME bei der Berechnung von Inversen und Determinanten einer n-reihigen quadratischen Matrix für großes n auf Schwierigkeiten, da Rechenaufwand und Speicherbedarf stark anwachsen.

17.4.1 Addition und Multiplikation

Addition und *Multiplikation* zweier Matrizen **A** und **B** geschieht nach Eingabe von
A + **B** bzw. **A** * **B** in das Arbeitsblatt auf folgende Art:

Die Eingabe des symbolischen → bzw. numerischen Gleichheitszeichens = mit abschließender Betätigung der $\boxed{\text{EINGABETASTE}}$ liefert das exakte bzw. numerische Ergebnis, wenn die Matrizen **A** und **B** vorher definiert bzw. direkt eingegeben wurden und der Typ der beiden Matrizen die Operationen + bzw. * zulässt.

Es ist auch die *Addition* und *Multiplikation* einer Matrix **A** mit einem *Skalar* (Zahl) t möglich, d.h.

t + **A**   oder   **A** + t   bzw.   t * **A**   oder   **A** * t

Dabei wird bei der Multiplikation jedes Element von **A** mit dem Skalar t multipliziert und bei der Addition zu jedem Element von **A** der Skalar t addiert.

Die Durchführung dieser Operationen vollzieht sich analog zu den zwischen zwei Matrizen. Es ist nur statt einer Matrix der entsprechende Skalar einzugeben.

♦

Beispiel 17.5: Illustration von Addition und Multiplikation von Matrizen

a) $A := \begin{pmatrix} \frac{1}{2} & \frac{1}{3} \\ \frac{1}{4} & \frac{1}{5} \end{pmatrix}$ $B := \begin{pmatrix} 1 & \frac{2}{7} \\ 3 & 2 \end{pmatrix}$ $A + B \rightarrow \begin{pmatrix} \frac{3}{2} & \frac{13}{21} \\ \frac{13}{4} & \frac{11}{5} \end{pmatrix}$ $A + B = \begin{pmatrix} 1.5 & 0.619 \\ 3.25 & 2.2 \end{pmatrix}$

$\begin{pmatrix} \frac{1}{2} & \frac{1}{3} \\ \frac{1}{4} & \frac{1}{5} \end{pmatrix} \cdot \begin{pmatrix} 1 & \frac{2}{7} \\ 3 & 2 \end{pmatrix} \rightarrow \begin{pmatrix} \frac{3}{2} & \frac{17}{21} \\ \frac{17}{20} & \frac{33}{70} \end{pmatrix}$ $\begin{pmatrix} \frac{1}{2} & \frac{1}{3} \\ \frac{1}{4} & \frac{1}{5} \end{pmatrix} \cdot \begin{pmatrix} 1 & \frac{2}{7} \\ 3 & 2 \end{pmatrix} = \begin{pmatrix} 1.5 & 0.81 \\ 0.85 & 0.471 \end{pmatrix}$

Falls die Matrizen nicht nur ganze Zahlen, sondern auch Brüche als Elemente enthalten, ist der Unterschied zwischen Anwendung des symbolischen und numerischen Gleichheitszeichens zu erkennen:

b) Addition und Multiplikation einer Matrix **A** mit einem Skalar:

$A := \begin{pmatrix} 1 & 2 & 3 \\ 4 & 5 & 6 \end{pmatrix}$ $1 + A \rightarrow \begin{pmatrix} 2 & 3 & 4 \\ 5 & 6 & 7 \end{pmatrix}$ $1 + A = \begin{pmatrix} 2 & 3 & 4 \\ 5 & 6 & 7 \end{pmatrix}$

$A \cdot 6 \rightarrow \begin{pmatrix} 6 & 12 & 18 \\ 24 & 30 & 36 \end{pmatrix}$ $6 \cdot A = \begin{pmatrix} 6 & 12 & 18 \\ 24 & 30 & 36 \end{pmatrix}$

Statt eines Zahlenwertes kann bei Verwendung des symbolischen Gleichheitszeichens auch eine Variablenbezeichnung (z.B. t) benutzt werden:

$t + A \rightarrow \begin{pmatrix} 1+t & 2+t & 3+t \\ 4+t & 5+t & 6+t \end{pmatrix}$ $A + t \rightarrow \begin{pmatrix} 1+t & 2+t & 3+t \\ 4+t & 5+t & 6+t \end{pmatrix}$

17.4.2 Transponierung

Eine weitere Operation für Matrizen ist das *Transponieren*, d.h. das Vertauschen von Zeilen und Spalten.

Dies kann in MATHCAD und MATHCAD PRIME für eine im Arbeitsblatt stehende Matrix **A** folgendermaßen geschehen:

Durch Anklicken des Operators *Transponierte Matrix*

$\boxed{M^T}$ bei

in Symbolleiste **Rechnen** (Untersymbolleiste "*Matrix*"),

in Registerkarte **Rechnen** oder **Matrizen/Tabellen** (bei *Operatoren* bzw. *Vektor-/Matrixoperatoren*)

erscheint an der vom Cursor bestimmten Stelle im Arbeitsfenster das Symbol

in dessen Platzhalter **A** einzutragen ist. Abschließend liefern die Eingabe des symbolischen → bzw. numerischen Gleichheitszeichens = und Betätigung der $\boxed{\text{EINGABETASTE}}$ das Ergebnis exakt bzw. numerisch, wobei vorher **A** die entsprechende Matrix zuzuweisen oder statt **A** die Matrix direkt einzugeben ist.

17.4.3 Inversion

Die Inverse $\mathbf{A}^{-1}$ einer Matrix **A** bestimmt sich aus der Gleichung

$$\mathbf{A}\cdot\mathbf{A}^{-1} = \mathbf{A}^{-1}\cdot\mathbf{A} = \mathbf{E} \qquad\qquad (\text{**E**-Einheitsmatrix})$$

und ist nur für quadratische (n-reihige) Matrizen definiert, wobei zusätzlich für die Determinante $|\mathbf{A}| \neq 0$ erfüllt sein muss (nichtsinguläre Matrix **A**).

Die *Berechnung* geschieht folgendermaßen:

Die Eingabe von $\mathbf{A}^{-1}$ erfolgt in der Darstellung als Potenz, d.h. -1 ist als Exponent von **A** einzugeben.

Abschließend liefern die Eingabe des symbolischen → bzw. numerischen Gleichheitszeichens = und Betätigung der $\boxed{\text{EINGABETASTE}}$ das Ergebnis exakt bzw. numerisch, wobei vorher **A** die entsprechende Matrix zuzuweisen oder statt **A** die Matrix direkt einzugeben ist.

Zur *Berechnung* inverser Matrizen mittels MATHCAD und MATHCAD PRIME ist Folgendes zu *beachten:*

- Falls die zu invertierende Matrix *singulär* oder *nichtquadratisch* ist, wird eine Fehlermeldung ausgegeben.
- Es empfiehlt sich, nach der Berechnung der Inversen zur Probe die Produkte $\mathbf{A}\cdot\mathbf{A}^{-1}$ bzw. $\mathbf{A}^{-1}\cdot\mathbf{A}$ zu berechnen, die die Einheitsmatrix **E** liefern müssen.
- Die Berechnung der Inversen ist ein Spezialfall der Bildung ganzzahliger Potenzen $\mathbf{A}^{n}$ einer Matrix **A**, die ebenfalls möglich ist (siehe Beisp.17.6b).
- Die zur Berechnung von Inversen vorhandenen Algorithmen werden mit wachsendem n sehr aufwendig. MATHCAD und MATHCAD PRIME leisten bei der Berechnung eine große Hilfe, solange n nicht allzu groß ist.

Beispiel 17.6:
Verwendung der nichtsingulären Matrix

$$A := \begin{pmatrix} 1 & 2 \\ 5 & 4 \end{pmatrix}$$

a) Exakte und numerische Berechnung der *Inversen:*

$$A^{-1} \rightarrow \begin{pmatrix} -\dfrac{2}{3} & \dfrac{1}{3} \\ \dfrac{5}{6} & -\dfrac{1}{6} \end{pmatrix} \qquad\qquad A^{-1} = \begin{pmatrix} -0.667 & 0.333 \\ 0.833 & -0.167 \end{pmatrix}$$

b) *Potenzen* werden problemlos berechnet:

$$A^3 \rightarrow \begin{pmatrix} 61 & 62 \\ 155 & 154 \end{pmatrix} \qquad\qquad A^2 = \begin{pmatrix} 11 & 10 \\ 25 & 26 \end{pmatrix}$$

17.4.4 Skalar-, Vektor- und Spatprodukt

Für beliebige *Vektoren* (Spaltenvektoren oder transponierte Zeilenvektoren)

$$\mathbf{a} = \begin{pmatrix} a_1 \\ \vdots \\ a_n \end{pmatrix} \qquad \mathbf{b} = \begin{pmatrix} b_1 \\ \vdots \\ b_n \end{pmatrix} \qquad \mathbf{c} = \begin{pmatrix} c_1 \\ \vdots \\ c_n \end{pmatrix} \qquad \text{lassen sich folgende } \textit{Produkte berechnen:}$$

Skalarprodukt (n-beliebig): $\mathbf{a} * \mathbf{b} = \displaystyle\sum_{i=1}^{n} a_i \cdot b_i$

und für n=3 Vektor- und Spatprodukt:

Vektorprodukt: $\mathbf{a} \times \mathbf{b} = \begin{vmatrix} \mathbf{i} & \mathbf{j} & \mathbf{k} \\ a_1 & a_2 & a_3 \\ b_1 & b_2 & b_3 \end{vmatrix} = (a_2 \cdot b_3 - a_3 \cdot b_2)\mathbf{i} + (a_3 \cdot b_1 - a_1 \cdot b_3)\mathbf{j} + (a_1 \cdot b_2 - a_2 \cdot b_1)\mathbf{k}$

Spatprodukt: $(\mathbf{a} \times \mathbf{b}) * \mathbf{c} = \begin{vmatrix} a_1 & a_2 & a_3 \\ b_1 & b_2 & b_3 \\ c_1 & c_2 & c_3 \end{vmatrix}$

MATHCAD und MATHCAD PRIME können Skalar- und Vektorprodukte folgendermaßen *berechnen*, wenn **a** und **b** vorher als Vektoren (Spaltenvektoren oder transponierte Zeilenvektoren) in das Arbeitsblatt eingegeben wurden:

Skalarprodukt: Direkte Eingabe von **a** * **b** in das Arbeitsblatt.

Vektorprodukt: Direkte Eingabe von **a** × **b** in das Arbeitsblatt, wobei das Multiplikationszeichen × über die Tastenkombination $\boxed{\text{S T R G}}$ $\boxed{8}$ zu erzeugen ist.

Spatprodukt: Erfordert kein gesondertes Vorgehen, da es über die Berechnung der gegebenen Determinante oder durch Berechnung des Vektorprodukts $\mathbf{a} \times \mathbf{b}$ mit anschließender skalarer Multiplikation mit $\mathbf{c}$ erhalten wird.

Die abschließende Eingabe des symbolischen → oder numerischen Gleichheitszeichens = und Betätigung der $\boxed{\text{EINGABETASTE}}$ liefern das exakte bzw. numerische Ergebnis.

Beispiel 17.7:

Berechnung von Skalarprodukt $\mathbf{a}*\mathbf{b}$, Vektorprodukt $\mathbf{a} \times \mathbf{b}$ und Spatprodukt $(\mathbf{a} \times \mathbf{b})*\mathbf{c}$ für die drei Vektoren (transponierte Zeilenvektoren):

$$\mathbf{a}:=(1\ 3\ 5)^{\mathrm{T}} \qquad \mathbf{b}:=(1\ 3\ 7)^{\mathrm{T}} \qquad \mathbf{c}:=(9\ 6\ 8)^{\mathrm{T}}$$

Im Arbeitsblatt lässt sich die exakte bzw. numerische Berechnung z.B. in folgender Form realisieren:

Skalarprodukt: $\mathbf{a}*\mathbf{b} \rightarrow 45$ $\mathbf{a}*\mathbf{b} = 45$

Vektorprodukt: $\mathbf{a} \times \mathbf{b} \rightarrow \begin{pmatrix} 6 \\ -2 \\ 0 \end{pmatrix}$ $\mathbf{a} \times \mathbf{b} = \begin{pmatrix} 6 \\ -2 \\ 0 \end{pmatrix}$

Spatprodukt: $(\mathbf{a} \times \mathbf{b})*\mathbf{c} \rightarrow 42$ $(\mathbf{a} \times \mathbf{b})*\mathbf{c} = 42$

17.4.5 Determinanten

Determinanten $\det \mathbf{A} = \begin{vmatrix} a_{11} & \dots & a_{1n} \\ \vdots & \dots & \vdots \\ a_{n1} & \dots & a_{nn} \end{vmatrix}$ für quadratische Matrizen $\mathbf{A} = \begin{pmatrix} a_{11} & \dots & a_{1n} \\ \vdots & \dots & \vdots \\ a_{n1} & \dots & a_{nn} \end{pmatrix}$

berechnen MATHCAD und MATHCAD PLUS mit dem *Betragsoperator* (Absoluter Wert)

 ,

der folgendermaßen aufzurufen ist:

 in Symbolleiste **Rechnen** (Untersymbolleiste "*Matrix*"),

 in Registerkarte **Rechnen** (bei *Operatoren* bei *Algebra*)

Ist die Matrix **A**

– bereits im Arbeitsblatt definiert, so ist nur der Name **A** der Matrix mittels Betragsoperator in Betragsstriche zu schreiben, d.h. |**A**|.

– noch nicht im Arbeitsblatt definiert, so ist die Matrix mittels Matrixoperator in durch Betragsoperator erzeugte Betragsstriche zu schreiben.

Die abschließende Eingabe des symbolischen → bzw. numerischen Gleichheitszeichens = und Betätigung der $\boxed{\text{EINGABETASTE}}$ berechnen die Determinante exakt bzw. numerisch.

Zur *Berechnung* von *Determinanten* mittels MATHCAD und MATHCAD PRIME ist Folgendes zu *bemerken:*

• Die zur Berechnung von Determinanten vorhandenen Algorithmen (z.B. Umformung auf Dreiecksgestalt, Anwendung des Laplaceschen Entwicklungssatzes) werden mit wachsendem n sehr aufwendig. MATHCAD und MATHCAD PRIME leisten bei der Berechnung große Hilfe, solange n nicht allzugroß ist.

• Falls versehentlich die Berechnung der Determinante einer nichtquadratischen Matrix ausgelöst wird, erscheint eine Fehlermeldung.

  ◆

Beispiel 17.8:

Exakte und numerische Berechnung der Determinante einer 3-reihigen Matrix **A**:

Durch direkte Eingabe:

$$\begin{vmatrix} 1 & 2 & 3 \\ 4 & 6 & 5 \\ 7 & 1 & 3 \end{vmatrix} \rightarrow -55 \qquad\qquad \begin{vmatrix} 1 & 2 & 3 \\ 4 & 6 & 5 \\ 7 & 1 & 3 \end{vmatrix} = -55$$

Durch vorherige Zuweisung des Matrixnamens **A**:

$$\mathbf{A} := \begin{pmatrix} 1 & 2 & 3 \\ 4 & 6 & 5 \\ 7 & 1 & 3 \end{pmatrix} \qquad\qquad |\,\mathbf{A}\,| \rightarrow -55 \qquad |\,\mathbf{A}\,| = -55$$

17.5 Eigenwerte und Eigenvektoren

17.5.1 Problemstellung

Eine wichtige Aufgabe für quadratische Matrizen **A** besteht in der Berechnung von Eigenwerten λ und zugehörigen Eigenvektoren **x**, d.h. in der Lösung der Gleichung

$$\mathbf{A}\cdot\mathbf{x} = \lambda\cdot\mathbf{x} \qquad\qquad \text{oder äquivalent} \qquad\qquad (\mathbf{A} - \lambda\cdot\mathbf{E})\cdot\mathbf{x} = \mathbf{0}$$

für $\mathbf{x} \neq \mathbf{0}$, wobei **E** für die Einheitsmatrix steht. Dabei sind die *Eigenwerte* der Matrix **A** diejenigen reellen oder komplexen Zahlen λ_i für die das lineare homogene Gleichungssystem

$$(\mathbf{A} - \lambda_i\cdot\mathbf{E})\cdot\mathbf{x}^i = \mathbf{0}$$

nichttriviale (d.h. von Null verschiedene) Lösungsvektoren

$\mathbf{x}^{i}$

besitzt, die als *Eigenvektoren* bezeichnet werden. Diese Aufgabe ist sehr rechenintensiv, da sich die Eigenwerte λ_i als Lösungen des *charakteristischen Polynoms*

$$\det(\mathbf{A} - \lambda \cdot \mathbf{E}) = |\mathbf{A} - \lambda \cdot \mathbf{E}| = 0$$

ergeben und anschließend für jeden Eigenwert das gegebene Gleichungssystem zu lösen ist, um zugehörige Eigenvektoren zu erhalten.

17.5.2 Berechnung mit MATHCAD und MATHCAD PRIME

Es sind folgende Funktionen zur Berechnung von Eigenwerten und Eigenvektoren einer Matrix **A** vordefiniert, d.h. zur Lösung von *Eigenwertaufgaben*:

eigenvals(A)   (deutsch: **eigenwerte (A)**)

zur Berechnung von Eigenwerten.

eigenvec(A,λ)   (deutsch: **eigenvek(A)**)

zur Berechnung eines zum Eigenwert λ gehörigen Eigenvektors.

eigenvecs(A)   (deutsch: **eigenvektoren(A)**)

zur Berechnung aller Eigenvektoren.

Vor der Anwendung dieser Funktionen ist **A** die gegebene Matrix zuzuweisen oder direkt als Argument einzugeben.

Die Eingabe des numerischen Gleichheitszeichens = nach der Funktion liefert das numerische Ergebnis.

Bei allen Berechnungen von *Eigenwerten* und *Eigenvektoren* ist Folgendes zu *beachten:*

- Da sich Eigenwerte als Nullstellen des charakteristischen Polynoms vom Grad n (bei einer n-reihigen Matrix **A**) berechnen, führt dies zu den im Abschn.18.3 geschilderten Schwierigkeiten für $n \geq 5$.

- Eigenwerte lassen sich nur exakt berechnen, wenn nach der Funktion

  eigenvals(A)   (deutsch: **eigenwerte(A)**)

  das symbolische Gleichheitszeichen → eingegeben wird. Diese Berechnungsart ist aber nicht zu empfehlen, da aufgrund der geschilderten Problematik die exakte Berechnung häufig versagt.

- Eigenvektoren sind nur bis auf einen Faktor bestimmt und können auf die Länge 1 normiert werden.
  ◆

Beispiel 17.9:

a) Berechnung von Eigenwerten und zugehörige Eigenvektoren für folgende Matrix **A**:

$$A := \begin{pmatrix} 2 & -5 \\ 1 & -4 \end{pmatrix} \qquad \text{eigenvals}(A) = \begin{pmatrix} 1 \\ -3 \end{pmatrix} \qquad \text{eigenvecs}(A) = \begin{pmatrix} 0.981 & 0.707 \\ 0.196 & 0.707 \end{pmatrix}$$

Berechnung der zu den mittels **eigenvals** berechneten Eigenwerte 1 und -3 gehörigen *Eigenvektoren* durch Anwendung von **eigenvec**:

$$\text{eigenvec}(A,1) = \begin{pmatrix} -0.981 \\ -0.196 \end{pmatrix} \qquad \text{eigenvec}(A,-3) = \begin{pmatrix} 0.707 \\ 0.707 \end{pmatrix}$$

b) Berechnung von Eigenwerten, die komplexwertig sind:

$$A := \begin{pmatrix} -1 & -8 \\ 2 & -1 \end{pmatrix} \qquad \text{eigenvals}(A) = \begin{pmatrix} -1 + 4i \\ -1 - 4i \end{pmatrix}$$

Die zugehörigen Eigenvektoren sind auch komplexwertig:

$$\text{eigenvecs}(A) = \begin{pmatrix} 0.894 & 0.894 \\ -0.447i & 0.447i \end{pmatrix}$$

Es ist vorteilhaft, die Funktion zur Berechnung aller Eigenvektoren

eigenvecs(A) (deutsch: **eigenvektoren(A)**)

einzusetzen, um für mehrfache Eigenwerte möglichst alle existierenden linear unabhängigen Eigenvektoren zu erhalten.

Weiterhin ist zu beachten, dass für die zu einem Eigenwert gehörenden Eigenvektoren unterschiedliche Ergebnisse möglich sind, da diese nur bis auf die Länge bestimmt sind und auch durch Linearkombinationen gebildet werden können.

18 Gleichungen

In zahlreichen mathematischen Modellen der Praxis treten Zusammenhänge zwischen veränderlichen Größen (Variablen) in Form von *Gleichungen* auf, so dass von Gleichungsmodellen gesprochen wird.

In der Mathematik drücken Relationen der Form A=B die Gleichheit zwischen Werten zweier mathematischer Ausdrücke A und B aus und werden als *Gleichungen* bezeichnet, wobei die Ausdrücke A und B eine oder mehrere Variable/Unbekannte enthalten können.

Werden die Variablen/Unbekannten mittels eines *Vektors* **x** bezeichnet, lassen sich *Gleichungen* in der *Form* **f(x)=0** schreiben, wobei **f** für eine *Funktion* oder einen *Funktionenvektor* steht.

Gleichungen treten auch bei der Bestimmung von *Nullstellen* von Funktionen f(**x**) auf, die sich als Lösungen der Gleichung f(**x**)=0 ergeben.

18.1 Arten von Gleichungen

Je nach Art von Variablenvektor **x** und Funktion/Funktionenvektor **f** werden verschiedene Arten von Gleichungen

f(x) = 0

unterschieden, so u.a.

- *Allgemeine nichtlineare Gleichungen:*

  Sie teilen sich auf in *algebraische* und *transzendente* Gleichungen, in denen die Variablen zu endlichdimensionalen (n-dimensionalen) Räumen gehören und durch Zahlen realisiert werden.

  Sie bilden den Inhalt dieses Kapitels und spielen sowohl in Technik und Naturwissenschaften als auch Wirtschaftswissenschaften eine fundamentale Rolle und sind u.a. in statischen (zeitunabhängigen) Modellen zu finden.

  In praktischen Anwendungen treten meistens nicht nur eine, sondern mehrere Gleichungen auf, die *Gleichungssysteme* heißen.

- *Differenzen-* und *Differentialgleichungen:*

  Hier gehören die Variablen zu unendlichdimensionalen Räumen (meistens Funktionenräumen) und werden durch Funktionen realisiert. Sie treten u.a. in dynamischen (zeitabhängigen) Modellen auf und werden im Kap.25 bzw. 26 behandelt.

18.2 Allgemeine nichtlineare Gleichungen

Nichtlineare *Gleichungen*

f(x) = 0

werden mit Zahlenvariablen (Zahlenvektoren) **x** und reellwertigen Funktionen (Vektorfunktionen) **f(x)** gebildet:

- Es wird keine exakte mathematische Definition gegeben, sondern nur eine anschauliche Interpretation. Bei nichtlinearen Gleichungen wird unterschieden zwischen:

- *Algebraischen Gleichungen:*
  Hier treten im Funktionsausdruck $\mathbf{f(x)}$ nur algebraische Ausdrücke in den Variablen $\mathbf{x}$ auf (siehe Abschn.16.1).
  Folgende zwei *Spezialfälle* spielen in Anwendungen eine große Rolle:
  Polynomgleichungen (siehe Abschn.18.3), *lineare Gleichungen* (siehe Abschn.18.4)

- *Transzendenten Gleichungen*:
  Hier treten im Funktionsausdruck $\mathbf{f(x)}$ zusätzlich transzendente (trigonometrische, logarithmische und exponentielle) Funktionen auf.

- Meistens treten nichtlineare Gleichungen als *Gleichungssysteme* auf, d.h. $\mathbf{f}$ und $\mathbf{x}$ sind Vektoren mit m bzw. n Komponenten und $\mathbf{0}$ ist der *Nullvektor*, so dass sich folgende allgemeine Form ergibt:

$$f_1(x_1, x_2, \ldots, x_n) = 0$$
$$f_2(x_1, x_2, \ldots, x_n) = 0 \qquad \text{vektorielle Schreibweise:} \quad \mathbf{f(x)} = \mathbf{0}$$
$$\vdots$$
$$f_m(x_1, x_2, \ldots, x_n) = 0$$

Hier werden i.Allg. *indizierte Variable* verwendet, die Werte aus dem Bereich der reellen oder komplexen Zahlen annehmen können. MATHCAD und MATHCAD PRIME berücksichtigen diese Darstellung, indem beide sogar zwei Formen für indizierte Variablen zulassen (siehe Abschn.9.1).

- Als *Lösungen* nichtlinearer Gleichungen $\mathbf{f(x)}{=}0$ werden diejenigen reellen oder komplexen $\overline{\mathbf{x}}$ bezeichnet, die die Gleichungen identisch erfüllen, d.h. wenn die Variablen $\mathbf{x}$ durch Zahlenvektoren $\overline{\mathbf{x}}$ ersetzt werden, muss $\mathbf{f(\overline{x})}{\equiv}\mathbf{0}$ gelten:

  - Die Bestimmung von Lösungen *einer Gleichung* der Form f(x)=0 mit *einer Funktion* ist offensichtlich äquivalent zur Bestimmung der *Nullstellen* der Funktion f.

  - Da für *Lösungen* von Gleichungen immer eine *Probe* durch Einsetzen möglich ist, wird dies auch bei Anwendung von MATHCAD und MATHCAD PRIME empfohlen.

- Im Gegensatz zu den Spezialfällen Polynomgleichungen und lineare Gleichungen (siehe Abschn.18.3 und 18.4) existieren bei allgemeinen nichtlinearen Gleichungen keine Aussagen über Existenz und Gesamtheit von Lösungen.

Beispiel 18.1:
Betrachtung einiger Beispiele für Systeme nichtlinearer Gleichungen:

a) System *algebraischer Gleichungen* mit zwei Variablen x , y :

$$x^2 - y^2 = 3$$
$$x^4 + y^4 = 17 \qquad \text{(System von Polynomgleichungen)}$$

b) System *transzendenter Gleichungen* mit zwei Variablen x , y :

$$\sin x + e^y = 1$$
$$2 \cdot \cos x + \ln(y + 1) = 2$$

c) System *algebraischer* und *transzendenter Gleichungen* mit drei Variablen x_1, x_2, x_3 :

$$x_1^4 + x_2^4 + 3 \cdot x_1 + x_2 + 5 \cdot x_3 = 0$$

$$\cos x_1 + e^{x_2} + \ln(x_3 + 1) = 2$$

$$x_1 + \sin x_2 + x_3 + 1 = 1$$

18.3 Polynomgleichungen

Polynomfunktionen (kurz *Polynome*) mit *reellen Koeffizienten*

$$a_n, a_{n-1}, \dots, a_1, a_0 \quad (a_n \geq 0)$$

n-ten Grades $P_n(x)$ einer Variablen x schreiben sich in der Form

$$P_n(x) = \sum_{k=0}^{n} a_k \cdot x^k = a_n \cdot x^n + a_{n-1} \cdot x^{n-1} + \dots + a_1 \cdot x + a_0$$

und werden auch als *ganzrationale Funktionen* bezeichnet.
Eine wichtige Aufgabe für Polynome liegt in der Berechnung der reellen und komplexen *Nullstellen*, d.h. von *Lösungen* x_i der zugehörigen *Polynomgleichung*

$$P_n(x) = 0 \, .$$

Polynome besitzen folgende wichtige *Eigenschaften:*

- Es lässt sich beweisen, dass ein Polynom n-ten Grades n Nullstellen hat, die reell, komplex und mehrfach sein können (*Fundamentalsatz der Algebra*).
- Ist der Grad eines Polynoms ungerade, dann existiert mindestens eine reelle Nullstelle.
- Ist eine komplexe Zahl Nullstelle, so ist auch ihre konjugiert komplexe Zahl Nullstelle.
- Zur Bestimmung der Nullstellen existieren *Berechnungsformeln* nur für Polynome bis zum vierten Grad (d.h. bis n=4). Die bekannteste ist die für n=2, d.h. die Nullstellen berechnen sich als Lösungen einer *quadratischen Gleichung*

$$x^2 + c_1 \cdot x + c_0 = 0$$

Hierfür lautet die *Berechnungsformel*: $\quad x_{1,2} = -\dfrac{c_1}{2} \pm \sqrt{\dfrac{c_1^2}{4} - c_0}$

- Für n=3 und 4 sind die Berechnungsformeln bedeutend komplizierter. Ab n=5 gibt es keine Formeln mehr für die Nullstellenberechnung, da allgemeine Polynome ab dem 5. Grad nicht durch Radikale lösbar sind.
- *Faktorisierung* bedeutet bei Polynomen die Schreibweise als Produkt von *Linearfaktoren* (für reelle Nullstellen) und *quadratischen Polynomen* (für komplexe Nullstellen), d.h.

$$\sum_{k=0}^{n} a_k \cdot x^k = (x - x_1) \cdot (x - x_2) \cdot \dots \cdot (x - x_r) \cdot (x^2 + b_1 \cdot x + c_1) \cdot \dots \cdot (x^2 + b_s \cdot x + c_s) \qquad (\text{für } a_n = 1)$$

wobei $x_1, \dots, x_r$ die reellen Nullstellen sind (in ihrer eventuellen Vielfachheit gezählt).

Eine derartige Faktorisierung ist nach dem *Fundamentalsatz der Algebra* gesichert und hängt eng mit der Bestimmung der Nullstellen zusammen.

Es können auch Systeme von Polynomgleichungen auftreten (siehe Beisp.18.1a).

♦

Beispiel 18.2:
Das *Polynom* x^4-1
vierten Grades besitzt zwei reelle Nullstellen 1 , -1 und zwei komplexe Nullstellen i , -i , wie leicht nachzuprüfen ist. Die *Faktorisierung* ergibt deshalb

$$x^4\text{-}1 = (x\text{-}1) \cdot (x\text{+}1) \cdot (x^2 + 1)$$

18.4 Lineare Gleichungen

Lineare Gleichungen treten meistens als *lineare Gleichungssysteme* auf, besitzen von allen Gleichungen die *einfachste Struktur* und spielen bei algebraischen Gleichungen eine Sonderrolle, da für sie eine aussagekräftige Lösungstheorie existiert und sie in vielen mathematischen Modellen in Technik, Natur- und Wirtschaftswissenschaften vorkommen.

Da lineare Gleichungssysteme in jedem Grundkurs der Mathematik im Rahmen der linearen Algebra behandelt werden, wird diese Problematik im Folgenden nur kurz dargestellt.

Allgemeine *lineare Gleichungssysteme* mit m *Gleichungen* und n *Variablen* (Unbekannten) $x_1, ..., x_n$ haben die Form

$$a_{11} \cdot x_1 + a_{12} \cdot x_2 + ... + a_{1n} \cdot x_n = b_1$$
$$a_{21} \cdot x_1 + a_{22} \cdot x_2 + ... + a_{2n} \cdot x_n = b_2$$
$$\vdots \qquad\qquad \vdots \qquad\qquad \vdots \qquad\qquad \vdots$$
$$a_{m1} \cdot x_1 + a_{m2} \cdot x_2 + ... + a_{mn} \cdot x_n = b_m$$

und lauten in *Matrixschreibweise* $\mathbf{A} \cdot \mathbf{x} = \mathbf{b}$, wobei

$$\mathbf{A} = \begin{pmatrix} a_{11} & a_{12} & \cdots & a_{1n} \\ a_{21} & a_{22} & \cdots & a_{2n} \\ \vdots & \vdots & \vdots & \vdots \\ a_{m1} & a_{m2} & \cdots & a_{mn} \end{pmatrix} \qquad \mathbf{x} = \begin{pmatrix} x_1 \\ x_2 \\ \vdots \\ x_n \end{pmatrix} \qquad \mathbf{b} = \begin{pmatrix} b_1 \\ b_2 \\ \vdots \\ b_m \end{pmatrix}$$

die *Koeffizientenmatrix*   den *Vektor*   den *Vektor*
vom Typ (m,n)   der n *Variablen*   der *rechten Seiten*

bezeichnen und m, n beliebige positive, ganze Zahlen sind.

Für lineare Gleichungssysteme $\mathbf{A} \cdot \mathbf{x} = \mathbf{b}$ gibt es eine umfassende *Lösungstheorie*, aus der im Folgenden einige wesentliche Fakten aufgeführt sind:

*   Die um den Vektor der rechten Seiten **b** *erweiterte Koeffizientenmatrix* (**A**|**b**) spielt eine wesentliche Rolle und schreibt sich in folgender Form:

$$(\mathbf{A}\,|\,\mathbf{b}) = \begin{pmatrix} a_{11} & a_{12} & \cdots & a_{1n} & b_1 \\ a_{21} & a_{22} & \cdots & a_{2n} & b_2 \\ \vdots & \vdots & \vdots & \vdots & \vdots \\ a_{m1} & a_{m2} & \cdots & a_{mn} & b_m \end{pmatrix}$$

- In Abhängigkeit von Koeffizientenmatrix $\mathbf{A}$ vom Typ (m,n) und erweiterter Koeffizientenmatrix $(\mathbf{A}|\mathbf{b})$ vom Typ (m,n+1) ergeben sich *Bedingungen* für die *Lösbarkeit* eines linearen Gleichungssystems:

  - Es existiert *genau eine Lösung* $\mathbf{x}$, wenn Rang($\mathbf{A}$) = Rang(($\mathbf{A}|\mathbf{b}$)) = n gilt.

  - Es existiert *keine Lösung* $\mathbf{x}$, wenn Rang($\mathbf{A}$) < Rang(($\mathbf{A}|\mathbf{b}$)) gilt, da sich hier die Gleichungen widersprechen.

  - Es existieren *beliebig viele Lösungen* $\mathbf{x}$, wenn Rang($\mathbf{A}$) = Rang(($\mathbf{A}|\mathbf{b}$)) = r < n gilt.

  Diese Aussagen gelten für beliebige Anzahlen m und n von Gleichungen bzw. Variablen. In praktischen Anwendungen liegt häufig der Fall vor, dass m≤n gilt, d.h. es sind höchstens so viele Gleichungen wie Variable gegeben.

- Im Falle der Lösbarkeit werden Algorithmen bereitgestellt, die Lösungen in einer endlichen Anzahl von Schritten liefern.

  Ein universeller Lösungsalgorithmus ist der bekannte *Gaußsche Algorithmus*, dessen Grundprinzip darin besteht, die erweiterte Koeffizientenmatrix durch Umformung der Zeilen auf Dreiecksgestalt zu bringen, aus der Lösungen einfach zu bestimmen sind.

- Wenn ein lineares Gleichungssystem keine Lösung besitzt, sind zwei Ursachen möglich:

  - Bei der Aufstellung des Gleichungssystems als Modell für ein praktisches Problem wurden Fehler begangen (Modellierungsfehler).

  - Das durch das Gleichungssystem modellierte praktische Problem lässt keine Lösung zu. In diesem Fall lassen sich verallgemeinerte Lösungen des Gleichungssystems betrachten (siehe Abschn.18.6.3).

Beispiel 18.3:

Betrachtung der drei möglichen Fälle bei der Lösung linearer Gleichungssysteme:

a) Das folgende Gleichungssystem besitzt die *eindeutige Lösung* $x_1 = 2$, $x_2 = 4$:

$$3 \cdot x_1 + 2 \cdot x_2 = 14$$
$$4 \cdot x_1 - 5 \cdot x_2 = -12$$

b) Das folgende Gleichungssystem besitzt *beliebig viele Lösungen* der Gestalt (λ beliebige reelle Zahl) $x_1 = 3 - 3 \cdot \lambda$, $x_2 = \lambda$, da die zweite Gleichung ein Vielfaches der Ersten ist:

$$x_1 + 3 \cdot x_2 = 3$$
$$3 \cdot x_1 + 9 \cdot x_2 = 9$$

c) Das folgende Gleichungssystem besitzt *keine Lösung*, da sich die Gleichungen widersprechen:

$$x_1 + 3 \cdot x_2 = 3$$
$$3 \cdot x_1 + 9 \cdot x_2 = 4$$

18.5   Exakte Lösung mit MATHCAD und MATHCAD PRIME

18.5.1   Nichtlineare Gleichungen

Zur exakten Berechnung von Lösungen dient das *Schlüsselwort*

solve   (deutsch: **auflösen**),

das folgendermaßen anzuwenden ist:

* In den linken Platzhalter sind die zu lösenden Gleichungen (Gleichungssystem) und in den rechten Platzhalter die Variablen einzutragen, gegebenenfalls als Komponenten von Vektoren (siehe Beisp.18.4). Hier gibt es geringe Unterschiede in der Darstellung bei MATHCAD und MATHCAD PRIME, da bei MATHCAD das symbolische Gleichheitszeichen → nach **solve** steht, während bei MATHCAD PRIME **solve** darüber steht.

* Das *Gleichheitszeichen* in den Gleichungen ist unter Verwendung des *Gleichheitsoperators* $\boxed{=}$ zu schreiben, der einfach mittels *Tastenkombination*

  $\boxed{\text{S T R G}}\ \boxed{+}$

  einzugeben ist. Das *Gleichheitszeichen* kann jedoch auch *weggelassen* werden, wenn die Gleichungen so umgeformt sind, dass rechts vom Gleichheitszeichen eine Null steht.

* Bei der Eingabe der Gleichungen in das Arbeitsblatt können die *Variablen* sowohl *indiziert* $x_1, x_2, x_3, \ldots$ als auch *nichtindiziert* in der Form x,y,z, ... oder x1,x2,x3, ... geschrieben werden.
  Bei Verwendung *indizierter Variablen* sollte der *Literalindex* (siehe Abschn.9.1) bevorzugt werden, da der Feldindex nicht immer funktioniert. Es wird jedoch empfohlen nichtindizierte Variablen zu verwenden, da es auch mit dem Literalindex zu Problemen kommen kann.

* Das berechnete Ergebnis lässt sich zusätzlich mittels *Zuweisungsoperator* $\boxed{:=}$ einem Lösungsvektor **x** zuweisen (siehe Beisp.18.6a).

Zur *exakten Berechnung* von Lösungen ist Folgendes zu *bemerken*:

* Es besteht der Vorteil, dass *keine Rundungsfehler* und *Abbruchfehler* auftreten.

* Wenn das Schlüsselwort **solve** keine exakte Lösung findet, rechnet es *numerisch*. Wird keinerlei Lösung gefunden, erfolgt eine Meldung.

* Da für nichtlineare Gleichungen nur für Spezialfälle exakte Lösungsmethoden existieren, können von MATHCAD und MATHCAD PRIME keine Wunder erwartet werden, so dass in den meisten Fällen numerisch zu rechnen ist.

Beispiel 18.4:

Exakte Berechnung einer Lösung (0,0) des nichtlinearen Gleichungssystems aus Beisp. 18.1b mittels **solve**:

$$\begin{pmatrix} \sin(x) + e^y = 1 \\ 2 \cdot \cos(x) + \ln(y+1) = 2 \end{pmatrix} \text{ solve, } \begin{pmatrix} x \\ y \end{pmatrix} \rightarrow \begin{pmatrix} 0 & 0 \end{pmatrix}$$

18.5.2   Polynomgleichungen

MATHCAD und MATHCAD PRIME können die *exakte Berechnung* von *Lösungen* von *Polynomgleichungen*, d.h. von *Nullstellen* von *Polynomen*, auf folgende zwei Arten in Angriff nehmen:

I. Durch *Faktorisierung* zur Bestimmung reeller Nullstellen mittels *Schlüsselwort* **factor** (siehe Abschn.16.2.5)

II. Mittels *Schlüsselwort* **solve** zur Berechnung von Lösungen für allgemeine nichtlineare Gleichungen (siehe Abschn.18.5.1), da sie einen Spezialfall bilden. Hiermit lassen sich auch Systeme von Polynomgleichungen lösen (siehe Beisp.18.5c).

Beispiel 18.5:

a) Betrachtung des *Polynoms*

$$x^5 - 5 \cdot x^4 - 5 \cdot x^3 + 25 \cdot x^2 + 4 \cdot x - 20$$

das 5 reelle Nullstellen -1, -2, 1, 2, und 5 besitzt. Diese werden berechnet mittels

Faktorisierung durch *Schlüsselwort* **factor**:

$$x^5 - 5 \cdot x^4 - 5 \cdot x^3 + 25 \cdot x^2 + 4 \cdot x - 20 \textbf{ factor} \rightarrow (x\text{-}5) \cdot (x\text{-}1) \cdot (x\text{-}2) \cdot (x\text{+}2) \cdot (x\text{+}1)$$

Anwendung des *Schlüsselworts* **solve**:

$$x^5 - 5 \cdot x^4 - 5 \cdot x^3 + 25 \cdot x^2 + 4 \cdot x - 20 \textbf{ solve}, x \rightarrow \begin{pmatrix} -1 \\ 1 \\ -2 \\ 2 \\ 5 \end{pmatrix}$$

b) Betrachtung des *Polynoms* aus Beisp.18.2

$$x^4 - 1$$

das zwei reelle Nullstellen 1, -1, und zwei komplexe Nullstellen i, -i besitzt. Die Faktorisierung berechnet nur die reellen Nullstellen, während **solve** alle berechnet:

Faktorisierung durch *Schlüsselwort* **factor**: $x^4 - 1 \textbf{ factor} \rightarrow (x\text{-}1) \cdot (x\text{+}1) \cdot (x^2 + 1)$

Anwendung des *Schlüsselworts* **solve**: $x^4 - 1 \,\textbf{solve}\,, x \rightarrow \begin{pmatrix} -1 \\ 1 \\ -1i \\ 1i \end{pmatrix}$

c) Das *System* von *Polynomgleichungen* $\begin{array}{l} x^2 - y^2 = 3 \\ x^4 + y^4 = 17 \end{array}$ wird mit **solve** gelöst:

$$\begin{pmatrix} x^2 - y^2 = 3 \\ x^4 + y^4 = 17 \end{pmatrix} \textbf{solve}, \begin{pmatrix} x \\ y \end{pmatrix} \rightarrow \begin{pmatrix} 1i & 2i \\ 1i & -2i \\ -1i & 2i \\ -1i & -2i \\ -2 & 1 \\ 2 & -1 \\ -2 & -1 \\ 2 & 1 \end{pmatrix}$$

18.5.3 Lineare Gleichungen

Aufgrund existierender endlicher Lösungsalgorithmen stellt die *exakte Lösung linearer Gleichungssysteme* für MATHCAD und MATHCAD PRIME keine Schwierigkeiten dar, wenn die Anzahl der Gleichungen und Variablen nicht allzu groß ist.

MATHCAD und MATHCAD PRIME bieten folgende *Möglichkeiten* zur *exakten Lösung linearer Gleichungssysteme* **A·x=b**:

I. Für Systeme mit *quadratischer* und *nichtsingulärer Koeffizientenmatrix* **A** (d.h. m=n und Rang(**A**)=n), für die genau eine Lösung existiert, besteht eine Lösungsmöglichkeit in der Berechnung der inversen Matrix $\mathbf{A}^{-1}$ (siehe Abschn.17.4.3 und Beisp.18.6a).
Der *Lösungsvektor* **x** ergibt sich dann als Produkt von $\mathbf{A}^{-1}$ und **b**, d.h.

$\mathbf{x} = \mathbf{A}^{-1} \cdot \mathbf{b}$

II. Anwendung des *Schlüsselworts* **solve** analog zu nichtlinearen Gleichungen (siehe Abschn.18.5.1)

III. MATHCAD bietet zusätzlich noch die Möglichkeit mittels *Lösungsblock* unter Anwendung der *Schlüsselworte* **given** und **find**, die im Abschn.18.6.1 vorgestellt wird.

Bei Verwendung *indizierter Variablen* sollte der *Literalindex* (siehe Abschn.9.1) bevorzugt werden, da der Feldindex nicht immer funktioniert. Es wird jedoch empfohlen nichtindizierte Variablen zu verwenden, da es auch mit dem Literalindex zu Problemen kommen kann.

♦

Beispiel 18.6:

a) *Exakte Berechnung* der *Lösung* (-1,2,-1) des linearen Gleichungssystems

$$x_1 + 3 \cdot x_2 + 3 \cdot x_3 = 2$$
$$x_1 + 3 \cdot x_2 + 4 \cdot x_3 = 1 \qquad \text{mit nichtsingulärer, quadratischer Koeffizientenmatrix } \mathbf{A}$$
$$x_1 + 4 \cdot x_2 + 3 \cdot x_3 = 4$$

mittels *inverser Koeffizientenmatrix* $\mathbf{A}^{-1}$:

Zuerst wird die inverse Koeffizientenmatrix $\mathbf{A}^{-1}$ berechnet (siehe Abschn.17.4.3). Abschließend ergibt die Multiplikation von $\mathbf{A}^{-1}$ mit dem Vektor $\mathbf{b}$ der rechten Seite die Lösung $x_1 = -1$, $x_2 = 2$, $x_3 = -1$:

$$\mathbf{A} := \begin{pmatrix} 1 & 3 & 3 \\ 1 & 3 & 4 \\ 1 & 4 & 3 \end{pmatrix} \qquad \mathbf{b} := \begin{pmatrix} 2 \\ 1 \\ 4 \end{pmatrix} \qquad \mathbf{A}^{-1} = \begin{pmatrix} 7 & -3 & -3 \\ -1 & 0 & 1 \\ -1 & 1 & 0 \end{pmatrix} \qquad \mathbf{A}^{-1} \cdot \mathbf{b} \rightarrow \begin{pmatrix} -1 \\ 2 \\ -1 \end{pmatrix}$$

mittels *Schlüsselwort* **solve** mit MATHCAD:

Das Ausfüllen der beiden Platzhalter geschieht durch Eingabe der auftretenden drei Gleichungen unter Anwendung des *Gleichheitsoperators* $\boxed{=}$ und der drei unbekannten Variablen jeweils als Vektoren mit drei Komponenten. Zusätzlich wird die berechnete Lösung einem Lösungsvektor $\mathbf{x}$ zugewiesen:

$$\mathbf{x} := \begin{pmatrix} x1 + 3 \cdot x2 + 3 \cdot x3 = 2 \\ x1 + 3 \cdot x2 + 4 \cdot x3 = 1 \\ x1 + 4 \cdot x2 + 3 \cdot x3 = 4 \end{pmatrix} \text{ solve, } \begin{pmatrix} x1 \\ x2 \\ x3 \end{pmatrix} \rightarrow (-1 \; 2 \; -1)$$

Der Lösungsvektor $\mathbf{x}$ lässt sich mit dem symbolischen Gleichheitszeichen anzeigen:

$$\mathbf{x} \rightarrow (-1 \; 2 \; -1)$$

b) Betrachtung des linearen Gleichungssystems aus Beisp.18.3b mit beliebig vielen Lösungen:

$$x_1 + 3 \cdot x_2 = 3$$
$$3 \cdot x_1 + 9 \cdot x_2 = 9$$

Eine Variable ist frei wählbar, da die zweite Gleichung ein Vielfaches der ersten Gleichung ist. Die Lösung mittels **solve** liefert allerdings nur eine Lösung (3,0):

$$\begin{pmatrix} x1 + 3 \cdot x2 = 3 \\ 3 \cdot x1 + 9 \cdot x2 = 9 \end{pmatrix} \text{ solve, } \begin{pmatrix} x1 \\ x2 \end{pmatrix} \rightarrow \begin{pmatrix} 3 & 0 \end{pmatrix}$$

c) Betrachtung eines linearen Gleichungssystems

$$x_1 + 3 \cdot x_2 = 3$$
$$3 \cdot x_1 + 9 \cdot x_2 = 4$$

dass *keine Lösung* besitzt, da sich die Gleichungen widersprechen:

$$\begin{pmatrix} x1+3\cdot x2=3 \\ 3\cdot x1+9\cdot x2=4 \end{pmatrix} \textbf{solve}, \begin{pmatrix} x1 \\ x2 \end{pmatrix} \rightarrow$$

Bei Anwendung von **solve** kommt die Meldung "*Keine Lösung gefunden*"

Die Lösungsberechnung für lineare Gleichungssysteme ist problemlos möglich, solange die Anzahl der Gleichungen und Variablen nicht zu groß ist.

18.6 Numerische Lösung mit MATHCAD und MATHCAD PRIME

Da die exakte Berechnung von Lösungen *nichtlinearer Gleichungen* nur für Spezialfälle erfolgreich ist (siehe Abschn.18.5), sind in vielen Fällen *numerische Methoden* (vor allem *Iterationsmethoden* wie die Newtonmethode) einzusetzen, die Näherungswerte für die Lösungen liefern und folgendermaßen *charakterisiert* sind:

- Viele Methoden benötigen als *Startwert* einen Schätzwert für eine Lösung, der dann durch das Verfahren im Falle der Konvergenz der Methode verbessert wird. Falls mehrere Lösungen existieren, werden oft nicht alle erhalten.

- Die Wahl *günstiger Startwerte* (Schätzwerte) ist ebenfalls ein Problem.
  Sie lässt sich bei einer Unbekannten durch grafische Darstellung der Funktion f(x) erleichtern, indem hieraus Näherungswerte für die Nullstellen abgelesen werden können.

- Wie aus der Numerischen Mathematik bekannt ist, *konvergieren* numerische Methoden (z.B. *Regula falsi*, *Newtonmethoden*) *nicht immer*, d.h. sie liefern kein Ergebnis, selbst wenn der Startwert nahe bei einer Lösung liegt. Die Konvergenz lässt sich nur unter zusätzlichen Voraussetzungen an die Funktionen des Gleichungssystems beweisen. Weiterhin können Rundungs- und Abbruchfehler eine berechnete Lösung verfälschen (siehe auch Abschn.12.3).

Die Hauptarbeit zur Berechnung *numerischer Lösungen* allgemeiner nichtlinearer Gleichungssysteme vollzieht sich bei MATHCAD und MATHCAD PRIME in *Lösungsblöcken*, die die folgenden Abschn.18.6.1 bzw. 18.6.2 vorstellen. Des Weiteren werden abschließend im Abschn.18.6.3 sogenannte *verallgemeinerte Lösungen* für Gleichungssysteme berechnet, die keine Lösung besitzen.

Zuvor werden für *Spezialfälle* von Gleichungen *zusätzliche Möglichkeiten* von MATHCAD und MATHCAD PRIME zur Berechnung numerischer Lösungen *behandelt*:

- Obwohl für lineare Gleichungen endliche Lösungsalgorithmen existieren, gibt es für *lineare Gleichungssysteme* $\mathbf{A}\cdot\mathbf{x}=\mathbf{b}$ mit quadratischer, nichtsingulärer Koeffizientenmatrix $\mathbf{A}$ die vordefinierte *Numerikfunktion*

  lsolve(A,b)

  die bei Eingabe des numerischen Gleichheitszeichens einen Lösungsvektor liefert.

- Die vordefinierte *Numerikfunktion*

  root   (deutsch: **wurzel**) kann eine Näherungslösung einer Gleichung mit einer Unbekannten f(x)=0 berechnen. Hierfür wird auf die Hilfe von MATHCAD und MATHCAD PRIME verwiesen.

- Die vordefinierte *Numerikfunktion*

  polyroots(a)   (deutsch: **nullstellen(a)**)

  kann anstelle von **root** eingesetzt werden, wenn die Funktion f(x) der Gleichung f(x)=0 eine *Polynomfunktion* ist, d.h.

  $$f(x) = P_n(x) = a_n \cdot x^n + a_{n-1} \cdot x^{n-1} + \ldots + a_1 \cdot x + a_0 = 0.$$

  polyroots verwendet den LaGuerre-Lösungsalgorithmus.
  Der Vektor **a** im Argument von **polyroots** muss die Koeffizienten der Polynomfunktion $P_n(x)$ in der Reihenfolge

  $$\mathbf{a} := \begin{pmatrix} a_0 & a_1 & \ldots & a_n \end{pmatrix}^T$$

  enthalten und lässt sich mit dem *Schlüsselwort* **coeffs** (deutsch: **Koeffizienten**) erzeugen (siehe Beisp.18.7b).

Beispiel 18.7:

a) Die Anwendung von **lsolve** auf das *lineare Gleichungssystem* aus Beisp.18.6a

$$x_1 + 3 \cdot x_2 + 3 \cdot x_3 = 2$$
$$x_1 + 3 \cdot x_2 + 4 \cdot x_3 = 1 \quad \text{ergibt:}$$
$$x_1 + 4 \cdot x_2 + 3 \cdot x_3 = 4$$

$$\mathbf{A} := \begin{pmatrix} 1 & 3 & 3 \\ 1 & 3 & 4 \\ 1 & 4 & 3 \end{pmatrix} \qquad \mathbf{b} := \begin{pmatrix} 2 \\ 1 \\ 4 \end{pmatrix} \quad \mathbf{lsolve(A,b)} = \begin{pmatrix} -1 \\ 2 \\ -1 \end{pmatrix}$$

b) Die *Polynomgleichung*

$$x^7 - x^6 + x^2 - 1 = 0$$

wird von **solve** numerisch gelöst. **polyroots** liefert numerisch ebenfalls sechs komplexe Nullstellen und die ganzzahlige Nullstelle 1. Zur Berechnung des Koeffizientenvektors **a** lässt sich das *Schlüsselwort* **coeffs** verwenden:

$$\mathbf{a} := x^7 - x^6 + x^2 - 1 \, \mathbf{coeffs} \rightarrow \begin{pmatrix} -1 \\ 0 \\ 1 \\ 0 \\ 0 \\ 0 \\ -1 \\ 1 \end{pmatrix} \qquad \mathbf{polyroots(a)} = \begin{pmatrix} -0.791 + 0.301i \\ -0.791 - 0.301i \\ -0.155 - 1.038i \\ -0.155 + 1.038i \\ 0.945 - 0.612i \\ 0.945 + 0.612i \\ 1 \end{pmatrix}$$

18.6.1 Lösungsblock in MATHCAD

Der *Lösungsblock* zur Berechnung numerischer Lösungen von Gleichungssystemen gestaltet sich im Arbeitsblatt von MATHCAD mittels *Schlüsselwort* **given** und vordefinierter *Lösungsfunktion* **find** folgendermaßen, wobei alles im Rechenmodus zu schreiben ist:

given   (deutsch: **Vorgabe**)

Vor oder nach **given** sind *Startwerte* für alle Variablen zuzuweisen: $x_1 := ... \ x_2 := ... \ x_n := ...$

Darunter sind die zu lösenden Gleichungen zu schreiben, wobei das Gleichheitszeichen mittels *Gleichheitsoperator* $\boxed{=}$ einzugeben ist.

Abschließend ist Folgendes zu schreiben:

find$(x_1, x_2, ..., x_n) =$ (deutsch: **Suchen**$(x_1, x_2, ..., x_n) =$)

d.h. nach **find** ist das *numerische Gleichheitszeichen* = einzugeben.

Die *numerische Berechnung* mittels **given** und **find** ist folgendermaßen *charakterisiert*:

- Es wird automatisch eine Methode aus den drei Näherungsmethoden Levenberg-Marquardt, Quasi-Newton und konjugierte Gradienten ausgewählt. Durch Mausklick mit der rechten Taste auf **find** lässt sich im erscheinenden Kontextmenü die anzuwendende Methode auch selbst festlegen.

- Neben Gleichungen können auch Ungleichungen auftreten (siehe Beisp.19.1).

- Bei Verwendung *indizierter Variablen* sollte der *Literalindex* (siehe Abschn.9.1) bevorzugt werden, da der Feldindex nicht immer funktioniert. Es wird jedoch empfohlen nichtindizierte Variablen zu verwenden, da es auch mit dem Literalindex zu Problemen kommen kann.

Der besprochene Lösungsblock lässt sich auch zur *exakten Berechnung* von Lösungen einsetzen. In diesem Fall dürfen keine Startwerte vorgegeben werden und bei **find** ist das numerische Gleichheitszeichen durch das symbolische $\rightarrow$ zu ersetzen (siehe Beisp.18.8b).

♦

Beispiel 18.8:

a) Die numerische Berechnung von Lösungen des Gleichungssystem aus Beisp.18.1b und 18.4 im *Lösungsblock* von MATHCAD mittels **given** und **find** liefert:

given

x:=-6   y:=5

$$\sin(x) + e^y = 1 \qquad 2 \cdot \cos(x) + \ln(y+1) = 2$$

$$\begin{pmatrix} x \\ y \end{pmatrix} := \mathbf{find}(x,y) = \begin{pmatrix} -18.850 \\ 0.000 \end{pmatrix}$$

Für andere Startwerte ergeben sich weitere Näherungslösungen, die sich durch Einsetzen in die Gleichungen (Probe) überprüfen lassen, so z.B. für die Startwerte

x:=6   y:=-5

$$\begin{pmatrix} x \\ y \end{pmatrix} := \mathbf{find}(x,y) = \begin{pmatrix} 6.283 \\ 0.000 \end{pmatrix}$$

b) Für das Gleichungssystem aus Beisp.a wird mittels **solve** im Beisp.18.4 die *exakte Lösung* (0,0) *berechnet*. Dies gelingt auch im *Lösungsblock* von MATHCAD mittels **given** und **find**, wie im Folgenden zu sehen ist:

given

$$\sin x + e^y = 1 \qquad 2 \cdot \cos x + \ln(y+1) = 2$$

$$\begin{pmatrix} x \\ y \end{pmatrix} := \mathbf{find}(x,y) \qquad \begin{pmatrix} x \\ y \end{pmatrix} \rightarrow \begin{pmatrix} 0 \\ 0 \end{pmatrix}$$

18.6.2 Lösungsblock in MATHCAD PRIME

Der *Lösungsblock* zur numerischen Lösungsberechnung von Gleichungen besitzt analoge Eigenschaften wie bei MATHCAD, unterscheidet sich aber im Aufbau, wie in folgender Abbildung zu sehen ist.

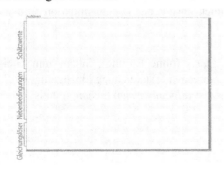

Der einzige Unterschied der beiden Lösungsblöcke besteht bei numerischen Berechnungen darin, dass bei MATHCAD PRIME das Schlüsselwort **given** nicht stehen darf. Zur Illustration kann deshalb auch das Beisp.18.8 *ohne* **given** dienen.

Der Lösungsblock von MATHCAD PRIME ist folgendermaßen *charakterisiert:*

*   Im Unterschied zu MATHCAD können hier *keine exakten Berechnungen* durchgeführt werden.

*   *Startwerte* für die numerische Berechnung sind allen Variablen bei *Schätzwerte* zuzuweisen.

*   Die zu lösenden Gleichungen sind bei *Nebenbedingungen* einzugeben, wobei das Gleichheitszeichen mittels *Gleichheitsoperator* $\boxed{=}$ zu schreiben ist.

*   Bei *Gleichungslöser* ist die vordefinierte *Lösungsfunktion* in folgender Form einzugeben

    find$(x_1, x_2, ..., x_n) =$

*   Neben Gleichungen können auch Ungleichungen auftreten (siehe Beisp.19.1).

*   Bei Verwendung *indizierter Variablen* sollte der *Literalindex* (siehe Abschn.8.1) bevorzugt werden, da der Feldindex nicht immer funktioniert. Es wird jedoch empfohlen nichtindizierte Variablen zu verwenden, da es auch mit dem Literalindex zu Problemen kommen kann.

18.6.3 Berechnung verallgemeinerte Lösungen

Falls ein Gleichungssystem keine Lösungen besitzt, lassen sich sogenannte *verallgemeinerte Lösungen* berechnen, die immer existieren, da sie ein Minimum der Summe der Quadrate (Quadratsumme) der einzelnen Gleichungen liefern, d.h. eine Lösung folgender Minimierungsaufgabe:

$$\underset{x_1, x_2, ..., x_n}{\text{Minimum}} \left(f_1^2(x_1, x_2, ..., x_n) + f_2^2(x_1, x_2, ..., x_n) + ... + f_m^2(x_1, x_2, ..., x_n) \right)$$

Diese Minimierungsaufgabe liefert im Falle der Lösbarkeit eines Gleichungssystems auch sämtliche Lösungen, wie leicht einzusehen ist.

MATHCAD und MATHCAD PRIME besitzen für diese Berechnung die vordefinierte *Lösungsfunktion* **minerr**, die in einem Lösungsblock anstatt der Lösungsfunktion **find** zu verwenden ist.

Beispiel 18.9:

Betrachtung eines *überbestimmten Gleichungssystems* (ohne Lösung), indem zum Gleichungssystem aus Beisp.18.1a eine weitere (widersprechende) Gleichung hinzugefügt wird. Im Folgenden ist die numerische Berechnung einer *verallgemeinerten Lösung* mittels **minerr** in einem *Lösungsblock* zu sehen:

given (nur bei MATHCAD)

x:=2   y:=1

$x^2 - y^2 = 3$ $x^4 + y^4 = 17$ $x + y = 5$

$$\text{minerr}(x,y) = \begin{pmatrix} 1.976 \\ 1.17 \end{pmatrix}$$

Die erhaltene *verallgemeinerte Lösung*

x = 1.976   y = 1.17

kann natürlich nicht die drei Gleichungen erfüllen, sondern liefert ein *Minimum* der *Quadratsumme*

$$f(x,y) := (x^2 - y^2 - 3)^2 + (x^4 + y^4 - 17)^2 + (x + y - 5)^2$$

der drei Gleichungen. Man kann dies in einem Lösungsblock mit der vordefinierten Numerikfunktion **minimize** (siehe Kap.27) nachprüfen:

given (nur bei MATHCAD)

x:=2   y:=1

$$\text{minimize}(f,x,y) = \begin{pmatrix} 1.976 \\ 1.17 \end{pmatrix}$$

Ohne die dritte widersprechende Gleichung liefert **minerr** (und damit auch **minimize**) analog wie **find** eine Lösung des in Beisp.18.1a und 18.5c betrachteten Gleichungssystems in einem Lösungsblock:

given (nur bei MATHCAD)

x:=0   y:=0

$$x^2 - y^2 = 3 \qquad\qquad x^4 + y^4 = 17$$

$$\text{minerr}(x,y) = \begin{pmatrix} 2 \\ -1 \end{pmatrix}$$

19 Ungleichungen

Es können eine Ungleichung f(x)≤0 mit einer Variablen bzw. m Ungleichungen mit n Variablen der Form

$$f_1(x_1, x_2, ..., x_n) \leq 0$$

$$f_2(x_1, x_2, ..., x_n) \leq 0$$

$$\vdots$$

$$f_m(x_1, x_2, ..., x_n) \leq 0$$

auftreten. Ungleichungen lassen sich immer in dieser Form schreiben. Liegen Ungleichungen mit ≥ vor, so lassen sich diese durch Multiplikation mit -1 auf die gegebene Form bringen.

Die exakte und numerische Berechnung von Lösungen dieser Ungleichungen geschieht in MATHCAD und MATHCAD PRIME analog zu Gleichungen (siehe Kap.18). Es sind nur Gleichungen durch die entsprechenden Ungleichungen zu ersetzen, wobei die Ungleichungen unter Verwendung der *Ungleichungsoperatoren*

          und

in das Arbeitsblatt zu schreiben sind.

Wenn MATHCAD und MATHCAD PRIME keine exakte Lösung einer Ungleichung finden, reagieren sie analog wie bei Gleichungen.

Dieser Fall tritt häufig auf, da für die Lösung allgemeiner nichtlinearer Ungleichungen ebenfalls kein endlicher Lösungsalgorithmus existiert.

In diesem Fall lassen sich die vordefinierten Funktionen von MATHCAD und MATHCAD PRIME zur numerischen (näherungsweisen) Lösung von Gleichungen heranziehen (siehe Abschn.18.6).

Des Weiteren kann bei einer Ungleichung die Funktion f(x) grafisch dargestellt werden, um Aussagen über Lösungen zu erhalten (siehe Beisp.19.1).

♦

Beispiel 19.1:

Betrachtung der Problematik bei der Berechnung von Lösungen von Ungleichungen, wobei zur Illustration MATHCAD PRIME eingesetzt ist:

a) Die Ungleichung

$$x^2 - 9x + 2 \geq 0$$

wird von MATHCAD und MATHCAD PRIME gelöst:

$$x^2 - 9 \cdot x + 2 \geq 0 \xrightarrow{\;solve\,,\,x\;} x \leq \frac{9}{2} - \frac{\sqrt{73}}{2} \vee \frac{\sqrt{73}}{2} + \frac{9}{2} \leq x$$

Die *grafische Darstellung* bestätigt das erhaltene Ergebnis:

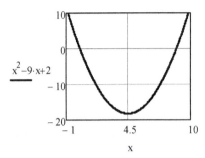

b) Die Ungleichung

$$\left|x - 1\right| + \left|x + 1\right| \leq 3$$

wird von MATHCAD und MATHCAD PRIME gelöst:

$$\left|x - 1\right| + \left|x + 1\right| \leq 3 \xrightarrow{\;solve\,,\,x\;} -\frac{3}{2} \leq x \leq \frac{3}{2}$$

Die *grafische Darstellung* bestätigt dies:

$\left|x{-}1\right| + \left|x{+}1\right| - 3$

c) Die einfache Ungleichung

$$x^5 + x + \sin(x) \leq 0$$

ist für alle $x \leq 0$ erfüllt, wie folgende Grafik zeigt:

$x^5 + x + \sin(x)$

MATHCAD und MATHCAD PRIME können diese Ungleichung jedoch nicht lösen.

d) Sind bei dem Gleichungssystem aus Beisp.18.1a und 18.5c nur positive reelle Lösungen gesucht, sind noch die beiden Ungleichungen

x≥0 und y≥0

hinzuzufügen, so dass ein *Ungleichungssystem* zu lösen ist:

Exakte Lösung mittels *Schlüsselwort* **solve**:

$$\begin{bmatrix} x^2 - y^2 = 3 \\ x^4 + y^4 = 17 \\ x \geq 0 \\ y \geq 0 \end{bmatrix} \xrightarrow[]{solve, \begin{bmatrix} x \\ y \end{bmatrix}} \begin{bmatrix} 2 & 1 \end{bmatrix}$$

Numerische Lösung mittels *Lösungsblock:*

$x := 1 \qquad y := 0$

$x^2 - y^2 = 3$
$x^4 + y^4 = 17$
$x \geq 0 \qquad y \geq 0$

$\mathbf{find}(x, y) = \begin{bmatrix} 2 \\ 1 \end{bmatrix}$

Da zur Berechnung von Lösungen von Ungleichungen die Nullstellen der Funktionen benötigt werden, treten hier die gleichen Probleme wie bei Gleichungen auf.

20 Differentialrechnung

Die *Differentialrechnung* gehört neben der Integralrechnung zu wichtigen Gebieten der Mathematik, die in zahlreichen praktischen Problemen auftreten.

Ableitungen von Funktionen bilden den zentralen Begriff der Differentialrechnung, die der folgende Abschn.20.1 betrachtet.

In den weiteren Abschn.20.2-20.4 werden wichtige Anwendungen der Differentialrechnung wie *Taylorentwicklung*, *Fehlerrechnung* und *Berechnung* von *Grenzwerten* behandelt.

20.1 Ableitungen

Zur Berechnung von Ableitungen mathematischer Funktionen, die sich aus *elementaren mathematischen Funktionen* (siehe Abschn.14.1) zusammensetzen, lässt sich ein *endlicher Algorithmus* angeben.

Dieser Algorithmus beruht auf bekannten *Ableitungen* für *elementare mathematische Funktionen* und folgenden *Ableitungsregeln* (Differentiationsregeln) für Funktionen f(x) und g(x) einer Variablen x (c, d -Konstanten):

Summenregel	$(c \cdot f(x) \pm d \cdot g(x))'$	$=$	$c \cdot f'(x) \pm d \cdot g'(x)$
Produktregel	$(f(x) \cdot g(x))'$	$=$	$f'(x) \cdot g(x) + f(x) \cdot g'(x)$
Quotientenregel	$(f(x)/g(x))'$	$=$	$(f'(x) \cdot g(x) - f(x) \cdot g'(x))/g^2(x)$
Kettenregel	$(f(g(x)))'$	$=$	$f'(g(x)) \cdot g'(x)$

20.1.1 Gewöhnliche und partielle Ableitungen

Die zu Beginn vorgestellten Fakten lassen erkennen, dass sich im Rahmen der Computeralgebra alle Ableitungen (Differentiationen) von differenzierbaren Funktionen ohne Schwierigkeiten exakt berechnen lassen, wenn sich diese aus elementaren mathematischen Funktionen zusammensetzen.

Hierfür gelingt die *exakte Berechnung* von *Ableitungen beliebiger Ordnung* n (n=1,2,...) für

- Funktionen f(x) einer Variablen x :

  $f'(x), f''(x), ..., f^{(n)}(x), ...$ (*gewöhnliche Ableitungen*)

- Funktionen f(x,y) von zwei Variablen x und y :

  $f_x = \dfrac{\partial f}{\partial x}$, $f_{xx} = \dfrac{\partial^2 f}{\partial x^2}$, $f_{xy} = \dfrac{\partial^2 f}{\partial x \partial y}$, ...   (*partielle Ableitungen*)

- Funktionen f($x_1, x_2, ..., x_n$) von n Variablen $x_1, x_2, ..., x_n$:

  $f_{x_1} = \dfrac{\partial f}{\partial x_1}$, $f_{x_1 x_1} = \dfrac{\partial^2 f}{\partial x_1^2}$, $f_{x_1 x_2} = \dfrac{\partial^2 f}{\partial x_1 \partial x_2}$, ...   (*partielle Ableitungen*)

Neben der Bezeichnung von Ableitungen durch Striche, d.h. $f'(x), f''(x), ...$ werden in Anwendungen auch noch Punkte verwandt, wenn die Variable die Zeit t darstellt, d.h. $\dot{f}(t), \ddot{f}(t), ...$

20.1.2 Berechnung mit MATHCAD und MATHCAD PRIME

Für differenzierbare (ableitbare) Funktionen

$f(x_1, x_2, ..., x_n)$

von n Variablen

$x_1, x_2, ..., x_n$

ist zur *exakten* (symbolischen) *Berechnung* von *Ableitungen* in MATHCAD und MATH-CAD PRIME folgendermaßen vorzugehen:

- *Zuerst* ist folgende Aktivität erforderlich:

Die exakte Berechnung

-   *erster Ableitungen* lässt sich mit dem *Ableitungsoperator*

$$\boxed{\dfrac{d}{dx}}$$

-   beliebiger *n-ter Ableitungen* (n=1,2,...) lässt sich mit dem *Ableitungsoperator*

$$\boxed{\dfrac{d^n}{dx^n}}$$

durchführen, die sich beide in der Symbolleiste **Rechnen** (Untersymbolleiste "*Differential/Integral*") befinden und durch Mausklick in das Arbeitsblatt einfügen lassen.

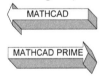

Die exakte Berechnung

-   *erster Ableitungen* lässt sich mit dem *Ableitungsoperator*

$$\boxed{f'}$$

-   beliebiger n-ter Ableitungen (n=1,2,...) lässt sich mit dem *Ableitungsoperator*

$$\boxed{d\,/\,dx}$$

durchführen, die sich beide in der Registerkarte **Rechnen** in Gruppe *Operatoren und Symbole* bei *Operatoren* befinden und durch Mausklick in das Arbeitsblatt einfügen lassen.

Der *Ableitungsoperator*

für Funktionen f(x) einer Variablen x kann zur Berechnung höhere Ableitungen geschachtelt werden und wird hauptsächlich bei Differentialgleichungen eingesetzt (siehe Abschn.26.3).

- *Danach* ist folgendermaßen vorzugehen:
  - In den im Arbeitsblatt erscheinenden *Symbolen* für die 1. Ableitung

    $$\frac{d}{d\blacksquare}\blacksquare$$

    bzw. für die n-te Ableitung (n=1,2,...)

    $$\frac{d^{\blacksquare}}{d\blacksquare^{\blacksquare}}\blacksquare$$

    sind die Platzhalter wie folgt auszufüllen:

    $$\frac{d}{dx_i}f(x_1,x_2,...,x_n) \qquad \text{bzw.} \qquad \frac{d^n}{dx_i^{\,n}}f(x_1,x_2,...,x_n)$$

    wenn (partielle) Ableitungen für f($x_1,x_2,...,x_n$) nach der Variablen x_i zu berechnen sind.
  - Bei gemischten partiellen Ableitungen sind die Ableitungsoperatoren zu schachteln, wie im Beisp.20.1h illustriert ist.
  - Bei Anwendung des *Ableitungsoperators* $\boxed{f'}$ in MATHCAD PRIME ist vorher der Funktion f(x) der zu differenzierende Funktionsausdruck zuzuweisen.
  - Nach Ausfüllung aller Platzhalter wird die *exakte Berechnung* durch Eingabe des symbolischen Gleichheitszeichens → und Betätigung der $\boxed{\text{EINGABETASTE}}$ ausgelöst.

Zur *Berechnung* von *Ableitungen* ist Folgendes zu *bemerken:*
- Das berechnete Ergebnis lässt sich mittels (siehe Beisp.20.1a)

  $$g(x_1,x_2,...,x_n) := \frac{d^n}{dx_i^{\,n}} f(x_1,x_2,...,x_n) \rightarrow ...$$

  einer Funktion $g(x_1,x_2,...,x_n)$ zuweisen, die dann für weitere Rechnungen zur Verfügung steht.

Falls das Ergebnis nicht angezeigt werden soll, genügt die Zuweisung:

$$g(x_1, x_2, \ldots, x_n) := \frac{d^n}{dx_i^n} \, f(x_1, x_2, \ldots, x_n)$$

- MATHCAD besitzt für die *erste Ableitung* einen gesonderten Operator. Sie lässt sich aber auch mit dem Operator für *Ableitungen n-ter Ordnung (n-te Ableitung)* für n=1 berechnen.
  Bei MATHCAD PRIME braucht man für erste Ableitungen n=1 nicht einzutragen oder man verwendet den *Ableitungsoperator* $\boxed{f'}$.

- Zur Berechnung von Ableitungen für einzelne Werte der Variablen sind ebenfalls die Ableitungsoperatoren anzuwenden. Es muss vorher nur eine Zuweisung der Zahlenwerte an die entsprechenden Variablen erfolgen. Die abschließende Eingabe des numerischen = bzw. symbolischen Gleichheitszeichens → liefert das numerische bzw. exakte Ergebnis (siehe Beisp.20.1c).

- MATHCAD und MATHCAD PRIME besitzen allerdings den Nachteil, dass sie numerische Ergebnisse nur für Ableitungen bis zur fünften Ordnung berechnen können. Wie hier bei höheren Ableitungen vorzugehen ist, zeigt Beisp.20.1c.

Beispiel 20.1:

a) Berechnung der ersten Ableitung der Funktion x^{x^2} :

- Mittels des *Ableitungsoperators* $\boxed{d\,/\,dx}$:

$$\frac{d}{dx} x^{x^2} \to x^2 \cdot x^{x^2-1} + 2 \cdot x \cdot x^{x^2} \cdot \ln(x)$$

- zusätzlich bei MATHCAD PRIME mittels des *Ableitungsoperators* $\boxed{f'}$:

$$f(x) := x^{x^2} \qquad f'(x) \to x^2 \cdot x^{x^2-1} + 2 \cdot x \cdot x^{x^2} \cdot \ln(x)$$

- Das berechnete Ergebnis lässt sich mittels

$$g(x) := \frac{d}{dx} x^{x^2} \qquad\qquad \text{bzw.} \qquad\qquad f(x) := x^{x^2} \qquad g(x) := f'(x)$$

einer Funktion g(x) zuweisen, die dann für weitere Rechnungen zur Verfügung steht:

$$g(x) \to x^2 \cdot x^{x^2-1} + 2 \cdot x \cdot x^{x^2} \cdot \ln(x)$$

b) Falls die *Quotientenregel* zur Ableitung (Differentiation) der Funktion $y(x) = \dfrac{f(x)}{g(x)}$

nicht bekannt ist, so liefert sie MATHCAD und MATHCAD PRIME:

$$\frac{d}{dx} y(x) = \frac{d}{dx} \frac{f(x)}{g(x)} \to \frac{\dfrac{d}{dx} f(x)}{g(x)} - \frac{f(x) \cdot \dfrac{d}{dx} g(x)}{g(x)^2}$$

c) Berechnung einer Ableitung sechster Ordnung für den Wert x=2:

Exakte Berechnung: x:=2 $\dfrac{d^6}{dx^6}\left(\sin(x)+\dfrac{1}{1\text{-}x}\right)\to\text{-}\sin(2)\text{-}720$

Numerische Berechnung für x=2 :

Statt Ergebnis -720.909 wird eine *Fehlermeldung* ausgegeben, da MATHCAD und MATHCAD PRIME numerisch Ableitungen nur bis zur fünften Ordnung berechnen können.

Dieser Fall lässt sich auf zwei Arten lösen:

I. *Schachtelung* des *Ableitungsoperators:*

   x := 2 $\dfrac{d^4}{dx^4}\dfrac{d^2}{dx^2}\left(\sin(x)+\dfrac{1}{1\text{-}x}\right)=\text{-}720.909$

II. Zuweisung der Ableitung sechster Ordnung an eine neue Funktion g(x) und anschließende Berechnung ihres Funktionswertes g(2) für x=2:

   $g(x):=\dfrac{d^6}{dx^6}\left(\sin(x)+\dfrac{1}{1\text{-}x}\right)\to\text{-}\sin(x)\text{-}\dfrac{720}{(1\text{-}x)^7}$ g(2)=-720.909

d) Im Arbeitsblatt definierte Funktionen, wie z.B.

   f(x) := sin(x) + ln(x) + x + 1

   lassen sich ebenfalls mit *Ableitungsoperatoren* differenzieren:

   $\dfrac{d}{dx}f(x)\to\cos(x)+\dfrac{1}{x}+1$

   bzw. zusätzlich bei MATHCAD PRIME mittels *Ableitungsoperator* $\boxed{f'}$:

   $f\,'(x)\to\cos(x)+\dfrac{1}{x}+1$

e) Betrachtung einer Funktion, die nicht in allen Punkten des Definitionsbereichs differenzierbar ist. Als Beispiel dient die Funktion f(x):= |x|, deren erste Ableitung die Form

   $f\,'(x)\ =\ \begin{cases}1 & \text{wenn } 0<x\\ \text{-}1 & \text{wenn } 0>x\end{cases}$

   hat und die im Nullpunkt nicht differenzierbar ist. Für die numerische Ableitung im Nullpunkt x=0 liefern MATHCAD und MATHCAD PRIME das falsche Ergebnis

   x := 0 $\dfrac{d}{dx}f(x)=0$

   Bei exakter Berechnung liefern MATHCAD und MATHCAD PRIME das Ergebnis

   $\dfrac{d}{dx}f(x)\to\text{signum}(x,0)$

   das nicht weiter erläutert wird und für x=0 ebenfalls den falschen Wert 0 angibt.

f) Betrachtung einer differenzierbaren Funktion, die sich aus verschiedenen analytischen Ausdrücken zusammensetzt:

$$f(x)=\begin{cases} 1 & \text{wenn } x \le 0 \\ x^2+1 & \text{wenn } x > 0 \end{cases} \qquad \text{mit} \qquad f'(x)=\begin{cases} 0 & \text{wenn } x \le 0 \\ 2 \cdot x & \text{wenn } x > 0 \end{cases}$$

Diese Funktion kann folgendermaßen unter Verwendung der **if**-Anweisung definiert werden (siehe Abschn.13.2.2 und Beisp.13.2):

$$f(x):= \textbf{if}\,(x \le 0, 1, x^2+1)$$

Für die so definierte differenzierbare Funktion wird keine Ableitung berechnet.

g) Die exakte *Berechnung partieller Ableitungen* wie z.B.

$$\frac{\partial^8}{\partial x^8} e^{x \cdot y} \qquad \text{und} \qquad \frac{\partial^8}{\partial y^8} e^{x \cdot y}$$

geschieht analog zu Ableitungen von Funktionen einer Variablen:

$$\frac{d^8}{dx^8} e^{x \cdot y} \to y^8 \cdot e^{x \cdot y} \qquad\qquad \frac{d^8}{dy^8} e^{x \cdot y} \to x^8 \cdot e^{x \cdot y}$$

h) Die exakte *Berechnung gemischter partieller Ableitungen* wie z.B.

$$\frac{\partial^5}{\partial x^2 \, \partial y^3} e^{x \cdot y}$$

ist durch *Schachtelung* des *Ableitungsoperators* möglich:

$$\frac{d^2}{dx^2} \frac{d^3}{dy^3} e^{x \cdot y} \to 6 \cdot x \cdot e^{x \cdot y} + x^3 \cdot y^2 \cdot e^{x \cdot y} + 6 \cdot x^2 \cdot y \cdot e^{x \cdot y}$$

i) Es lassen sich auch Ableitungen von Vektoren und Matrizen berechnen:

$$\frac{d}{dx}\begin{pmatrix} x \\ \sin(x) \end{pmatrix} \to \begin{pmatrix} 1 \\ \cos(x) \end{pmatrix} \qquad \text{und} \qquad \frac{d}{dx}\begin{pmatrix} x & \sin(x) \\ \ln(x) & e^x \end{pmatrix} \to \begin{pmatrix} 1 & \cos(x) \\ \dfrac{1}{x} & e^x \end{pmatrix}$$

bzw. zusätzlich bei MATHCAD PRIME mittels *Ableitungsoperator* $\boxed{f'}$:

$$f(x):=\begin{pmatrix} x \\ \sin(x) \end{pmatrix} \qquad\qquad f'(x) \to \begin{pmatrix} 1 \\ \cos(x) \end{pmatrix}$$

$$f(x):=\begin{pmatrix} x & \sin(x) \\ \ln(x) & e^x \end{pmatrix} \qquad\qquad f'(x) \to \begin{pmatrix} 1 & \cos(x) \\ \dfrac{1}{x} & e^x \end{pmatrix}$$

MATHCAD und MATHCAD PRIME arbeiten bei der Berechnung von Ableitungen (Differentiationen) effektiv, wie die gegebenen Beispiele zeigen. Sie befreien bei komplizierten Funktionen von der oft mühevollen Berechnung per Hand und liefern das Ergebnis in Sekundenschnelle. Man muss allerdings vor einer Differentiation nachprüfen, ob die Funktion differenzierbar ist, da beide dies nicht immer erkennen (siehe Beisp.20.1e).

20.2 Taylorentwicklung

20.2.1 Problemstellung

Nach dem *Satz* von *Taylor* besitzt eine *Funktion* f(x) einer Variablen x, die mindestens (n+1)-mal in einem Intervall (x_0 -r, x_0 +r) stetig differenzierbar ist, *folgende Eigenschaften:*

- Sie besitzt im *Entwicklungspunkt* x_0 die *Taylorentwicklung* n-ter Ordnung

$$f(x) = \sum_{k=0}^{n} \frac{f^{(k)}(x_0)}{k!} \cdot (x - x_0)^k + R_n(x) \qquad \text{für } x \in (x_0 \text{ -r}, x_0 \text{ +r})$$

wobei das *Restglied* $R_n(x)$ in der *Form* von *Lagrange* folgende Gestalt hat:

$$R_n(x) = \frac{f^{(n+1)}(x_0 + \vartheta \cdot (x - x_0))}{(n+1)!} \cdot (x - x_0)^{n+1} \qquad (0 < \vartheta < 1)$$

- Das in der Taylorentwicklung vorkommende *Polynom* n-ten Grades

$$\sum_{k=0}^{n} \frac{f^{(k)}(x_0)}{k!} \cdot (x - x_0)^k$$

heißt *n-tes Taylorpolynom* von f(x) im *Entwicklungspunkt* x_0 .

- Gilt für alle $x \in (x_0 \text{ -r}, x_0 \text{ +r})$ für das *Restglied*

$$\lim_{n \to \infty} R_n(x) = 0 ,$$

so lässt sich die Funktion f(x) durch die *Taylorreihe*

$$f(x) = \sum_{k=0}^{\infty} \frac{f^{(k)}(x_0)}{k!} \cdot (x - x_0)^k$$

mit dem Konvergenzintervall $|x - x_0| < r$ darstellen.

- Der Nachweis, dass sich eine *Funktion* f(x) in eine *Taylorreihe entwickeln* lässt, gestaltet sich i.Allg. schwierig (die Existenz der Ableitungen beliebiger Ordnung von f genügt hierfür nicht).
  Für praktische Anwendungen reichen meistens *n-te Taylorpolynome* (für n=1,2,...), um Funktionen f(x) in der Nähe des Entwicklungspunktes x_0 durch *Polynome* n-ten Grades *anzunähern.*

20.2.2 Berechnung mit MATHCAD und MATHCAD PRIME

Da sich die Taylorentwicklung per Hand mühsam gestaltet, stellen MATHCAD und MATHCAD PRIME zur Berechnung *n-ter Taylorpolynome* das *Schlüsselwort*

series   (deutsch: **Reihen**)

zur Verfügung:

MATHCAD

Mit *Symbolleiste* **Rechnen** (Untersymbolleiste "*Symbolische Operatoren*") lässt sich **series** durch Mausklick in das Arbeitsblatt einzufügen.

MATHCAD PRIME

Mit *Registerkarte* **Rechnen** in Gruppe *Operatoren* und *Symbole* bei *Symbolische Mathematik* lässt sich **series** durch Mausklick in das Arbeitsblatt einfügen.

Nach Eingabe des *Schlüsselworts* **series** in das Arbeitsblatt ist Folgendes erforderlich:

I.   In den linken Platzhalter von **series** ist die zu entwickelnde Funktion einzutragen.

II.   Die beiden rechten Platzhalter von **series** lassen sich durch Eingabe von Kommas erzeugen und sind folgendermaßen auszufüllen:

– In den ersten rechten Platzhalter die durch Komma getrennten Koordinaten des Entwicklungspunktes unter Verwendung des *Gleichheitsoperators* $\boxed{=}$.

– In den zweiten rechten Platzhalter der gewünschte Grad n des Taylorpolynoms (gegebenenfalls in der Form n+1)

III.   Danach ist das symbolische Gleichheitszeichen → einzugeben.

IV.   Die abschließende Betätigung der $\boxed{\text{EINGABETASTE}}$ liefert die gewünschte Taylorentwicklung.

Zur *Taylorentwicklung* mittels MATHCAD und MATHCAD PRIME ist Folgendes zu *bemerken:*

• Es gibt geringe Unterschiede in der Darstellung bei MATHCAD und MATHCAD PRIME, da bei MATHCAD das symbolische Gleichheitszeichen → nach **series** steht, während bei MATHCAD PRIME **series** darüber steht.

• Mit dem Schlüsselwort **series** lässt sich das Taylorpolynom in einem beliebigen Punkt berechnen. Zusätzlich können hiermit auch Taylorpolynome für Funktionen mehrerer Variablen berechnet werden. Des Weiteren kann mit dieser Methode die berechnete Entwicklung einer Funktion zugewiesen werden. Die Vorgehensweise wird in den folgenden Beisp.20.2b und d gezeigt.

• Falls eine zu entwickelnde Funktion im Entwicklungspunkt eine Singularität besitzt, so wird die *Laurententwicklung* berechnet (siehe Beisp.20.2e).

Beispiel 20.2:

Die folgenden Taylorentwicklungen sind mit MATHCAD berechnet. Die Anwendung von MATHCAD PRIME vollzieht sich analog bis auf den Fakt, dass das Schlüsselwort **series** mit den beiden Platzhaltern über dem symbolischen Gleichheitszeichen → steht:

a) Für die folgende Funktion wird das Taylorpolynom vom Grad 10 im Entwicklungspunkt $x_0 = 0$ berechnet, wobei hier für n der Wert 11 einzugeben ist:

$$\frac{1}{1-x}\,\textbf{series}, x = 0,11 \rightarrow 1 + x + x^2 + x^3 + x^4 + x^5 + x^6 + x^7 + x^8 + x^9 + x^{10}$$

Aus der Theorie ist bekannt, dass für $|x| < 1$ das Restglied dieser Taylorentwicklung gegen Null konvergiert (für n gegen ∞), so dass die entstehende *geometrische Reihe* die gegebene Funktion als Summe besitzt.

b) Für die Funktion $\ln(1+x)$ ergibt sich im Entwicklungspunkt $x_0 = 0$ für n=10 folgende Taylorentwicklung (Taylorpolynom), die für $|x| < 1$ die bekannte Potenzreihenentwicklung (für n gegen ∞) liefert:

$$g(x) := \ln(1 + x)\,\textbf{series}, x = 0,10 \rightarrow x - \frac{x^2}{2} + \frac{x^3}{3} - \frac{x^4}{4} + \frac{x^5}{5} - \frac{x^6}{6} + \frac{x^7}{7} - \frac{x^8}{8} + \frac{x^9}{9} - \frac{x^{10}}{10}$$

Das der Funktion g(x) zugewiesene Taylorpolynom lässt sich bei Bedarf im Arbeitsblatt anzeigen:

$$g(x) \rightarrow x - \frac{x^2}{2} + \frac{x^3}{3} - \frac{x^4}{4} + \frac{x^5}{5} - \frac{x^6}{6} + \frac{x^7}{7} - \frac{x^8}{8} + \frac{x^9}{9} - \frac{x^{10}}{10}$$

c) Für die folgende Funktion werden das Taylorpolynom für n=8 und n=12 bestimmt und die Funktion und ihre Taylorpolynome grafisch dargestellt:

$$\frac{1}{1+x^4}\,\textbf{series}, x = 0,8 \rightarrow 1 - x^4 \qquad\qquad \frac{1}{1+x^4}\,\textbf{series}, x = 0,12 \rightarrow 1 - x^4 + x^8$$

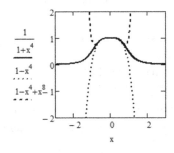

Aus dieser Grafik ist der bekannte Sachverhalt gut zu erkennen, dass die Annäherung der Taylorpolynome an die Funktion nur in einer Umgebung des Entwicklungspunktes gut ist.

d) Entwicklung der Funktion zweier Variablen

$$f(x,y) = \sin x \cdot \sin y$$

im Entwicklungspunkt

(π,π)

in ein Taylorpolynom vom Grad 4:

$$\sin(x)\cdot\sin(y)\,\textbf{series}, x = \pi, y = \pi, 4 \rightarrow (x\text{-}\pi)\cdot(y\text{-}\pi) - \frac{(x\text{-}\pi)\cdot(y\text{-}\pi)^3}{6} - \frac{(x\text{-}\pi)^3\cdot(y\text{-}\pi)}{6}$$

e) Falls eine zu entwickelnde Funktion im Entwicklungspunkt eine Singularität besitzt, so wird die *Laurententwicklung* geliefert, wie folgendes Beispiel für die Singularität x=0 zeigt:

$$\frac{1}{\sin(x)}\,\textbf{series}, x = 0,8 \rightarrow \frac{x}{6} + \frac{1}{x} + \frac{7\cdot x^3}{360} + \frac{31\cdot x^5}{15120}$$

20.3 Fehlerrechnung

20.3.1 Fehlerarten

Fehlereinflüsse auf Ergebnisse von Berechnungen (*Berechnungsfehler*) können bei praktischen Problemen nicht unberücksichtigt bleiben, da sie im ungünstigsten Fall zu falschen (unbrauchbaren) Ergebnissen führen. Man unterscheidet bei Berechnungsfehlern zwischen drei großen Klassen:

Modellierungsfehler
Diese entstehen, da bei mathematischer Modellierung praktischer Probleme nur Haupteigenschaften berücksichtigt werden können. Ihr Einfluss ist unabhängig von der Anwendung von MATHCAD und MATHCAD PRIME und muss von Spezialisten der entsprechenden Fachgebiete eingeschätzt werden.

Rundungs-, Abbruch- und Konvergenzfehler
Ihr Auftreten bei numerischen Berechnungen wird im Abschn.12.3.4 vorgestellt.

Messfehler
Ihr Einfluss auf numerische Berechnungen bildet den Gegenstand der *mathematischen Fehlerrechnung*, die im Folgenden kurz vorgestellt wird:

- Die für Berechnungen in Technik und Naturwissenschaften benötigten *Größen* werden meistens durch *Messungen* gewonnen, so dass *Messfehler* auftreten:
  - Auswirkungen der *Messfehler* von gemessenen Größen $x_1, x_2, ..., x_n$ lassen sich mathematisch *untersuchen*, wenn diese *unabhängige Variablen* eines *funktionalen Zusammenhangs* (z.B. physikalischen Gesetzes) $f(x_1, x_2, ..., x_n)$ sind.
  - Es stellt sich die Frage, wie *Messfehler* in den Variablen $x_1, x_2, ..., x_n$ den über den funktionalen Zusammenhang f berechneten *Wert* $z = f(x_1, x_2, ..., x_n)$ *beeinflussen*. Mittels *Differentialrechnung* lassen sich für z *Fehlerschranken* berechnen.

- Die Problematik von Messfehlern ist im folgenden Beisp.20.3 illustriert und im Abschn. 20.3.2 wird eine Fehlerschranke hergeleitet, für deren Berechnung im Abschn. 20.3.3 eine Funktionsdatei erstellt ist.

Beispiel 20.3:

Das *Volumen* V eines *Quaders* (Kiste) mit Länge l, Breite b und Höhe h berechnet sich aus der bekannten *Formel*

V=V(l,b,h)=l·b·h

d.h. V ist eine *Funktion* der drei *Größen* (Variablen) l, b und h:

- Soll das *Volumen* V durch *Messung* von *Länge*, *Breite* und *Höhe* bestimmt werden, so ergibt die Berechnung durch die Funktion V(l,b,h)=l·b·h einen *fehlerhaften Wert* für V, da die gemessenen Größen l, b und h mit *Messfehlern* behaftet sind.

- Für *Messfehler* der Größen l, b und h lassen sich *Schranken* angeben, so dass auch für das berechnete *Volumen* V eine *Fehlerschranke* wünschenswert ist.

20.3.2 Schranken für Messfehler

Beisp.20.3 lässt bereits die Problematik der *mathematischen Fehlerrechnung* erkennen:

- Wie wirken sich *Fehler* (Änderungen)

$$\Delta x_1, \Delta x_2, ..., \Delta x_n \qquad \text{(vektoriell } \Delta\mathbf{x})$$

in den *Variablen*

$$x_1, x_2, ..., x_n \qquad \text{(vektoriell } \mathbf{x})$$

auf den daraus resultierenden *Fehler* (Änderung) Δz der Funktion

$$z = f(x_1, x_2, ..., x_n) \qquad \text{(vektoriell } z=f(\mathbf{x}))$$

aus, d.h. welche *Genauigkeit* hat der für z erhaltene *Näherungswert* $\tilde{z}$:

$$\tilde{z} = z + \Delta z = f(x_1 + \Delta x_1, x_2 + \Delta x_2, ..., x_n + \Delta x_n) = f(\tilde{x}_1, \tilde{x}_2, ..., \tilde{x}_n) \quad \text{mit} \quad \tilde{x}_i = x_i + \Delta x_i,$$

der sich vektoriell in der Form

$$\tilde{z} = z + \Delta z = f(\mathbf{x} + \Delta\mathbf{x}) = f(\tilde{\mathbf{x}}) \qquad \text{mit} \quad \tilde{\mathbf{x}} = \mathbf{x} + \Delta\mathbf{x}$$

schreibt, wobei $\tilde{\mathbf{x}}$ die *Näherung* von $\mathbf{x}$ ist, die z.B. durch *fehlerhafte Messung* erhalten wird und $\tilde{z}$ den daraus erhaltenen Näherungswert der Funktion f darstellt.

- Da für die *Fehler* (Messfehler) Δx_i i.Allg. keine exakten Werte bekannt sind, sondern nur *Schranken* δ_i für den *absoluten Fehler* $|\Delta x_i|$, d.h.

$$|\Delta x_i| \leq \delta_i$$

lässt sich für den erhaltenen *Näherungswert* der Funktion

$$\tilde{z} = z + \Delta z$$

ebenfalls nur eine *Schranke* δ für den *absoluten Fehler* angeben:

$$|\Delta z| \leq \delta$$

- Zur *Berechnung* derartiger *Schranken* δ kann man eine *Taylorentwicklung* 1.Ordnung (siehe Abschn.20.2) mit Vernachlässigung des Restgliedes auf

$$\Delta z = f(x_1 + \Delta x_1, x_2 + \Delta x_2, ..., x_n + \Delta x_n) - f(x_1, x_2, ..., x_n) = f(\tilde{\mathbf{x}}) - f(\mathbf{x})$$

anwenden, so dass die *Abschätzung*

$$|\Delta z| \approx \left| \sum_{i=1}^{n} \frac{\partial f}{\partial x_i}(\tilde{\mathbf{x}}) \cdot \Delta x_i \right| \leq \sum_{i=1}^{n} \left| \frac{\partial f}{\partial x_i}(\tilde{\mathbf{x}}) \right| \cdot |\Delta x_i| \leq \sum_{i=1}^{n} \left| \frac{\partial f}{\partial x_i}(\tilde{\mathbf{x}}) \right| \cdot \delta_i = \delta$$

folgt, die folgendermaßen interpretierbar ist:

- Sie liefert eine *Näherung* für die *Schranke* δ des *absoluten Fehlers* von z.

- Eine *Schranke* für den *relativen Fehler* $\dfrac{|\Delta z|}{\tilde{z}}$ folgt hieraus problemlos.

20.3.3 Anwendung von MATHCAD und MATHCAD PRIME

Im Folgenden werden absolute Fehler für Funktionen von zwei Variablen (Beisp.20.4a) bzw. drei Variablen (Beisp.20.4b) berechnet. Diese beiden Beispiele lassen sich als allgemeine Vorlagen verwenden, da der Fehler als Funktion

abs_Fehler

definiert ist, so dass bei anderen Aufgaben nur die Argumente beim Funktionsaufruf entsprechend einzusetzen und die auftretenden funktionalen Zusammenhänge neu zu definieren sind.

Beispiel 20.4:

a) Berechnung einer oberen Schranken für den absoluten Fehler bei der Bestimmung des elektrischen Widerstandes R mittels des Ohmschen Gesetzes, wobei Spannung U und Stromstärke I durch (fehlerbehaftete) Messungen bestimmt sind. Die Maßeinheiten werden vernachlässigt und folgende Berechnungsweise empfohlen:

Definition der *Funktion*, für die der Fehler zu berechnen ist. Im Beispiel ist es das Ohmsche Gesetz:

$$R(I, U) := \frac{U}{I}$$

Anschließend wird eine *Schranke* für den *absoluten Fehler* **abs_Fehler** einer allgemeinen Funktion $f(x_1, x_2)$ zweier Variablen *definiert:*

$$\textbf{abs\_Fehler}(f, x_1, x_2, \delta_1, \delta_2) := \left| \frac{d}{dx_1} f(x_1, x_2) \right| \cdot \delta_1 + \left| \frac{d}{dx_2} f(x_1, x_2) \right| \cdot \delta_2$$

Abschließend folgt die *Berechnung* einer *Schranke* für die Funktion R(I,U) für die *konkreten Zahlenwerte*

I=20 , U=100 , $\delta_1 = \delta I = 0.02$, $\delta_2 = \delta U = 0.01$:

abs_Fehler (R, 20, 100, 0.02, 0.01) = 5.5· 10^{-3}

b) Berechnung einer oberen Schranke für den absoluten Fehler des Volumens

$$V = b \cdot h \cdot l$$

einer Kiste, wenn die obere Schranke $\delta = 0.001\,m$ der Messfehler für

Breite b=10m, Höhe h=5m und Länge l=15m

bekannt ist, wobei als Maßeinheit Meter (m) verwendet wird. Es wird die gleiche Vorgehensweise wie im Beisp.a angewandt:

$$V(b,h,l) := b \cdot h \cdot l \qquad \textbf{abs\_Fehler}(f, x_1, x_2, x_3, \delta_1, \delta_2, \delta_3) :=$$

$$\left| \frac{d}{dx_1} f(x_1, x_2, x_3) \right| \cdot \delta_1 + \left| \frac{d}{dx_2} f(x_1, x_2, x_3) \right| \cdot \delta_2 + \left| \frac{d}{dx_3} f(x_1, x_2, x_3) \right| \cdot \delta_3$$

$$\textbf{abs\_Fehler}(V, 10 \cdot m, 5 \cdot m, 15 \cdot m, 0.001 \cdot m, 0.001 \cdot m, 0.001 \cdot m) = 0.275 \cdot m^3$$

Bei beiden Beispielen empfiehlt sich für die *indizierten Variablen* die Anwendung des *Literalindex*.

20.4 Grenzwerte

20.4.1 Problemstellung

Im Folgenden werden *Grenzwerte* einer Funktion f(x) bzw. eines Ausdrucks A(n) an der Stelle x=a bzw. n=a berechnet, d.h.

$$\lim_{x \to a} f(x) \qquad \text{bzw.} \qquad \lim_{n \to a} A(n)$$

Bei Grenzwertberechnungen können *unbestimmte Ausdrücke* der Form

$$\frac{0}{0}, \ \frac{\infty}{\infty}, \ 0 \cdot \infty, \ \infty - \infty, \ 0^0, \ \infty^0, \ 1^\infty, \ ...$$

auftreten. Für diese Fälle lässt sich unter gewissen Voraussetzungen die *Regel* von *de l'Hospital* anwenden. Diese Regel muss aber nicht in jedem Fall ein Ergebnis liefern. Deshalb ist nicht zu erwarten, dass MATHCAD und MATHCAD PRIME bei der Grenzwertberechnung immer erfolgreich sind.

20.4.2 Berechnung mit MATHCAD und MATHCAD PRIME

Die *exakte Berechnung* von *Grenzwerten* ist in folgenden Schritten durchzuführen:

I. *Zuerst* wird der *Grenzwertoperator* bei

$\lim_{\to a}$ aus *Symbolleiste* **Rechnen** (Untersymbolleiste "*Differential/Integral*")

lim aus *Registerkarte* **Rechnen** in Gruppe *Operatoren und Symbole* bei *Operatoren*

durch Mausklick an der durch den Cursor bestimmten Stelle im Arbeitsblatt eingefügt.

II. *Danach* erscheint das Symbol

dessen Platzhalter folgendermaßen auszufüllen sind:

$$\lim_{x \to a} f(x) \qquad bzw. \qquad \lim_{n \to a} A(n)$$

III. *Abschließend* lösen Eingabe des symbolischen Gleichheitszeichens → und Betätigung der EINGABETASTE die *exakte Berechnung* aus.

Zur Berechnung von Grenzwerten mittels MATHCAD und MATHCAD PRIME ist Folgendes zu bemerken:

• Neben der Berechnung von Grenzwerten ist auch die Berechnung *einseitiger* (d.h. *linksseitiger* oder *rechtsseitiger*) *Grenzwerte* möglich, die bei

mittels der beiden *Grenzwertoperatoren* $\boxed{\lim_{x \to a^-}}$ bzw. $\boxed{\lim_{x \to a^+}}$

aus der *Symbolleiste* **Rechnen** (Untersymbolleiste "*Differential/Integral*")

im erscheinenden Symbol des Grenzwertoperators durch Eintragen von - bzw. +

durchführbar ist.

• Die *numerische Berechnung* von Grenzwerten mittels numerischem Gleichheitszeichen = ist *nicht möglich*.

• Für a kann ∞ (*Unendlich*) mittels

$\boxed{\infty}$

bei

aus Symbolleiste **Rechnen** (Untersymbolleiste "*Differential/Integral*")

aus Registerkarte **Rechnen** in Gruppe *Operatoren und Symbole* bei *Konstanten* in den entsprechenden Platzhalter eingetragen werden, so dass auch Grenzwertberechnungen für x → ∞ bzw. n → ∞ möglich sind.

- Falls die Grenzwertberechnung versagt oder das gelieferte Ergebnis zu überprüfen ist, kann f(x) bzw. A(n) gezeichnet werden.

♦

Beispiel 20.5:

a) *Links-* und *rechtsseitiger Grenzwert* werden für folgende Funktion berechnet:

$$\lim_{x \to 0^-} \frac{2}{1 + e^{\frac{-1}{x}}} \to 0 \qquad \lim_{x \to 0^+} \frac{2}{1 + e^{\frac{-1}{x}}} \to 2$$

Es ist zu sehen, dass beide verschieden sind, d.h. der Grenzwert existiert nicht, wie MATHCAD und MATHCAD PRIME richtig erkennen:

$$\lim_{x \to 0} \frac{2}{1 + e^{\frac{-1}{x}}} \to \text{undefined}$$

b) Die folgenden Grenzwerte, die auf unbestimmte Ausdrücke führen, werden problemlos berechnet

$$\lim_{x \to 0} x^{\sin(x)} \to 1 \qquad \lim_{x \to \frac{\pi}{2}} \tan(x)^{\cos(x)} \to 1 \qquad \lim_{x \to \infty} \left(\frac{x+1}{x-1} \right)^{x+3} \to e^2$$

c) Der Grenzwert

$$\lim_{x \to \infty} \frac{3 \cdot x + \cos(x)}{x} \to 3$$

wird berechnet, obwohl er nicht durch Anwendung der Regel von de l'Hospital berechenbar ist, sondern nur durch Umformung der Funktion in

$$3 + \frac{\cos(x)}{x} \quad \text{und anschließender Abschätzung von } \left| \frac{\cos(x)}{x} \right| \le \frac{1}{|x|}$$

e) Es werden auch Grenzwerte für Funktionen mit symbolischen Parametern berechnet, wie folgendes Beispiel illustriert:

$$\lim_{x \to a} \frac{x - a}{x^2 - a^2} \to \frac{1}{2 \cdot a}$$

f) Es werden auch Grenzwerte definierter Funktionen berechnet, wie folgendes Beispiel illustriert:

$$f(x) := \frac{2 \cdot x + \sin(x)}{x + 3 \cdot \ln(x + 1)} \qquad \lim_{x \to 0} f(x) \to \frac{3}{4}$$

21 Integralrechnung

Die *Integralrechnung* gehört neben der Differentialrechnung zu wichtigen Gebieten der Mathematik, da sie in zahlreichen praktischen Problemen benötigt wird.

Während sich die Differentialrechnung mit lokalen Eigenschaften von Funktionen beschäftigt, befasst sich die Integralrechnung mit globalen Eigenschaften.

Offensichtlich stellt die *Integralrechnung* die *Umkehrung* der *Differentialrechnung* dar:

- Die *Lösung* des *Problems,* ob eine gegebene Funktion f(x) die *Ableitung* einer noch zu bestimmenden Funktion F(x) ist, d.h. F'(x)=f(x) gilt, führt zur *Integralrechnung* für reelle Funktionen f(x) einer reellen Variablen x, wobei F(x) *Stammfunktion* heißt.

- Die *Integralrechnung* hat folgende zwei *Fragen* zu *beantworten:*

  I. Besitzt jede stetige *Funktion* f(x) eine *Stammfunktion* F(x).

  II. Wie lässt sich eine *Stammfunktion* F(x) für eine *gegebene Funktion* f(x) bestimmen.

- Diese zwei *Fragen beantworten* sich folgendermaßen:

  Frage I

  lässt sich positiv beantworten, da jede auf einem Intervall [a,b] *stetige Funktion* f(x) eine *Stammfunktion* F(x) besitzt. Dies ist jedoch nur eine *Existenzaussage,* die keinen Berechnungsalgorithmus liefert.

  Frage II

  lässt sich allgemein nicht positiv beantworten:

  – Es existiert *kein endlicher Algorithmus* zur *exakten Berechnung* von *Stammfunktionen* F(x) für *beliebige stetige Funktionen* f(x), auch wenn sie sich aus elementaren mathematischen Funktionen zusammensetzen. Die Integralrechnung liefert Berechnungsalgorithmen nur für spezielle Klassen von Funktionen.

  – Dies ist ein wesentlicher *Unterschied* zur *Differentialrechnung*, die einen endlichen Algorithmus zur Berechnung von Ableitungen differenzierbarer Funktionen bereitstellt, die sich aus elementaren mathematischen Funktionen zusammensetzen.

21.1 Einfache Integrale

Als *einfache Integrale* werden Integrale für Funktionen f(x) einer Variablen x bezeichnet. Es gibt hiervon folgende drei Arten:

- *Unbestimmte Integrale*

  $$\int f(x)\,dx \qquad\qquad (f(x) \text{ - Integrand , x - Integrationsvariable})$$

  bezeichnen die *Gesamtheit* von *Stammfunktionen* F(x) einer Funktion f(x), d.h. alle Funktionen F(x) mit F'(x)=f(x):

  Die Berechnung eines unbestimmten Integrals ist äquivalent zur Berechnung einer Stammfunktion, da sich alle für eine Funktion f(x) existierenden *Stammfunktionen* F(x) nur um eine *Konstante (Integrationskonstante)* C *unterscheiden,* d.h. es gilt

  $$\int f(x)\,dx = F(x) + C$$

Die Integralrechnung kann nicht jedes unbestimmte Integral exakt berechnen, kennt aber eine Reihe von *Methoden* (Integrationsmethoden) wie

partielle Integration, Partialbruchzerlegung (für gebrochenrationale Funktionen), *Substitution,*

die für *spezielle Integranden* f(x) zum Erfolg führen.

- *Bestimmte Integrale*

$$\int_a^b f(x)\,dx \qquad\qquad (a\,,\,b \text{ - untere bzw. obere Integrationsgrenze})$$

sind aufgrund des *Hauptsatzes* der *Differential-* und *Integralrechnung* durch die *Formel*

$$\int_a^b f(x)\,dx = F(b) - F(a) \qquad\qquad (F(x) \text{ - beliebige Stammfunktion von } f(x))$$

mit zugehörigen *unbestimmten Integralen*

$$\int f(x)\,dx$$

verbunden:

Der *Wert* (reelle Zahl) F(b) - F(a) eines *bestimmten Integrals* über dem *Integrationsintervall* [a,b] ist gegeben, wenn eine Stammfunktion F(x) des Integranden f(x) bekannt ist. Somit ist die Berechnung bestimmter Integrale auf die Berechnung zugehöriger unbestimmter Integrale zurückgeführt.

Der *Hauptsatz* liefert die *Formel*

$$F(x) = \int_a^x f(t)\,dt$$

für die spezielle *Stammfunktion* F(x) von f(x) mit F(a)=0:

- Die Formel hat nur symbolischen Charakter, da sie nicht zur exakten Berechnung von F(x) anwendbar ist, wie man leicht erkennt.

- Die Formel kann jedoch zur numerischen Berechnung von Stammfunktionen F(x) herangezogen werden, wie im Beisp.21.2b illustriert ist.

- *Uneigentliche Integrale* gibt es in drei Formen:

I. Das *Integrationsintervall* ist *unbeschränkt*, z.B. $\qquad\qquad\displaystyle\int_1^\infty \frac{1}{x^3}\,dx$

II. Der *Integrand* ist im Integrationsintervall [a,b] *unbeschränkt*, z.B. $\qquad\displaystyle\int_{-1}^1 \frac{1}{x^2}\,dx$

III. Sowohl *Integrationsintervall* als auch *Integrand* sind *unbeschränkt*, z.B. $\quad\displaystyle\int_{-\infty}^\infty \frac{1}{x}\,dx$

Die Berechnung uneigentlicher Integrale wird auf die Berechnung bestimmter (eigentlicher) Integrale unter Verwendung von Grenzwerten zurückgeführt (siehe auch Abschn. 21.3.3).

21.2 Mehrfache Integrale

Es werden nur *mehrfache Integrale* am Beispiel

zweifacher Integrale (*Doppelintegrale*) $\iint\limits_{D} f(x,y)\,dx\,dy$

dreifacher Integrale $\iiint\limits_{G} f(x,y,z)\,dx\,dy\,dz$

betrachtet, wobei D und G beschränkte Gebiete in der *Ebene* bzw. im *Raum* sind.
Die *exakte Berechnung* derartiger Integrale führt die Integralrechnung auf die *Berechnung einfacher Integrale* zurück (siehe Abschn.21.3.4).

21.3 Berechnung mit MATHCAD und MATHCAD PRIME

21.3.1 Unbestimmte Integrale

Wenn im Abschn.21.1 vorgestellte Integrationsmethoden zum Erfolg führen, so sind MATHCAD und MATHCAD PRIME bei der exakten Berechnung von Integralen meistens erfolgreich und befreien von aufwendiger Rechenarbeit per Hand. Hierfür ist folgende Vorgehensweise erforderlich:

* *Zuerst* ist der *Integraloperator aufzurufen*:

 Mittels Mausklick auf den *Integraloperator*

aus der *Symbolleiste* **Rechnen** (Untersymbolleiste "*Differential/Integral*") wird im Arbeitsblatt ein *Integralsymbol* erzeugt.

 Mittels Mausklick auf den *Integraloperator*

aus der *Registerkarte* **Rechnen** (Gruppe *Operatoren und Symbole* bei *Operatoren*) wird im Arbeitsblatt ein *Integralsymbol* erzeugt.

* *Danach* ist folgendermaßen *vorzugehen:*

  – In dem im Arbeitsblatt an der durch den Cursor bestimmten Stelle erscheinenden *Integralsymbol* sind in die beiden *Platzhalter* für *Integrand* und *Integrationsvariable* f(x) bzw. x einzutragen, d.h.

$$\int f(x)\,dx$$

– Abschließend lösen Eingabe des symbolischen Gleichheitszeichens → und Drücken der $\boxed{\text{EINGABETASTE}}$ die exakte *Berechnung* aus, wobei Folgendes zu *beachten* ist:

Der Funktionsausdruck des Integranden f(x) kann direkt eingegeben werden oder ist vorher zu definieren.

Das Ergebnis erscheint ohne Integrationskonstante.

Das Ergebnis kann einer neuen Funktion (z.B. g(x)) zugewiesen werden (siehe Beisp.21.1f)

Wird kein exaktes Ergebnis berechnet, so geben MATHCAD und MATHCAD PRIME das *Integral unverändert* zurück (siehe Beisp.21.1d).

Eine *numerische Berechnung* kann nicht mit numerischem Gleichheitszeichen = erfolgen. Sie ist aber möglich, wenn die im Beisp.21.2b illustrierte Vorgehensweise herangezogen wird.

In einigen Fällen lässt sich das *Scheitern* der exakten Berechnung von Integralen *vermeiden*, wenn der *Integrand* f(x) vor Anwendung von MATHCAD oder MATHCAD PRIME per Hand *vereinfacht* wird:

Gebrochenrationale Funktionen in *Partialbrüche* zerlegen (siehe Abschn.16.2.2).

Gängige *Substitutionen* durchführen.

♦

Beispiel 21.1:
Illustration der *exakten Berechnung unbestimmter Integrale* mit MATHCAD und MATHCAD PRIME:

a) $\displaystyle\int x\cdot\sin x \; dx = \sin x - x\cdot\cos x$

   ist durch *partielle Integration* berechenbar und lässt sich mit MATHCAD und MATHCAD PRIME mittels Integraloperator und symbolischem Gleichheitszeichen berechnen:

   $\displaystyle\int x\cdot\sin(x)\;dx \rightarrow \sin(x) - x\cdot\cos(x)$

b) Berechnung eines unbestimmten Integrals, dessen Integrand eine *gebrochenrationale Funktion* ist, so dass *Partialbruchzerlegung* anwendbar ist:

   $$\int\frac{1}{x^4+x^3-7\cdot x^2-x+6}dx \rightarrow \frac{\ln(x+1)}{12}-\frac{\ln(x-1)}{8}+\frac{\ln(x-2)}{15}-\frac{\ln(x+3)}{40}$$

c) Berechnung eines unbestimmten Integrals, dessen Integrand

   $a\cdot x^2 + b\cdot x + c$

   von *symbolischen Parametern* a, b und c abhängt:

$$\int (a \cdot x^2 + b \cdot x + c) \, dx \rightarrow \frac{a \cdot x^3}{3} + \frac{b \cdot x^2}{2} + c \cdot x$$

d) Das unbestimmte Integral

$$\int x^x \, dx$$

wird *nicht exakt berechnet:*

$$\int x^x \, dx \rightarrow \int x^x \, dx$$

Da für den Integranden keine Stammfunktion existiert, die sich aus elementaren mathematischen Funktionen zusammensetzt, ist numerische Berechnung anzuwenden (siehe Beisp.21.2b).

e) Betrachtung der *Integration* im Arbeitsblatt *definierter Funktionen:*

$$f(x) := \sin(x) + \ln(x) + x + 1$$

Hier führen ebenfalls Integraloperator und symbolisches Gleichheitszeichen $\rightarrow$ zum Ziel:

$$\int f(x) \, dx \rightarrow \frac{x^2}{2} - \cos(x) + x \cdot \ln(x)$$

f) Das Ergebnis einer unbestimmten Integration, d.h. eine *berechnete Stammfunktion*, kann einer neuen *Funktion* g(x) folgendermaßen *zugewiesen* werden:

Mit Angabe des Ergebnisses unter Verwendung des symbolischen Gleichheitszeichens

$$g(x) := \int x \cdot e^x \, dx \rightarrow e^x \cdot (x\text{-}1)$$

bzw. ohne Angabe des Ergebnisses

$$g(x) := \int x \cdot e^x \, dx$$

Bei beiden Vorgehensweisen lässt sich jederzeit die Funktion g(x) im Arbeitsblatt unter Verwendung des symbolischen Gleichheitszeichens anzeigen:

$$g(x) \rightarrow e^x \cdot (x\text{-}1)$$

g) Betrachtung einer definierten stetigen Funktion, die sich aus verschiedenen analytischen Ausdrücken zusammensetzt:

$$f(x) = \begin{cases} 1 & \text{wenn } x \le 0 \\ x^2 + 1 & \text{wenn } x > 0 \end{cases} \quad \text{mit einer Stammfunktion} \quad F(x) = \begin{cases} x & \text{wenn } x \le 0 \\ \dfrac{x^3}{3} + x & \text{wenn } x > 0 \end{cases}$$

Diese Funktion kann folgendermaßen unter Verwendung der **if**-Anweisung definiert werden (siehe Abschn.13.2.2):

$$f(x) := \mathbf{if}\,(x \le 0, 1, x^2 + 1)$$

Eine so definierte Funktion lässt sich in MATHCAD und MATHCAD PRIME nicht exakt integrieren, obwohl eine Stammfunktion F(x) einfach berechenbar ist. Sie gestatten für derartige Funktionen nur die numerische Berechnung bestimmter Integrale.

21.3.2 Bestimmte Integrale

Da die exakte Berechnung bestimmter Integrale auf der unbestimmter beruht, gilt das im Abschn.21.3.1 gesagte auch hier für eine Anwendung von MATHCAD und MATHCAD PRIME.

Folgende *Vorgehensweise* ist zur *exakten* bzw. *numerischen Berechnung* bestimmter Integrale (Integrand f(x), Integrationsvariable x, Integrationsgrenzen a und b) *erforderlich:*

- *Zuerst* ist der *Integraloperator aufzurufen:*

Durch Mausklick auf den *Integraloperator*

aus der *Symbolleiste* **Rechnen** (Untersymbolleiste "*Differential/Integral*") wird im Arbeitsblatt ein *Integralsymbol* erzeugt.

Durch Mausklick auf den *Integraloperator*

aus der *Registerkarte* **Rechnen** (Gruppe *Operatoren und Symbole* bei *Operatoren*) wird im Arbeitsblatt ein *Integralsymbol* erzeugt.

- *Danach* ist folgendermaßen *vorzugehen:*

  - In dem im Arbeitsblatt an der durch den Cursor bestimmten Stelle erscheinenden *Integralsymbol* sind in die beiden *Platzhalter* für *Integrand* und *Integrationsvariable* f(x) bzw. x und die beiden *Platzhalter* für die *Integrationsgrenzen* a bzw. b einzutragen, d.h.

$$\int_a^b f(x)\,dx$$

  - Abschließend lösen Eingabe des symbolischen → bzw. numerischen *Gleichheitszeichens* = und Drücken der $\boxed{\text{EINGABETASTE}}$ die exakte bzw. numerische *Berechnung* aus, wobei Folgendes zu *beachten* ist:

    Bei MATHCAD PRIME gibt es nur eine Form für den Integraloperator, der für unbestimmte und bestimmte Integrale anwendbar ist.

    Der Integrand f(x) kann direkt eingegeben werden oder muss vorher definiert sein.

    Wird kein exaktes Ergebnis berechnet, so geben MATHCAD und MATHCAD PRIME das *Integral unverändert aus*. In diesem Fall ist die *numerische Berechnung* mittels numerischem Gleichheitszeichen = anzuwenden (siehe Beisp.21.2b), für die bewährte Algorithmen eingesetzt werden, so dass gelieferte Ergebnisse akzeptabel sind.

Mit *numerischer Berechnung* bestimmter Integrale lassen sich näherungsweise Werte von *Stammfunktionen* F(x) in einzelnen Punkten x *berechnen*, wenn die aus dem Hauptsatz der Differential- und Integralrechnung folgende Formel (mit F(a)=0)

$$F(x) = \int_a^x f(t)\, dt$$

herangezogen wird. Das bestimmte Integral der Formel lässt sich für benötigte x-Werte numerisch berechnen, so dass sich eine *Liste* von *Funktionswerten* für die *gesuchte Stammfunktion* F(x) ergibt (siehe Beisp.21.2b), d.h. eine *tabellarische Darstellung* von F(x), die sich

– *grafisch darstellen* lässt,

– durch *analytisch gegebene Funktionen* mittels *Interpolation* oder *Quadratmittelapproximation annähern* lässt (siehe Abschn.14.3).

    ♦

Beispiel 21.2:

Illustration der *exakten* und *numerischen Berechnung bestimmter Integrale* mit MATHCAD und MATHCAD PRIME:

a) Berechnung des bestimmten Integrals

$$\int_0^\pi x \cdot \sin x \, dx = \pi$$

für das im Beisp.21.1a das zugehörige unbestimmte Integral berechnet ist:

– *Exakte Berechnung* mittels *Integraloperator* und *symbolischem Gleichheitszeichen:*

$$\int_0^\pi x \cdot \sin(x)\, dx \rightarrow \pi$$

– *Numerische Berechnung* mittels *numerischem Gleichheitszeichen:*

$$\int_0^\pi x \cdot \sin(x)\, dx = 3.142$$

b) $\int_1^2 x^x \, dx$ wird nicht exakt berechnet:

$$\int_1^2 x^x \, dx \rightarrow \int_1^2 x^x \, dx$$

Das bestimmte Integral wird unverändert ausgegeben, so dass nur eine *numerische Berechnung* mittels numerischem Gleichheitszeichen möglich ist:

$$\int_1^2 x^x \, dx = 2.05$$

Die *numerische Berechnung* von Werten einer *Stammfunktion* F(x) mit der Eigenschaft
F(1)=0 für den Integranden im Intervall [1,2] mit Schrittweite 0.1 gelingt unter Verwendung der Formel

$$F(x) = \int_1^x t^t \, dt$$

folgendermaßen:

$$x := 1, 1.1 .. 2 \qquad F(x) := \int_1^x t^t \, dt$$

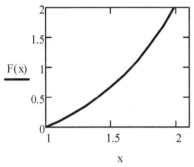

x

Die grafische Darstellung der Stammfunktion F(x) ist aus obiger Abbildung ersichtlich,
in der die berechneten Funktionswerte durch Geradenstücke verbunden sind.

21.3.3 Uneigentliche Integrale

Bei allen Typen von uneigentlichen Integralen kann im Konvergenzfall die *exakte Berechnung* mit MATHCAD und MATHCAD PRIME mittels *Integraloperator* aus Abschn.
21.3.2 und symbolischem Gleichheitszeichen versucht werden, da als *Integrationsgrenzen*
auch ±∞ zugelassen sind (siehe Beisp.21.3).
Obwohl sich die numerische Berechnung uneigentlicher Integrale in der Numerischen Mathematik schwierig gestaltet, kann sie mit MATHCAD und MATHCAD PRIME mittels
numerischem Gleichheitszeichen versucht werden.

Beispiel 21.3:

a) Für das *konvergente uneigentliche Integral*

$$\int_1^\infty \frac{1}{x^5} \, dx = 1/4$$

kann die *Berechnung*

– *exakt* mittels symbolischem Gleichheitszeichen geschehen:

$$\int\limits_{1}^{\infty} \frac{1}{x^5}\, dx \rightarrow \frac{1}{4}$$

– *exakt* in der Form

$$\lim_{s\to\infty} \int\limits_{1}^{s} \frac{1}{x^5}\, dx$$

als bestimmtes Integral mit anschließender Grenzwertberechnung geschehen:

$$\lim_{s\to\infty} \int\limits_{1}^{s} \frac{1}{x^5}\, dx \rightarrow \frac{1}{4}$$

– *numerisch* mittels numerischen Gleichheitszeichens geschehen:

$$\int\limits_{1}^{\infty} \frac{1}{x^5}\, dx = 0.25$$

b) Für das *divergente uneigentliche Integral*

$$\int\limits_{1}^{\infty} \frac{1}{x}\, dx$$

wird die *Divergenz* erkannt und ∞ ausgegeben:

$$\int\limits_{1}^{\infty} \frac{1}{x}\, dx \rightarrow \infty$$

c) Wenn das *divergente uneigentliche Integral*

$$\int\limits_{-1}^{1} \frac{1}{x^2}\, dx$$

formal integriert wird, ohne zu erkennen, dass der Integrand bei x=0 unbeschränkt ist, wird das *falsche Ergebnis* -2 erhalten. MATHCAD und MATHCAD PRIME erkennen die Divergenz und geben ∞ aus:

$$\int\limits_{-1}^{1} \frac{1}{x^2}\, dx \rightarrow \infty$$

 Bemerkung

Zusammenfassend lässt sich zur *Berechnung uneigentlicher Integrale* mittels MATHCAD und MATHCAD PRIME sagen, dass sich eine Überprüfung empfiehlt, wenn sie ein Ergebnis liefern. Diese kann u.a. durch eine Behandlung als *bestimmtes* (*eigentliches*) *Integral* mit anschließender *Grenzwertberechnung* erfolgen (siehe Beisp.21.3a).

21.3.4 Mehrfache Integrale

Die *exakte Berechnung* mehrfacher Integrale führt die Integralrechnung auf die *Berechnung mehrerer einfacher Integrale* zurück, so dass in MATHCAD und MATHCAD PRIME der

Integraloperator aus Abschn.21.3.2 durch Schachtelung und Eingabe des exakten Gleichheitszeichen → anwendbar ist.
Die *numerische Berechnung* mehrfacher Integrale geschieht ebenfalls mittels Integraloperator und Eingabe des numerischen Gleichheitszeichens =.

Beispiel 21.4:

Illustration der *exakten* und *numerischen Berechnung mehrfacher Integrale* mittels MATH-
CAD und MATHCAD PRIME:

a) Berechnung des *Massenträgheitsmoments* bzgl. einer *Kante* des im ersten Oktanten lie-
   genden *Würfels* $0 \leq x \leq a$, $0 \leq y \leq a$, $0 \leq z \leq a$ mit Kantenlänge $a > 0$ und Dichte $\rho = 1$:

   Wenn die Bezugskante in der z-Achse liegt, berechnet sich das gesuchte *Trägheitsmo-
   ment* I_z durch das folgende *dreifache Integral*:

   $$I_z = \int\limits_{z=0}^{a} \int\limits_{y=0}^{a} \int\limits_{x=0}^{a} (x^2 + y^2) \, dx \, dy \, dz$$

   Berechnung durch *Schachtelung* des *Integrationsoperators*:

   Mit symbolischen Integrationsgrenzen a lässt sich das Integral nur *exakt* mittels symbolischem Gleichheitszeichen *berechnen*:

   $$\int\limits_{0}^{a} \int\limits_{0}^{a} \int\limits_{0}^{a} (x^2 + y^2) \, dx \, dy \, dz \rightarrow \frac{2 \cdot a^5}{3}$$

   Für konkretes a (z.B. a=1) kann auch eine *numerische Berechnung* mittels numerischem
   Gleichheitszeichen durchgeführt werden:

   $$\int\limits_{0}^{1} \int\limits_{0}^{1} \int\limits_{0}^{1} (x^2 + y^2) \, dx \, dy \, dz = 0.667$$

b) Berechnung des zweifachen Integrals

   $$\int\limits_{0}^{1} \int\limits_{0}^{y} \sin(x + y) \, dx \, dy$$

   exakt mittels

   $$\int\limits_{0}^{1} \int\limits_{0}^{y} \sin(x + y) \, dx \, dy \rightarrow \sin(1) - \frac{\sin(2)}{2}$$

   numerisch mittels

   $$\int\limits_{0}^{1} \int\limits_{0}^{y} \sin(x + y) \, dx \, dy = 0.387$$

c) Das *Volumen* $18 \cdot \pi$ einer *Halbkugel* mit Radius 3 ist durch das dreifache Integral

   $$\int\limits_{-3}^{3} \int\limits_{-\sqrt{9-x^2}}^{\sqrt{9-x^2}} \int\limits_{0}^{\sqrt{x^2+y^2}} dz \, dy \, dx$$

gegeben. MATHCAD und MATHCAD PRIME berechnen dieses Integral nicht exakt, sondern nur *numerisch:*

$$\int_{-3}^{3} \int_{-\sqrt{9-x^2}}^{\sqrt{9-x^2}} \int_{0}^{\sqrt{x^2+y^2}} 1 \, dz \, dy \, dx = 56.549$$

22 Reihen (Summen) und Produkte

Reihen und *Produkte* treten bei einer Reihe praktischer Probleme auf, wobei ein wesentlicher Unterschied zwischen *endlichen* und *unendlichen Reihen* und *Produkten* besteht.

22.1 Zahlenreihen

Es ist zwischen *endlichen* und *unendlichen Zahlenreihen* zu unterscheiden, wobei endliche Zahlenreihen auch als *Summen* bezeichnet werden.

22.1.1 Endliche Zahlenreihen (Summen)

Endliche Zahlenreihen

$$S_n = \sum_{k=m}^{n} a_k = a_m + a_{m+1} + ... + a_n$$

haben die Form von *Summen* mit n−m+1 *reellen Zahlen*

$$a_k = f(k) \qquad\qquad (k = m, m+1,..., n \,;\, m<n \text{ und } m \text{ und } n \text{ positive ganze Zahlen})$$

und sind folgendermaßen *charakterisiert:*

- S_n wird als *Reihensumme* bezeichnet und lässt sich durch eine endliche Anzahl von Additionen berechnen.
- Die Zahlen m und n heißen unterer bzw. oberer *Summationsindex*.
- Die reellen Zahlen a_k heißen *Glieder* der Reihe und werden durch eine Funktion f(k) bestimmt, die das *Bildungsgesetz* der Reihe beinhaltet. Die Gesamtheit

  $$a_m, a_{m+1}, ..., a_n$$

  der Glieder bildet eine endliche Zahlenfolge.

22.1.2 Unendliche Zahlenreihen

Unendliche Zahlenreihen

$$\sum_{k=m}^{\infty} a_k = a_m + a_{m+1} + ... + a_n + ... = \lim_{n \to \infty} S_n$$

sind als *Grenzwert* endlicher Zahlenreihen

$$S_n = \sum_{k=m}^{n} a_k = a_m + a_{m+1} + ... + a_n$$

definiert und lassen sich folgendermaßen *charakterisieren:*

- Die Gesamtheit

  $$a_m, a_{m+1}, ..., a_n, ...$$

  der Glieder bildet eine unendliche Zahlenfolge.

- Wenn der Grenzwert

$$S = \lim_{n \to \infty} S_n$$

existiert, d.h. S ist eine endliche Zahl, heißen die Reihen *konvergent* mit *Reihensumme* S, ansonsten *divergent*.

- S_n heißt *n-te Partialsumme* der unendlichen Zahlenreihe.

- Der Nachweis der *Konvergenz* einer unendlichen Zahlenreihe ist schwierig:

  - Das notwendige Konvergenzkriterium

    $$\lim_{k \to \infty} a_k = 0$$

    ist für die meisten Reihen leicht nachzuprüfen. Wenn es nicht erfüllt ist, so *divergiert* die Reihe. Wenn es erfüllt ist, kann die Reihe trotzdem divergieren, wie die bekannte divergente Reihe $\sum_{k=1}^{\infty} \frac{1}{k}$ zeigt.

  - Es existieren *hinreichende Konvergenzkriterien*, die jedoch für viele unendliche Reihen keine Aussagen treffen.

  - Es gibt nur für *alternierende Reihen* ein leicht nachzuprüfendes *hinreichendes Konvergenzkriterium* und einen numerischen *Berechnungsalgorithmus*:
    Das hinreichende *Kriterium* von *Leibniz* für *alternierende Reihen* sagt Folgendes aus:
    Gelten für eine alternierende Reihe

    $$\sum_{k=m}^{\infty} (-1)^k \cdot a_k$$

    die leicht nachzuprüfenden Bedingungen

    $$a_k \ge a_{k+1} > 0 \quad \text{und} \quad \lim_{k \to \infty} a_k = 0 \, ,$$

    so ist die Reihe konvergent und besitzt eine Summe S.
    Für den *absoluten Fehler* zwischen *Reihensumme* S und *n-ter Partialsumme* S_n gilt

    $$\left| S - S_n \right| \le a_{n+1}$$

    Aufgrund dieser Fehlerschranke lässt sich eine numerische (näherungsweise) Berechnung der Reihensumme S durch Summierung (Berechnung einer endlichen Reihe) einfach durchführen (siehe Beisp.22.2).

Bei nichtalternierenden Reihen ist eine Annäherung durch eine endliche Summe im Gegensatz zu alternierenden Reihen nicht zu empfehlen, da sich hier keine Fehlerschranken angeben lassen, so dass dies in vielen Fällen zu falschen Ergebnissen führt.

22.1.3 Berechnung mit MATHCAD und MATHCAD PRIME

Die Berechnung endlicher Zahlenreihen (Summen)

$$\sum_{k=m}^{n} a_k = a_m + a_{m+1} + \ldots + a_n$$

gestaltet sich in MATHCAD und MATHCAD PRIME einfach durch Anwendung des *Summationsoperators* in folgenden Schritten:

I. Anklicken des *Summationsoperators*

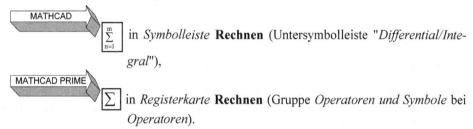

in *Symbolleiste* **Rechnen** (Untersymbolleiste *"Differential/Integral"*),

in *Registerkarte* **Rechnen** (Gruppe *Operatoren und Symbole* bei *Operatoren*).

II. In die Platzhalter des im Arbeitsblatt erscheinenden Summensymbols

$$\sum_{\bullet=\bullet}^{\bullet} \bullet$$

werden hinter dem Summenzeichen das allgemeine Glied a_k, unter dem Summenzeichen k=m (mit numerischem Gleichheitszeichen =) und über dem Summenzeichen n eingetragen.

III. Abschließend kann die Berechnung auf eine der folgenden Arten geschehen:

Exakte Berechnung durch Eingabe des symbolischen Gleichheitszeichens → und abschließender Betätigung der $\boxed{\text{EINGABETASTE}}$.

Numerische Berechnung durch Eingabe des numerischen Gleichheitszeichens = und abschließender Betätigung der $\boxed{\text{EINGABETASTE}}$.

Beispiel 22.1:

a) Nach dem Anklicken des Summationsoperators kann z.B. durch Ausfüllen der entsprechenden Platzhalter des im Arbeitsblatt erscheinenden Summensymbols die Summe

$$\sum_{k=1}^{30} \frac{1}{2^k} \quad \text{durch Eingabe des}$$

– *symbolischen Gleichheitszeichens → exakt berechnet* werden:

$$\sum_{k=1}^{30} \frac{1}{2^k} \rightarrow \frac{1073741823}{1073741824}$$

– *numerischen Gleichheitszeichens = numerisch berechnet* werden:

$$\sum_{k=1}^{30} \frac{1}{2^k} = 0.999999999$$

b) Berechnung der *Doppelsumme*

$$\sum_{i=1}^{2} \sum_{k=1}^{3} (i + \frac{k}{5})$$

durch *Schachtelung* des *Summationsoperators:*

- *exakt* mit symbolischem Gleichheitszeichen:

$$\sum_{i=1}^{2}\sum_{k=1}^{3}(i+\frac{k}{5}) \rightarrow \frac{57}{5}$$

- *numerisch* mit numerischem Gleichheitszeichen:

$$\sum_{i=1}^{2}\sum_{k=1}^{3}(i+\frac{k}{5}) = 11.4$$

Die *Berechnung* der Summe *konvergenter unendlicher Zahlenreihen* gestaltet sich aufgrund der im Abschn.22.1.2 genannten Fakten i.Allg. schwierig, so dass auch von MATHCAD und MATHCAD PRIME keine Wunder zu erwarten sind.

Die Vorgehensweise bei der Berechnung gestaltet sich analog wie bei endlichen Zahlenreihen, wie im folgenden Beisp.22.2 zu sehen ist. Es ist lediglich der obere *Summationsindex* durch *Unendlich* $\boxed{\infty}$ zu ersetzen, und es kann nur das *symbolische Gleichheitszeichen* verwendet werden.

♦

Beispiel 22.2:

a) Die *Divergenz* der folgenden Reihen wird nicht erkannt. Die Reihen werden unverändert zurückgegeben:

$$\sum_{k=1}^{\infty}\frac{1}{\sqrt{k}} \rightarrow \sum_{k=1}^{\infty}\frac{1}{\sqrt{k}} \qquad \sum_{k=2}^{\infty}\frac{1}{k \cdot \ln(k)} \rightarrow \sum_{k=2}^{\infty}\frac{1}{k \cdot \ln(k)}$$

b) Die Summen der folgenden konvergenten Reihen werden berechnet:

$$\sum_{k=1}^{\infty}\frac{1}{k^2} \rightarrow \frac{\pi^2}{6} \qquad\qquad \sum_{k=1}^{\infty}\frac{1}{(2 \cdot k - 1) \cdot (2 \cdot k + 1)} \rightarrow \frac{1}{2}$$

c) Obwohl die *alternierende Reihe*

$$\sum_{k=1}^{\infty}(-1)^{k+1} \cdot \frac{k}{k^2 + 1}$$

das Kriterium von Leibniz erfüllt und damit konvergent ist, wird kein Ergebnis gefunden und die Reihe unverändert zurückgegeben.

Eine Folge von Näherungswerten für die Reihe kann hier durch numerische Berechnung endlicher Partialsummen für wachsendes n bestimmt werden:

$$\sum_{k=1}^{100}(-1)^{k+1} \cdot \frac{k}{k^2 + 1} = 0.264636 \qquad\qquad \sum_{k=1}^{1000}(-1)^{k+1} \cdot \frac{k}{k^2 + 1} = 0.2691108$$

$$\sum_{k=1}^{10000}(-1)^{k+1} \cdot \frac{k}{k^2 + 1} = 0.2695605$$

Nach dem Kriterium von Leibniz lässt sich aus der Gleichung

$$a_{n+1} = \frac{n+1}{(n+1)^2+1} = \varepsilon$$

eine Zahl n bestimmen, um mittels der endlichen Summe

$$S_n = \sum_{k=1}^{n} (-1)^{k+1} \cdot \frac{k}{k^2+1}$$

die gegebene alternierende Reihe mit vorgegebener Genauigkeit ε anzunähern. Diese Gleichung lösen MATHCAD und MATHCAD PRIME mit **solve** (siehe Abschn.18.2):

$$\frac{n+1}{(n+1)^2+1} = 0.0001 \; \textbf{solve}, n \rightarrow \begin{pmatrix} -0.9999 \\ 9998.9999 \end{pmatrix}, \text{ d.h. } n \approx 10\,000 \text{ für } \varepsilon = 0.0001.$$

d) Die folgende konvergente *alternierende Reihe* wird von MATHCAD und MATHCAD PRIME berechnet:

$$\sum_{k=1}^{\infty} (-1)^{(k-1)} \cdot \frac{1}{k} \rightarrow \ln(2)$$

22.2 Funktionenreihen

Allgemeine *Funktionenreihen* sind dadurch gekennzeichnet, dass die Glieder $a_k(x)$ keine reellen Zahlen, sondern Funktionen von x sind, d.h. sie haben folgende Form

$$S_n(x) = \sum_{k=m}^{n} a_k(x) = a_m(x) + a_{m+1}(x) + \ldots + a_n(x)$$

Im Folgenden werden zwei für die Praxis wichtige Spezialfälle von Funktionenreihen vorgestellt.

22.2.1 Taylorreihen mit MATHCAD und MATHCAD PRIME

Im Abschn.20.2 werden *Taylorentwicklungen*

$$f(x) = \sum_{k=0}^{n} \frac{f^{(k)}(x_0)}{k!} \cdot (x-x_0)^k + R_n(x)$$

für Funktionen einer reellen Variablen mittels MATHCAD und MATHCAD PRIME berechnet.
Gilt für das *Restglied*

$$\lim_{n \to \infty} R_n(x) = 0 \qquad\qquad \text{für alle } x \in (x_0 - r, x_0 + r),$$

so lässt sich die Funktion f(x) durch die *Potenzreihe* (mit Konvergenzradius r)

$$f(x) = \sum_{k=0}^{\infty} \frac{f^{(k)}(x_0)}{k!} \cdot (x-x_0)^k \qquad\qquad \text{mit dem } \textit{Konvergenzbereich } |x-x_0| < r$$

darstellen, die *Taylorreihe* heißt.

22.2.2   Fourierreihen mit MATHCAD und MATHCAD PRIME

Obwohl die Fourierreihenentwicklung bei vielen praktischen Problemen (vor allem in Elektrotechnik, Akustik und Optik) eine große Rolle spielt, besitzen MATHCAD und MATHCAD PRIME keine vordefinierten Funktionen zur Berechnung von Fourierreihen.

Fourierreihenentwicklungen sind folgendermaßen *charakterisiert*:

- Für eine periodische Funktion f(x) mit der Periode 2p oder für eine nur auf dem Intervall [-p,p] gegebene Funktion f(x) lautet die Entwicklung in eine *Fourierreihe*:

$$f(x) = \frac{a_0}{2} + \sum_{k=1}^{\infty} \left(a_k \cdot \cos\frac{k \cdot \pi \cdot x}{p} + b_k \cdot \sin\frac{k \cdot \pi \cdot x}{p} \right)$$

mit den *Fourierkoeffizienten* (k=0,1,2,3,...)

$$a_k = \frac{1}{p} \cdot \int_{-p}^{p} f(x) \cdot \cos\frac{k \cdot \pi \cdot x}{p}\ dx \qquad \text{und} \qquad b_k = \frac{1}{p} \cdot \int_{-p}^{p} f(x) \cdot \sin\frac{k \cdot \pi \cdot x}{p}\ dx$$

Die (punktweise) Konvergenz dieser so gebildeten Fourierreihen ist für viele praktisch vorkommende Funktionen f(x) nach dem Kriterium von Dirichlet gesichert, das Folgendes voraussetzt:

Das Intervall [-p, p] lässt sich in endlich viele Teilintervalle zerlegen, in denen f(x) stetig und monoton ist und falls a eine Unstetigkeitsstelle von f(x) ist, so existieren hier linksseitiger und rechtsseitiger Grenzwert, d.h. f(a-0) bzw. f(a+0) .

- Wenn eine Funktion f(x) im Intervall

$[-\pi , \pi]$

in eine *Fourierreihe* zu entwickeln ist, so liegt ein Spezialfall der gegebenen allgemeinen Entwicklung vor. Die Reihe lautet hierfür

$$f(x) = \frac{a_0}{2} + \sum_{k=1}^{\infty} (a_k \cdot \cos(k \cdot x) + b_k \cdot \sin(k \cdot x))$$

und die *Fourierkoeffizienten* haben folgende Gestalt:

$$a_k = \frac{1}{\pi} \cdot \int_{-\pi}^{\pi} f(x) \cdot \cos(k \cdot x)\ dx \qquad\qquad b_k = \frac{1}{\pi} \cdot \int_{-\pi}^{\pi} f(x) \cdot \sin(k \cdot x)\ dx$$

- Eine in eine Fourierreihe entwickelbare Funktion muss nicht notwendigerweise periodisch sein. Wenn eine auf einem Intervall [-p, p] definierte Funktion die Bedingungen von Dirichlet erfüllt, so kann sie durch eine Fourierreihe angenähert werden. In diesem

Fall lässt sich die Funktion periodisch fortsetzen. Für weitere Details wird auf Lehrbücher verwiesen.

Im folgenden Beisp.22.3 wird die Vorgehensweise in MATHCAD und MATHCAD PRIME zur Berechnung von Fourierreihen illustriert:
Die *Fourierreihe* für eine gegebene Funktion f(x) kann bestimmt werden, indem mit Integraloperatoren (siehe Abschn.21.3.2) die einzelnen Fourierkoeffizienten berechnet werden, wobei wir diese in MATHCAD und MATHCAD PRIME mit Feldindex schreiben, d.h. als Komponenten von Vektoren **a** und **b** auffassen.
Beisp.22.3 kann als Vorlage zur Berechnung der *Fourierreihe* (bis zum N-ten Glied)

$$F_N(x) = \frac{a_0}{2} + \sum_{k=1}^{N} (a_k \cdot \cos\frac{k \cdot \pi \cdot x}{p} + b_k \cdot \sin\frac{k \cdot \pi \cdot x}{p})$$

beliebiger Funktionen f(x) verwendet werden. Es müssen nur

- die Funktion f(x),
- der Wert p für das Intervall [-p,p],
- die Anzahl N der zu berechnenden Glieder

entsprechend geändert werden.

Beispiel 22.3:

a) Entwicklung der Funktion

   $f(x) = x^2$

   im Intervall [-1,1] in eine Fourierreihe mit 5 Gliedern:

   Dazu sind die beiden Fourierkoeffizienten für k = 0, 1, ... , 5 zu berechnen:

$$a_k = \int_{-1}^{1} x^2 \cdot \cos(k \cdot \pi \cdot x) \, dx \qquad \text{und} \qquad b_k = \int_{-1}^{1} x^2 \cdot \sin(k \cdot \pi \cdot x) \, dx$$

In MATHCAD und MATHCAD PRIME kann dies folgendermaßen geschehen, wobei für die Indizes von a und b der Feldindex und von F der Literalindex verwendet wird :

$f(x) := x^2 \quad p := 1 \quad N := 5 \quad k := 0..N$

$$a_k := \frac{1}{p} \cdot \int_{-p}^{p} f(x) \cdot \cos\left(k \cdot \pi \cdot \frac{x}{p}\right) dx \qquad b_k := \frac{1}{p} \cdot \int_{-p}^{p} f(x) \cdot \sin\left(k \cdot \pi \cdot \frac{x}{p}\right) dx$$

$$F_N(x) := \frac{a_0}{2} + \sum_{k=1}^{N} (a_k \cdot \cos(\tfrac{k \cdot \pi \cdot x}{p}) + b_k \cdot \sin(\tfrac{k \cdot \pi \cdot x}{p}))$$

Damit können beliebige Funktionen im Intervall [-p,p] entwickelt werden. Es sind nur die Funktionszuweisung für f(x) und die Zahlenzuweisungen für p und N entsprechend zu ändern, wie im folgenden Beisp.b zu sehen ist.

b) Durch Anwendung der Vorgehensweise aus Beisp.a lässt sich jede Fourierreihe berechnen, so z.B. die Fourierreihe mit 10 Gliedern für die Funktion $f(x)= x^3$ im Intervall
[-2,2]:

$f(x) := x^3 \quad p:=2 \quad N:=10 \quad k:=0..N$

$$a_k := \frac{1}{p} \cdot \int_{-p}^{p} f(x) \cdot \cos\left(k \cdot \pi \cdot \frac{x}{p}\right) dx \qquad b_k := \frac{1}{p} \cdot \int_{-p}^{p} f(x) \cdot \sin\left(k \cdot \pi \cdot \frac{x}{p}\right) dx$$

$$F_N(x) := \frac{a_0}{2} + \sum_{k=1}^{N} \left(a_k \cdot \cos(\frac{k \cdot \pi \cdot x}{p}) + b_k \cdot \sin(\frac{k \cdot \pi \cdot x}{p})\right)$$

Der Graph der Funktion $f(x)$ und ihrer Fourierreihennäherung $F_N(x)$ bis zum N-ten

Glied ist aus folgender Abbildung zu ersehen.

Die Grafik zeigt die gute Annäherung der Fourierreihe an die gegebene Funktion innerhalb des betrachteten Intervalls und die Abweichungen an den Intervallenden. Dies liegt
darin begründet, dass die Fortsetzung dieser Funktion im Gegensatz zur Funktion aus
Beisp.a an den Intervallenden unstetig ist (Sprung) und die dazugehörige Fourierreihe
hier gegen den Mittelwert 0 konvergiert:

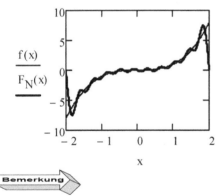

Bemerkung

In den Beisp.22.3a und b sind die zu entwickelnden Funktionen gerade bzw. ungerade, so
dass die Fourierkoeffizienten b_k bzw. a_k gleich Null sind, wie aus der Theorie folgt. Die
in den Beispielen berechneten Fourierkoeffizienten bestätigen dies.

22.3 Zahlenprodukte mit MATHCAD und MATHCAD PRIME

Wie bei Reihen wird bei Produkten ebenfalls zwischen endlichen und unendlichen Produkten unterschieden:

$$P_n = \prod_{k=m}^{n} a_k = a_m \cdot a_{m+1} \cdot \dots \cdot a_n \qquad \text{bzw.} \qquad P = \prod_{k=m}^{\infty} a_k = a_m \cdot a_{m+1} \cdot \dots$$

Die Berechnung von Produkten erfolgt in MATHCAD und MATHCAD PRIME analog zu der von Reihen, wobei nur der Summationsoperator durch den *Produktoperator*

zu ersetzen ist. Deshalb wird nur eine Illustration im folgenden Beisp.22.4 gegeben.

Beispiel 22.4:
Folgende Aufgaben für *unendliche Produkte* werden mittels symbolischen Gleichheitszeichen gelöst:
Das folgende Produkt divergiert gegen ∞:

$$\prod_{k=1}^{\infty}(1+\frac{1}{k}) \rightarrow \infty$$

Das folgende Produkt divergiert gegen 0:

$$\prod_{k=2}^{\infty}(1-\frac{1}{k}) \rightarrow 0$$

Das folgende Produkt konvergiert gegen 1/2:

$$\prod_{k=2}^{\infty}(1-\frac{1}{k^2}) \rightarrow \frac{1}{2}$$

22.4 Bereichssummen und -produkte mit MATHCAD und MATHCAD PRIME

Die Mathematik kennt keine Bereichssummen und -produkte. Sie lassen sich jedoch mit MATHCAD und MATHCAD PRIME berechnen, da folgende Summen- und Produktoperatoren einsetzbar sind:

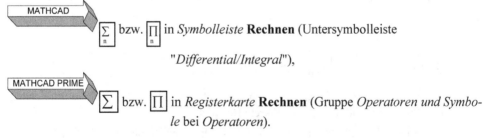

MATHCAD

$\sum_n$ bzw. $\prod_n$ in *Symbolleiste* **Rechnen** (Untersymbolleiste

"*Differential/Integral*"),

MATHCAD PRIME

$\sum$ bzw. $\prod$ in *Registerkarte* **Rechnen** (Gruppe *Operatoren und Symbole* bei *Operatoren*).

Nach Anklicken der entsprechenden Operatoren erscheinen Symbole für Summe bzw. Produkt im Arbeitsblatt, in denen der Platzhalter hinter dem Symbol die gleiche Bedeutung wie bei Summen und Produkten aus Abschn.22.1.1 und 22.3 hat.
Da in den Platzhalter unter dem Symbol nur die Indexbezeichnung einzutragen ist, muss oberhalb des Symbols der *Laufbereich* für den Index durch eine *Bereichsvariable definiert* sein. Dabei ist auch eine Summation bzw. Produktbildung über nichtganzzahlige Indizes zugelassen, d.h. beliebige Bereichsvariable.

Die oben gebildeten Summen und Produkte heißen *Bereichssummen* bzw. *Bereichspro-dukte* und werden nur numerisch durch Eingabe des numerischen Gleichheitszeichens = be-rechnet. Illustrationen hierfür liefert das folgende Beisp.22.5.

♦

Beispiel 22.5:

a) Die numerische Berechnung der endlichen Zahlenreihe (Summe)

$$\sum_{k=1}^{30} \frac{1}{2^k}$$

kann folgendermaßen geschehen:

- Durch Anwendung des *Summationsoperators* wie im Abschn.22.1.3:

$$\sum_{k=1}^{30} \frac{1}{2^k} = 0.999999999068677$$

- Mittels *Bereichssumme* durch Definition von k als Bereichsvariable:

$$k:= 1..30 \qquad \sum_{k} \frac{1}{2^k} = 0.999999999068677$$

b) Die numerische Berechnung des endlichen Produkts

$$\prod_{k=1}^{10} \left(\frac{5}{6}\right)^k$$

kann folgendermaßen geschehen:

- Durch Anwendung des *Produktoperators* wie im Abschn.22.3:

$$\prod_{k=1}^{10} \left(\frac{5}{6}\right)^k = 4.416 \cdot 10^{-5}$$

- Mittels *Bereichsprodukt* durch Definition von k als Bereichsvariable:

$$k:= 1..10 \qquad \prod_{k} \left(\frac{5}{6}\right)^k = 4.416 \cdot 10^{-5}$$

c) Es lassen sich auch Bereichssummen bzw. Bereichsprodukte über beliebige Bereichsva-riablen realisieren, wie folgendes konkrete Beispiel illustriert:

- Numerische Berechnung der Summe der Quadrate der Zahlen 0.1, 0.2, ... , 1 :

$$x:=0.1,0.2,..1 \qquad \sum_{x} x^2 = 3.85$$

- Numerische Berechnung des Produkts der Zahlen 0.1, 0.2, ... ,1 :

$$x:=0.1,0.2,..1 \qquad \prod_{x} x = 3.629 \cdot 10^{-4}$$

23 Vektoranalysis

Die *Vektoranalysis* untersucht *skalare* und *vektorielle Felder* mit Mitteln der Differential- und Integralrechnung.

Viele *Probleme* in *Technik* und *Naturwissenschaften* lassen sich unter Verwendung von *Feldern* beschreiben, so u.a.

- Kraftfelder (z.B. elektrische Felder, Gravitationsfelder), Beschleunigungsfelder, Geschwindigkeitsfelder als Beispiele für *Vektorfelder*.

- Elektrostatische Potentiale, Dichte- und Temperaturverteilungen als Beispiele für *Skalarfelder*.

23.1 Felder

Felder werden häufig im zweidimensionalen Raum (kurz: Ebene) R^2 und dreidimensionalen Raum (kurz: Raum) R^3 benötigt, die *zweidimensionale* (ebene) bzw. *dreidimensionale* (räumliche) *Felder* heißen.

23.1.1 Skalar- und Vektorfelder

Felder lassen sich in kartesischen Koordinatensystemen durch Funktionen beschreiben und teilen sich in *Skalar-* und *Vektorfelder* auf, denen bei *zweidimensionalen* (ebenen) und *dreidimensionalen* (räumlichen) Feldern jedem *Punkt* P(x,y) bzw. P(x,y,z) unterschiedliche Größen zugeordnet werden:

- *Skalarfelder*
  ordnen jedem Punkt P eine *skalare Größe* (*Zahlenwert*) u zu, die sich durch eine (skalare) *Funktion* beschreiben lässt, d.h.

  $u = u(x,y)$ (im R^2)

  $u = u(x,y,z)$ (im R^3)

- *Vektorfelder*
  ordnen jedem Punkt P einen *Vektor* **v** zu, der sich durch eine *Vektorfunktion* **v** mit Komponenten v_1, v_2, v_3 in folgender Form beschreiben lässt:

  $\mathbf{v} = \mathbf{v}(x,y) = v_1(x,y) \cdot \mathbf{i} + v_2(x,y) \cdot \mathbf{j}$ (im R^2)

  $\mathbf{v} = \mathbf{v}(x,y,z) = v_1(x,y,z) \cdot \mathbf{i} + v_2(x,y,z) \cdot \mathbf{j} + v_3(x,y,z) \cdot \mathbf{k}$ (im R^3)

Die verwendeten Vektoren **i**, **j** und **k** bezeichnen die *Basisvektoren* in rechtwinkligen *kartesischen Koordinatensystemen*.

Skalar- und Vektorfelder sind nicht mit den im Abschn.11.1 behandelten Feldern zu verwechseln, die zur Darstellung von Vektoren und Matrizen dienen.

23.1.2 Felder in MATHCAD und MATHCAD PRIME

MATHCAD und MATHCAD PRIME bieten für die Arbeit mit *Skalar-* und *Vektorfeldern* folgende Möglichkeiten:

- Skalar- und Vektorfelder lassen sich als *Funktionsdateien* definieren, wobei die Definition von Skalarfeldern kein Problem darstellt, da diese durch Funktionen von zwei bzw. drei Variablen beschrieben werden (siehe Kap.14). Die Definition von Vektorfeldern wird im folgenden Beisp.23.1 illustriert.

- Es bestehen keine Möglichkeiten zur grafischen Darstellung dreidimensionaler Vektorfelder. Es lassen sich nur *zweidimensionale* (ebene) *Vektorfelder*

$$\mathbf{v}(x,y) = v_1(x,y) \cdot \mathbf{i} + v_2(x,y) \cdot \mathbf{j}$$

mittels MATHCAD *grafisch darstellen* (siehe Hilfe und Buch [5] des Autors). Für MATHCAD PRIME befindet sich dies noch in Vorbereitung.

23.2 Gradient, Rotation und Divergenz

23.2.1 Berechnungsformeln

Im Folgenden werden *Berechnungsformeln* für Gradient, Rotation und Divergenz vorgestellt:

- Mittels *Gradientenoperator* **GRAD** wird einem *Skalarfeld* u(x,y,z) das *Vektorfeld* (*Gradientenfeld*)

$$\mathbf{GRAD}u(x,y,z) = u_x(x,y,z) \cdot \mathbf{i} + u_y(x,y,z) \cdot \mathbf{j} + u_z(x,y,z) \cdot \mathbf{k}$$

zugeordnet:

   - Voraussetzung für die Berechnung von Gradienten ist, dass u(x,y,z) partielle Ableitungen erster Ordnung besitzt.
   - Vektorfelder **v**(x,y,z) heißen *Potentialfelder*, wenn

     $$\mathbf{v}(x,y,z) = \mathbf{GRAD}u(x,y,z)$$

     gilt, d.h. sie sich als Gradientenfeld eines Skalarfeldes (ihres *Potentials*) u(x,y,z) darstellen lassen. In praktischen Anwendungen spielen Potentialfelder eine wichtige Rolle.

- Mittels *Rotationsoperator* **ROT** wird einem *Vektorfeld*

$$\mathbf{v}(x,y,z) = v_1(x,y,z) \cdot \mathbf{i} + v_2(x,y,z) \cdot \mathbf{j} + v_3(x,y,z) \cdot \mathbf{k}$$

das neue *Vektorfeld*

$$\mathbf{ROT}\mathbf{v}(x,y,z) = \begin{vmatrix} \mathbf{i} & \mathbf{j} & \mathbf{k} \\ \dfrac{\partial}{\partial x} & \dfrac{\partial}{\partial y} & \dfrac{\partial}{\partial z} \\ v_1 & v_2 & v_3 \end{vmatrix} = \left(\dfrac{\partial v_3}{\partial y} - \dfrac{\partial v_2}{\partial z} \right) \cdot \mathbf{i} + \left(\dfrac{\partial v_1}{\partial z} - \dfrac{\partial v_3}{\partial x} \right) \cdot \mathbf{j} + \left(\dfrac{\partial v_2}{\partial x} - \dfrac{\partial v_1}{\partial y} \right) \cdot \mathbf{k}$$

zugeordnet, falls die Komponenten $v_1(x,y,z)$, $v_2(x,y,z)$, $v_3(x,y,z)$ des Vektorfeldes $\mathbf{v}(x,y,z)$ differenzierbar sind:

- Die Bedingung $\mathbf{ROTv}(x,y,z) = 0$ ist unter gewissen Voraussetzungen *notwendig* und *hinreichend* für die Existenz eines *Potentials*.

- Falls für ein Vektorfeld $\mathbf{v}(x,y,z)$ ein *Potential* $u(x,y,z)$ vorliegt, so gestaltet sich die Berechnung dieses Potential über die Integration der Beziehungen

$$\frac{\partial u}{\partial x} = v_1(x,y,z) \ , \ \frac{\partial u}{\partial y} = v_2(x,y,z) \ , \ \frac{\partial u}{\partial z} = v_3(x,y,z)$$

  i.Allg. schwierig. MATHCAD und MATHCAD PRIME können hier helfen, wenn diese Integrationen exakt durchführbar sind (siehe Kap.21).

- Mittels *Divergenzoperator* DIV wird einem *Vektorfeld*

  $$\mathbf{v}(x,y,z) = v_1(x,y,z) \cdot \mathbf{i} + v_2(x,y,z) \cdot \mathbf{j} + v_3(x,y,z) \cdot \mathbf{k}$$

  das *Skalarfeld*

  $$\mathrm{DIV}\mathbf{v}(x,y,z) = \frac{\partial v_1}{\partial x} + \frac{\partial v_2}{\partial y} + \frac{\partial v_3}{\partial z}$$

  zugeordnet, falls die Komponenten $v_1(x,y,z)$, $v_2(x,y,z)$, $v_3(x,y,z)$ des Vektorfeldes $\mathbf{v}(x,y,z)$ differenzierbar sind.

23.2.2 Eigenschaften

Die *Differentialoperatoren* **GRAD** (Gradient), **ROT** (Rotation) und DIV (Divergenz) spielen bei der Charakterisierung von Feldern eine grundlegende Rolle.
Auf ihre mathematische und physikalische Interpretation kann im Rahmen des Buches nicht ausführlich eingegangen werden. Es werden nur einige wichtige Eigenschaften vorgestellt:

- Der *Gradient* eines Skalarfeldes $u(x,y,z)$ steht senkrecht auf den Niveaulinien bzw. -flächen von $u(x,y,z)$ und zeigt in Richtung des größten Zuwachses von $u(x,y,z)$.

- Die *Rotation* eines Vektorfeldes $\mathbf{v}(x,y,z)$ ist ein Maß für die Wirbeldichte des Feldes. Ist sie gleich 0, so ist das Vektorfeld wirbelfrei.

- Die *Divergenz* eines Vektorfeldes $\mathbf{v}(x,y,z)$ ist ein Maß für die Quelldichte des Feldes. Ist sie gleich 0, so ist das Vektorfeld quellenfrei.

23.2.3 Berechnung mit MATHCAD und MATHCAD PRIME

MATHCAD und MATHCAD PRIME sind bei Aufgaben der Vektoranalysis noch verbesserungsfähig.
Zur Berechnung von Gradient, Rotation und Divergenz stellen MATHCAD und MATHCAD PRIME keine vordefinierten Funktionen zur Verfügung. Es lassen sich nur die Berechnungsformeln mittels symbolischem Gleichheitszeichen → berechnen:

- Der *Gradient* einer Funktion

u(x,y,z)

lässt sich mit Matrix- und Ableitungsoperator folgendermaßen als Vektor berechnen:

$$\mathbf{grad\_}u(x,y,z) := \begin{pmatrix} \dfrac{d}{dx}u(x,y,z) \\ \dfrac{d}{dy}u(x,y,z) \\ \dfrac{d}{dz}u(x,y,z) \end{pmatrix}$$

Beispiel 23.1:
Die definierte Vektorfunktion **grad_**u(x,y,z) zur Berechnung von *Gradienten* ist allgemein anwendbar, wenn vorher die Funktion u(x,y,z) entsprechend definiert ist, wie z.B.

$$u(x,y,z) := x \cdot y \cdot z \qquad\qquad \mathbf{grad\_}u(x,y,z) \rightarrow \begin{pmatrix} y \cdot z \\ x \cdot z \\ x \cdot y \end{pmatrix}$$

- Die *Rotation* eines Vektorfeldes

$$\mathbf{v}(x,y,z) = v_1(x,y,z) \cdot \mathbf{i} + v_2(x,y,z) \cdot \mathbf{j} + v_3(x,y,z) \cdot \mathbf{k}$$

lässt sich mit Matrix- und Ableitungsoperator folgendermaßen als Vektor berechnen:

$$\mathbf{rot\_v}(v_1,v_2,v_3,x,y,z) := \begin{bmatrix} \dfrac{d}{dy}v_3(x,y,z) - \dfrac{d}{dz}v_2(x,y,z) \\ \dfrac{d}{dz}v_1(x,y,z) - \dfrac{d}{dx}v_3(x,y,z) \\ \dfrac{d}{dx}v_2(x,y,z) - \dfrac{d}{dy}v_1(x,y,z) \end{bmatrix}$$

Beispiel 23.2:
Die definierte Vektorfunktion

$$\mathbf{rot\_v}(v_1,v_2,v_3,x,y,z)$$

zur Berechnung der *Rotation* ist allgemein anwendbar, wenn vorher die Komponenten des vorliegenden Vektorfeldes

$$v_1(x,y,z) := \dots \qquad v_2(x,y,z) := \dots \qquad v_3(x,y,z) := \dots$$

entsprechend definiert sind. Dies gilt sowohl für zwei- und dreidimensionale Felder.

Im Falle *zweidimensionaler Felder* ist einfach $v_3(x,y,z) := 0$ zu setzen.

So ergibt sich für die folgenden zwei- bzw. dreidimensionalen konkreten Felder:

$$v_1(x,y,z) := x \qquad\qquad\qquad v_1(x,y,z) := x$$

$v_2(x,y,z) := y$ $v_2(x,y,z) := y$

$v_3(x,y,z) := 0$ $v_3(x,y,z) := z$

jeweils

$$\mathbf{rot\_v}(v_1, v_2, v_3, x, y, z) \rightarrow \begin{pmatrix} 0 \\ 0 \\ 0 \end{pmatrix},$$

d.h. beide Felder sind Potentialfelder.

- Die *Divergenz* eines Vektorfeldes

$\mathbf{v}(x,y,z) = v_1(x,y,z) \cdot \mathbf{i} + v_2(x,y,z) \cdot \mathbf{j} + v_3(x,y,z) \cdot \mathbf{k}$

lässt sich mittels Ableitungsoperator folgendermaßen berechnen:

$$\mathbf{div\_v}(v_1, v_2, v_3, x, y, z) := \frac{d}{dx} v_1(x,y,z) + \frac{d}{dy} v_2(x,y,z) + \frac{d}{dz} v_3(x,y,z)$$

Beispiel 23.3:

Die definierte Funktion

$\mathbf{div\_v}(v_1, v_2, v_3, x, y, z)$

zur Berechnung der Divergenz ist allgemein anwendbar. Es sind vorher nur die Komponenten des gegebenen Vektorfeldes entsprechend zu definieren, wie z.B.

$v_1(x,y,z) := x \cdot y$ $v_2(x,y,z) := x \cdot z$ $v_3(x,y,z) := y \cdot e^z$

$\mathbf{div\_v}(v_1, v_2, v_3, x, y, z) \rightarrow y + y \cdot e^z$

In den vorangehenden Beispielen wurde der Literalindex verwendet, da der Feldindex hier nicht funktioniert.

23.3 Kurven- und Oberflächenintegrale

Ein weiterer Gegenstand der *Vektoranalysis* ist die Berechnung von *Kurven-* und *Oberflächenintegralen.*

Hierfür sind keine Funktionen vordefiniert, so dass MATHCAD und MATHCAD PRIME auf diesem Gebiet noch verbesserungsfähig sind.

Derartige Integrale können nur berechnet werden, wenn sie vorher per Hand unter Verwendung der Berechnungsformeln auf einfache bzw. zweifache Integrale zurückgeführt werden. Anschließend lässt sich der im Kap.21 vorgestellte Integraloperator einsetzen.

Beispiel 23.4:

Illustration der Berechnung von Kurven- und Oberflächenintegralen mittels MATHCAD und MATHCAD PRIME:

a) Berechnung des *Kurvenintegrals*

$$\int_C 2 \cdot x \cdot y \ dx + (x-y) \ dy + \ y \cdot z \ dz$$

längs des Geradenstücks C zwischen den Punkten (0,0,0) und (2,4,3):

– Physikalisch liefert das Integral die *geleistete Arbeit*, wenn sich im *Vektorfeld*

$\mathbf{v}(x,y,z)=2 \cdot x \cdot y \cdot \mathbf{i}+(x-y) \cdot \mathbf{j}+y \cdot z \cdot \mathbf{k}$

längs des *Geradenstücks* in Parameterdarstellung

$x(t)=2 \cdot t$, $y(t)=4 \cdot t$, $z(t)=3 \cdot t$ $(0{\le}t{\le}1)$

zwischen den beiden Punkten (0,0,0) und (2,4,3) bewegt wird.

– Nach der *Berechnungsformel* für *Kurvenintegrale* ist die Parameterdarstellung der Geraden in das Kurvenintegral einzusetzen, so dass sich das *bestimmte Integral*

$$\int_0^1 (2 \cdot 2 \cdot t \cdot 4 \cdot t \cdot 2 + (2 \cdot t - 4 \cdot t) \cdot 4 + 4 \cdot t \cdot 3 \cdot t \cdot 3) \ dt = \int_0^1 (68 \cdot t^2 - 8 \cdot t) \ dt$$

ergibt, das mittels *Integraloperator* problemlos exakt berechnet wird:

$$\int_0^1 (68 \cdot t^2 - 8 \cdot t) \ dt \to \frac{56}{3}$$

b) Berechnung eines *Oberflächenintegrals*::

Es ist der *Flächeninhalt* der Kegelfläche K gesucht, der zwischen den Ebenen z=0 und z=1 liegt, wobei K durch

$$z = \sqrt{x^2 + y^2}$$

beschrieben wird.

Der Flächeninhalt ist durch folgendes *Oberflächenintegral erster Art* gegeben, das durch die Berechnungsformel auf ein *zweifaches Integral* zurückgeführt wird:

$$\iint_K dS = \int_{-1}^{1} \int_{-\sqrt{1-x^2}}^{\sqrt{1-x^2}} \sqrt{1 + z_x^2 + z_y^2} \ dy \, dx = \int_{-1}^{1} \int_{-\sqrt{1-x^2}}^{\sqrt{1-x^2}} \sqrt{2} \ dy \, dx = \pi \cdot \sqrt{2}$$

Das anfallende zweifache Integral wird durch Schachtelung des Integraloperators problemlos exakt berechnet:

$$\int_{-1}^{1} \int_{-\sqrt{1-x^2}}^{\sqrt{1-x^2}} \sqrt{2} \ dy \, dx \to \pi \cdot \sqrt{2}$$

24 Transformationen

Im Folgenden werden wichtige Vertreter *linearer Integraltransformationen* wie
Laplacetransformation und *Fouriertransformation* und ihre diskreten Vertreter wie die
z-Transformation

betrachtet, die ein breites Anwendungsspektrum besitzen:

- Das *Grundprinzip* der betrachteten *Transformationen* besteht darin, gegebene Funktionen, die als *Originalfunktionen* oder *Urbildfunktionen* bezeichnet werden, in Funktionen zu transformieren, die als *Bildfunktionen* bezeichnet werden.

- Das Ziel derartiger Transformationen ist, Operationen im Rahmen der Originalfunktionen auf einfachere Operationen im Rahmen der Bildfunktionen zurückzuführen, wie dies z.B. bei der Anwendung auf die Lösung von Differenzen- und Differentialgleichungen der Fall ist.

- Im vorliegenden Buch kann nicht auf die umfangreiche Theorie dieser Transformationen eingegangen, sondern nur die Anwendung von MATHCAD und MATHCAD PRIME kurz vorgestellt werden.

24.1 z-Transformation

24.1.1 Problemstellung

Bei einer Reihe praktischer Probleme ist von einer Funktion f(t), in der t meistens die Zeit darstellt, nicht der gesamte Verlauf bekannt oder interessant, sondern nur *Werte* in einzelnen *Punkten* t_n (n=0,1,2,3,...). Damit ist folgende Problematik gegeben, auf die *z-Transformationen* anwendbar sind:

- Eine Funktion f(t) liegt in Form einer *Zahlenfolge* vor (n=0,1,2,...):

$$\{f_n\} = \{f(t_n)\}$$

Derartige Zahlenfolgen werden z.B. durch Messungen in verschiedenen Zeitpunkten oder durch diskrete Abtastung stetiger Signale erhalten, wofür häufig Differenzengleichungen (siehe Kap.25) auftreten.

- Bei ganzzahligen Werten von t_n (z.B. t_n =n) werden *Zahlenfolgen* als Funktion f des *Index* n geschrieben, d.h.

$$\{f_n\} = \{f(n)\}$$

- Mittels *z-Transformation* wird diesen *Zahlenfolgen* (*Originalfolgen*)

$$\{f_n\}$$

eine unendliche Reihe

$$Z[f_n] = F(z) = \sum_{n=0}^{\infty} f_n \cdot \left(\frac{1}{z}\right)^n$$

zugeordnet, die im Falle der Konvergenz *z-Transformierte* (*Bildfunktion* F(z) mit der Variablen z) heißt.

- Die *Rücktransformation* der Bildfunktion F(z) in die Originalfolge $\{f_n\}$ wird als *inverse z-Transformation* (Rücktransformation) bezeichnet und u.a. bei Anwendungen auf Differenzengleichungen benötigt.

Die z-Transformation erweist sich als ein wirkungsvolles Hilfsmittel in einer Reihe von Gebieten wie Systemtheorie, elektrischen Netzwerken und Regelungstechnik, bei denen Differenzengleichungen auftreten (siehe Kap.25).

24.1.2 Berechnung mit MATHCAD und MATHCAD PRIME

Die *z-Transformation* und *inverse z-Transformation* lassen sich in MATHCAD und MATHCAD PRIME mittels der *Schlüsselwörter* **ztrans** bzw. **invztrans** in folgenden Schritten durchführen:

I. Anklicken des Schlüsselworts **ztrans** bzw. **invztrans** und im erscheinenden Symbol ist in den linken Platzhalter die Originalfolge bzw. Bildfunktion und in den rechten der Index bzw. die Variable einzutragen. Der rechte Platzhalter erscheint nach Eingabe eines Kommas nach dem Schlüsselwort.

II. Abschließend kann die *exakte Berechnung* mittels symbolischem Gleichheitszeichen → und Betätigung der $\boxed{\text{EINGABETASTE}}$ geschehen.

Bei Anwendung von MATHCAD und MATHCAD PRIME ist zu beachten, dass

– bei MATHCAD das symbolische Gleichheitszeichen → nach dem Schlüsselwort, während es bei MATHCAD PRIME unter dem Schlüsselwort steht.

– die *Originalfolge* f(n) als Funktion von n und die *Bildfunktion* F(z) als Funktion von z geschrieben sind.

– sie die *Transformierten* nicht immer berechnen können, da keine endlichen Algorithmen existieren.

◆

Beispiel 24.1:
a) Berechnung der z-Transformation und ihrer inversen Transformation für eine Reihe von Zahlenfolgen unter Verwendung der Schlüsselwörter **ztrans** bzw. **invztrans** mittels MATHCAD:

z-Transformation   *inverse z-Transformation*

$$1 \text{ ztrans}, n \rightarrow \frac{z}{z\text{-}1}$$ $$\frac{z}{z\text{-}1} \text{ invztrans}, z \rightarrow 1$$

$$n \text{ ztrans}, n \rightarrow \frac{z}{(z\text{-}1)^2}$$ $$\frac{z}{(z\text{-}1)^2} \text{ invztrans}, z \rightarrow n$$

$$a^n \text{ ztrans}, n \rightarrow -\frac{z}{a\text{-}z}$$ $$\frac{-z}{a\text{-}z} \text{ invztrans}, z \rightarrow a^n$$

$$\frac{a^n}{n!} \text{ ztrans}, n \to e^{\frac{a}{z}} \qquad\qquad e^{\frac{a}{z}} \text{ invztrans}, z \to \frac{a^n}{n!}$$

b) Zur Lösungsberechnung für *Differenzengleichungen* werden *z-Transformierte* von

$y(n+1), y(n+2),...$

benötigt, die sich folgendermaßen durch die z-Transformierte von y(n) darstellen, wie die Anwendung von **ztrans** zeigt (bei MATHCAD PRIME können hierbei noch Probleme auftreten):

$y(n+1)$ **ztrans**, $n \to -z \cdot (y(0) - \text{ztrans}(y(n), n, z))$

$y(n+2)$ **ztrans**, $n \to z^2 \cdot \text{ztrans}(y(n), n, z) - z^2 \cdot y(0) - z \cdot y(1)$

Das gelieferte Ergebnis **ztrans**(y(n), n, z) für die z-Transformierte von y(n) ist für Anwendungen wie z.B. die Lösung von Differenzengleichungen unhandlich, so dass sich das Ersetzen durch eine neue Funktion wie z.B.

$Y(z) =$ **ztrans**(y(n), n, z)

empfiehlt.

24.2 Laplacetransformation

Schwingungsvorgänge in *Technik* und *Naturwissenschaften* lassen sich häufig durch *lineare Differentialgleichungen* mit *konstanten Koeffizienten* beschreiben. Für diese Probleme liefert die *Laplacetransformation* eine effektive Lösungsmethode, die in der Elektrotechnik als Standardmethode eingesetzt wird. Da bei diesen Problemen die Zeit t auftritt, verwenden wir im Folgenden f(t) für zu transformierende Funktionen.

24.2.1 Problemstellung

Die *Laplacetransformation* ist folgendermaßen *charakterisiert:*

• Die *Laplacetransformierte* (*Bildfunktion*) L[f]=F(s) einer Funktion (*Originalfunktion*) f(t) berechnet sich aus

$$L[f] = F(s) = \int_0^\infty f(t) \cdot e^{-s \cdot t} \, dt$$

• Eine wesentliche Problematik besteht darin, aus einer vorliegenden *Bildfunktion* F(s) die *Originalfunktion* f(t) zu berechnen. Dies wird als *inverse Laplacetransformation* oder *Rücktransformation* bezeichnet und u.a. bei der Lösung von Differentialgleichungen benötigt.

• *Laplacetransformation* und *inverse Laplacetransformation* berechnen sich aus uneigentlichen Integralen, deren Konvergenz unter gewissen Voraussetzungen beweisbar ist. Für diese Berechnungen existiert jedoch kein endlicher Algorithmus, so dass beide nicht immer berechenbar sind.

24.2.2 Berechnung mit MATHCAD und MATHCAD PRIME

Die *Laplacetransformation* und *inverse Laplacetransformation* lassen sich in MATHCAD und MATHCAD PRIME mittels der *Schlüsselwörter* **laplace** bzw. **invlaplace** in folgenden Schritten durchführen:

I. Anklicken des Schlüsselworts **laplace** bzw. **invlaplace** und im erscheinenden Symbol mit symbolischem Gleichheitszeichen ist in den linken Platzhalter die zu transformierende Original- bzw. Bildfunktion und in den rechten Platzhalter die Variable einzutragen. Der rechte Platzhalter erscheint nach Eingabe eines Kommas nach dem Schlüsselwort.

II. Abschließend kann die *exakte Berechnung* durch Betätigung der ⌊EINGABETASTE⌋ geschehen.

Bei Anwendung von MATHCAD und MATHCAD PRIME ist zu beachten, dass

−   bei MATHCAD das symbolische Gleichheitszeichen → nach dem Schlüsselwort während es bei MATHCAD PRIME unter dem Schlüsselwort steht.

−   die *Originalfunktion* f(t) als Funktion von t und die *Bildfunktion* F(s) als Funktion von s geschrieben wird.

−   sie die *Transformierten* nicht immer berechnen können, da keine endlichen Algorithmen existieren.

    ◆

Beispiel 24.2:

a) Berechnung der *Laplacetransformation* und ihrer inversen Transformation für einige elementare Funktionen unter Verwendung der Schlüsselwörter **laplace** bzw. **invlaplace** mittels MATHCAD. Bei MATHCAD PRIME besteht der einzige Unterschied darin, dass die Schlüsselwörter über dem symbolischen Gleichheitszeichen stehen:

Laplacetransformation   *Inverse Laplacetransformation*

$$\cos(t)\,\textbf{laplace},t \rightarrow \frac{s}{s^2+1} \qquad \frac{s}{s^2+1}\,\textbf{invlaplace},s \rightarrow \cos(t)$$

$$\sin(t)\,\textbf{laplace},t \rightarrow \frac{1}{s^2+1} \qquad \frac{1}{s^2+1}\,\textbf{invlaplace},s \rightarrow \sin(t)$$

$$t\,\textbf{laplace},t \rightarrow \frac{1}{s^2} \qquad\qquad \frac{1}{s^2}\,\textbf{invlaplace},s \rightarrow t$$

$$e^{-a\cdot t}\,\textbf{laplace},t \rightarrow \frac{1}{a+s} \qquad \frac{1}{a+s}\,\textbf{invlaplace},s \rightarrow e^{-(a\cdot t)}$$

$$t\cdot e^{-a\cdot t}\,\textbf{laplace},t \rightarrow \frac{1}{(a+s)^2} \qquad \frac{1}{(a+s)^2}\,\textbf{invlaplace},s \rightarrow t\cdot e^{-(a\cdot t)}$$

$$1\,\textbf{laplace}, t \rightarrow \frac{1}{s} \qquad\qquad \frac{1}{s}\,\textbf{invlaplace}, s \rightarrow 1$$

b) Zur Lösung von Differentialgleichungen stellt sich die Frage, wie sich Ableitungen bei der Anwendung der Laplacetransformation transformieren.

MATHCAD und MATHCAD PRIME berechnen diese Transformierten für erste und zweite Ableitungen in folgender Form:

$$\frac{d}{dt}y(t)\,\textbf{laplace}, t \rightarrow s\cdot\textbf{laplace}(y(t), t, s) - y(0)$$

$$\frac{d^2}{dt^2}y(t)\,\textbf{laplace}, t \rightarrow s^2 \cdot\textbf{laplace}(y(t), t, s) - y'(0) - s\cdot y(0)$$

Das gelieferte Ergebnis

$\textbf{laplace}(y(t), t, s)$

für die Laplacetransformierte der Funktion

$y(t)$

ist für Anwendungen wie z.B. die Lösung von Differentialgleichungen unhandlich, so dass sich das Ersetzen durch eine neue Funktion, wie z.B.

$Y(s) = \textbf{laplace}(y(t), t, s)$

empfiehlt.

24.3 Fouriertransformation

Die *Fouriertransformation* hängt eng mit der Laplacetransformation zusammen und wird ebenfalls zur *Lösung* von *Differentialgleichungen* herangezogen. Des Weiteren dient sie zur *Analyse periodischer Vorgänge.*

MATHCAD und MATHCAD PRIME besitzen die Schlüsselwörter **fourier** und **invfourier** zur *Fouriertransformation.*

Da Fouriertransformationen im Buch keinen Einsatz finden, wird nicht näher darauf eingegangen.

24.4 Einsatz von Transformationen zur Lösung von Gleichungen

Die Berechnung von Lösungen für *Differenzengleichungen, gewöhnliche* und *partielle Differentialgleichungen* bildet ein Haupteinsatzgebiet der *Transformationen,* wobei die Vorgehensweise für alle analog ist und aus folgenden drei Schritten besteht:

I. Die gegebene *Gleichung (Originalgleichung)* wird durch die *Transformation* in eine *Gleichung (Bildgleichung)* für die *Bildfunktion* überführt.

II. Die erhaltene *Bildgleichung* wird nach der *Bildfunktion aufgelöst.*

III. Abschließend wird durch *Anwendung* der *inversen Transformation* (*Rücktransformation*) auf die *Bildfunktion* die *Lösung* (Originalfunktion) der gegebenen *Gleichung* erhalten.

Die Anwendung von Transformationen ist jedoch nur für Gleichungen erfolgreich, für die erhaltene *Bildgleichungen* eine *einfache Struktur* (lineare Struktur) besitzen und sich problemlos nach der Bildfunktion auflösen lassen. Da die Transformationen linear sind, trifft dies z.B. auf lineare Differenzen- und Differentialgleichungen mit konstanten Koeffizienten zu, wie in den Kap.25 und 26 zu sehen ist.

25 Differenzengleichungen

Dynamische (d.h. *zeitabhängige*) *Vorgänge* heißen *Prozesse* und spielen in vielen Anwendungen eine große Rolle (siehe auch Kap.26).

Wenn *Prozesse* nur zu bestimmten Zeitpunkten betrachtet werden (*diskrete/diskontinuierliche Betrachtungsweise*), ergeben sich *Differenzengleichungen* bei der mathematischen Modellierung, so z.B. in der Technik bei der Untersuchung elektrischer Netzwerke und in der Signalverarbeitung und in den Wirtschaftswissenschaften bei Wachstums- und Konjunkturuntersuchungen.

Wenn bei einem Prozess von der *diskreten/diskontinuierlichen Betrachtungsweise* zur *stetigen/kontinuierlichen* übergegangen wird, so gehen beschreibende *Differenzengleichungen* in *Differentialgleichungen* (siehe Kap.26) über. Umgekehrt ergeben sich Differenzengleichungen aus Differentialgleichungen durch Diskretisierung. Aus diesem Sachverhalt erklärt sich der enge *Zusammenhang* der *Lösungstheorien* für beide Arten von Gleichungen.

25.1 Problemstellung

Differenzengleichungen werden auch als Rekursionsgleichungen (Rekursionsformeln) bezeichnet, da sie Zahlenfolgen rekursiv definieren, wie bei folgender allgemeiner *Differenzengleichung m-ter Ordnung* zu sehen ist (m gegebene ganze Zahl$\geq$1 ; n=0,1,2,...):

$$y(n+m) = f(y(n+m-1), y(n+m-2), ... , y(n))$$

Hier ist jedes Glied $y(n+m)$ der Folge eine Funktion der vorangehenden m Glieder. Bei Vorgabe von m *Anfangswerten* $y(0), y(1), ..., y(m-1)$ berechnen sich $y(m), y(m+1), ...$ aus

$$y(m) = f(y(m-1), y(m-2), ... , y(0)), \quad y(m+1) = f(y(m), y(m-1), ... , y(1)), ...$$

Es gibt noch eine zweite *Schreibweise* für Differenzengleichungen, die *Indexschreibweise* heißt:

$$y_{n+m} = f(y_{n+m-1}, y_{n+m-2}, ... , y_n)$$

Wenn es sich um die Zeit handelt, wird statt n auch t verwandt, d.h. man schreibt y_t bzw. $y(t)$, so dass die Differenzengleichungen folgende Form haben:

$$y_{t+m} = f(y_{t+m-1}, y_{t+m-2}, ... , y_t) \quad \text{bzw.} \quad y(t+m) = f(y(t+m-1), y(t+m-2), ..., y(t))$$

25.2 Lineare Differenzengleichungen

Nur für den Spezialfall *linearer Differenzengleichungen* gibt es analog zu linearen Differentialgleichungen eine umfassende Lösungstheorie, wobei für konstante Koeffizienten die weitreichendsten Aussagen vorliegen.

Zum besseren Verständnis der Problematik werden wichtige Eigenschaften *linearer Differenzengleichungen m-ter Ordnung* kurz vorgestellt:

- Sie haben die Form (n=0,1,2,... und m eine gegebene ganze Zahl $\geq$1):

$$y(n+m) + a_1 \cdot y(n+m-1) + a_2 \cdot y(n+m-2) + \ldots + a_m \cdot y(n) = b(n)$$

bzw. in Indexschreibweise

$$y_{n+m} + a_1 \cdot y_{n+m-1} + a_2 \cdot y_{n+m-2} + \ldots + a_m \cdot y_n = b_n$$

Die hier auftretenden Größen bedeuten Folgendes:

- $a_1, a_2, \ldots, a_m$ gegebene reelle *Koeffizienten.*

  Hängen die Koeffizienten nicht von n ab, so liegen *lineare Differenzengleichung* mit *konstanten Koeffizienten* vor.

- $\{b(n)\}$ bzw. $\{b_n\}$ Folge der gegebenen *rechten Seiten.*

  Sind alle Glieder dieser Folge gleich Null, so liegen *homogene lineare Differenzengleichungen* vor, ansonsten *inhomogene.*

- $\{y(n)\}$ bzw. $\{y_n\}$ Folge der gesuchten *Lösungen (Lösungsfolge).*

- Sie haben folgende *Eigenschaften:*
  - Die *allgemeine Lösung* hängt von m frei wählbaren reellen Konstanten ab.
  - Wenn *Anfangswerte* y(0), y(1) ,..., y(m-1) bzw. $y_0, y_1, \ldots, y_{m-1}$ gegeben sind, ist die *Lösungsfolge* {y(n)} bzw. $\{y_n\}$ unter gewissen Voraussetzungen eindeutig *bestimmt* und man spricht von einer zu den Anfangswerten gehörenden *speziellen Lösung.*
  - Die *allgemeine Lösung inhomogener Differenzengleichungen* ergibt sich als Summe aus allgemeiner Lösung der zugehörigen homogenen und spezieller Lösung der inhomogenen.

25.2.1 Exakte Lösung mit Ansatz

Lösungen einer *homogenen linearen Differenzengleichung* mit konstanten Koeffizienten *m-ter Ordnung* ergeben sich mittels des *Ansatzes* (in Analogie zu Differentialgleichungen)

$$y_n = \lambda^n ,$$

der folgende *charakteristische Polynomgleichung* m-ten Grades liefert:

$$\lambda^m + a_1 \cdot \lambda^{m-1} + a_2 \cdot \lambda^{m-2} + \ldots + a_{m-1} \cdot \lambda + a_m = 0$$

Der einfachste Fall liegt vor, wenn die charakteristische Polynomgleichung m paarweise verschiedene reelle Lösungen

$$\lambda_1, \lambda_2, \ldots, \lambda_m$$

besitzt. In diesem Fall lautet die *allgemeine Lösung* (c_i - beliebige Konstanten):

$$y_n = c_1 \cdot \lambda_1^n + c_2 \cdot \lambda_2^n + c_3 \cdot \lambda_3^n + \ldots + c_m \cdot \lambda_m^n$$

Die *Konvergenz* der *Lösungsfolge* hängt von den Werten der Lösungen der charakteristischen Polynomgleichung ab.

Zur Lösungskonstruktion bei mehrfachen bzw. komplexen Lösungen der charakteristischen Polynomgleichung wird auf die Literatur verwiesen.

Mittels MATHCAD und MATHCAD PRIME lassen sich diese Differenzengleichung problemlos lösen, wenn Lösungen der charakteristischen Polynomgleichung exakt berechenbar sind (siehe Beisp.25.1). Weiterhin lässt sich auch die z-Transformation zur Lösung anwenden (siehe Abschn.25.2.2).

♦

Beispiel 25.1:

Lösung der folgenden inhomogenen *linearen Differenzengleichung* zweiter Ordnung mit konstanten Koeffizienten (n=2,3,...)

$$y_n - 10 \cdot y_{n-1} + 24 \cdot y_{n-2} = 30$$

mit *Anfangsbedingungen*

$$y_0 = 3 \; , \; y_1 = 12$$

durch Anwendung des *Ansatzes*

$$y_n = \lambda^n .$$

Das *Einsetzen* des Ansatzes in die *homogene Differenzengleichung* liefert folgende charakteristische quadratische Polynomgleichung:

$$\lambda^2 - 10 \cdot \lambda + 24 = 0 ,$$

die folgende beiden Lösungen besitzt:

$$\lambda_1 = 6 \; , \; \lambda_2 = 4 .$$

Damit ergibt sich die *allgemeine Lösung* der *homogenen Differenzengleichung*

$$y_n = c_1 \cdot 6^n + c_2 \cdot 4^n$$

Um die allgemeine Lösung der inhomogenen Differenzengleichung zu erhalten, ist noch eine *spezielle Lösung* erforderlich, die sich hier einfach mittels Ansatz $y_n = k = \text{konstant}$ zu $y_n = 2$ berechnen lässt.

Damit ergibt sich die *allgemeine Lösung* der *inhomogenen Differenzengleichung*

$$y_n = c_1 \cdot 6^n + c_2 \cdot 4^n + 2$$

Die beiden Konstanten c_1, c_2 berechnen sich durch Einsetzen der Anfangsbedingungen aus dem linearen Gleichungssystem

$$3 = c_1 + c_2 + 2 \quad , \quad 12 = 6 \cdot c_1 + 4 \cdot c_2 + 2$$

zu $c_1 = 3, c_2 = -2$, so dass sich folgende *Lösung* der Aufgabe ergibt: $\quad y_n = 3 \cdot 6^n - 2 \cdot 4^n + 2$

25.2.2 Exakte Lösung mit z-Transformation

z-Transformationen lassen sich zur exakten *Lösungsberechnung* für lineare *Differenzengleichungen* mit *konstanten Koeffizienten* anwenden (siehe auch Abschn.24.4).

Das Prinzip bei der Anwendung der z-Transformation zur Lösung von Differenzengleichungen besteht analog zur Anwendung der Laplacetransformation zur Lösung von Differentialgleichungen (siehe Abschn.26.3.2) in folgenden drei Schritten:

I. Zuerst wird die *Differenzengleichung* (*Originalgleichung*) für die Funktion (*Originalfunktion*) y(n) mittels z-Transformation in eine *algebraische Gleichung* (*Bildgleichung*) für die *Bildfunktion* Y(z) überführt.
    Bei linearen Differenzengleichungen mit konstanten Koeffizienten ist die *Bildgleichung* eine *lineare Gleichung*, die sich einfach lösen lässt.

II. Danach wird die *Bildgleichung* nach Y(z) *aufgelöst*.

III. Abschließend wird durch Anwendung der *inversen z-Transformation* (*Rücktransformation*) auf die Bildfunktion Y(z) die Lösung y(n) der gegebenen Differenzengleichung erhalten.

25.3 Lösung mit MATHCAD und MATHCAD PRIME

Zur Berechnung von *Lösungen* für *Differenzengleichungen* bieten MATHCAD und MATHCAD PRIME folgende *Möglichkeiten*:

- Bei nichtlinearen Differenzengleichungen bleibt nur die Möglichkeit, einzelne Glieder der Lösungsfolge mittels der Rekursionsgleichung aus Abschn.25.1 zu berechnen.

- Anwendung der *Ansatzmethode* aus Abschn.25.2.1 und Berechnung der Lösungen der charakteristischen Polynomgleichung mittels des Schlüsselworts **solve**. Dies ist aber nur zu empfehlen, wenn alle Lösungen exakt berechnet werden.

- Anwendung der *z-Transformation*, wobei Folgendes zu beachten ist:
  - zu lösende Gleichungen sind auf eine Form zu bringen, in der Null auf der rechten Seite steht. Die Transformation ist dann auf den Ausdruck der linken Seite der Gleichung anzuwenden (siehe Beisp.25.2).
  - bei der Eingabe in das Arbeitsblatt dürfen keine Indizes verwendet werden, sondern es ist die Form y(n) zu schreiben.
  - lineare Differenzengleichungen m-ter Ordnung sind statt in der Form

    $$y(n) + a_1 \cdot y(n\text{-}1) + a_2 \cdot y(n\text{-}2) + \ldots + a_m \cdot y(n\text{-}m) = b(n) \qquad \text{(mit n=m, m+1,\ldots)}$$

    in der Form (mit n=0,1,\ldots)

    $$y(n+m) + a_1 \cdot y(n+m\text{-}1) + a_2 \cdot y(n+m\text{-}2) + \ldots + a_m \cdot y(n) = b(n+m)$$

    einzugeben.

Beispiel 25.2:

Folgende Beispiele illustrieren die Anwendung der z-Transformation zur Lösung linearer Differenzengleichungen (siehe auch Beisp.32.1b):

a) Ein einfaches elektrisches Netzwerk aus T-Vierpolen lasse sich durch eine homogene lineare Differenzengleichung zweiter Ordnung der Form

$$u(n+2) - 3 \cdot u(n+1) + u(n) = 0$$

für die auftretenden Spannungen u beschreiben.
Diese Differenzengleichung wird für die *Anfangsbedingungen*

$$u(0)=0 \, , \, u(1)=1$$

mit dem *Schlüsselwort* **ztrans** gelöst, wofür MATHCAD eingesetzt wird. Bei Anwendung von MATHCAD PRIME besteht der einzige *Unterschied* darin, dass hier das Schlüsselwort über dem symbolischen Gleichheitszeichen steht.

Folgende *Vorgehensweise* ist erforderlich:

I. *Zuerst* wird **ztrans** direkt auf die linke Seite der gegebenen Differenzengleichung angewandt:

$$u(n+2) - 3 \cdot u(n+1) + u(n) \; \textbf{ztrans}, \, n \to z^2 \cdot \textbf{ztrans}(u(n), n, z) - z^2 \cdot u(0)$$

$$-3 \cdot z \cdot \textbf{ztrans}(u(n),n,z) + 3 \cdot z \cdot u(0) - z \cdot u(1) + \textbf{ztrans}(u(n),n,z)$$

II. *Anschließend* werden die z-Transformierte (Bildfunktion)

ztrans(u(n),n,z)

durch die Funktion U(z), die Anfangswerte u(0) und u(1) durch die konkreten Werte 0 bzw. 1 ersetzt und der Ausdruck mit dem Schlüsselwort **solve** (siehe Abschn.18.5) nach U(z) aufgelöst:

$$z^2 \cdot U(z) - 3 \cdot z \cdot U(z) - z + U(z) \; \textbf{solve}, \, U(z) \to \frac{z}{z^2 - 3 \cdot z + 1}$$

III. *Abschließend* liefert die inverse z-Transformation mit dem Schlüsselwort **invztrans** die gesuchte Lösung u(n) der Differenzengleichung

$$\frac{z}{z^2 - 3 \cdot z + 1} \; \textbf{invztrans}, \, z \to \frac{\sqrt{5} \cdot \left(\frac{\sqrt{5}}{2} + \frac{3}{2} \right)^n}{5} - \frac{\sqrt{5} \cdot \left(\frac{3}{2} - \frac{\sqrt{5}}{2} \right)^n}{5}$$

b) Lösung der linearen Differenzengleichung zweiter Ordnung aus Beisp.25.1 (n=2,3,...)

$$y_n - 10 \cdot y_{n-1} + 24 \cdot y_{n-2} = 30$$

mit Anfangsbedingungen

$$y_0 = 3 \, , \; y_1 = 12$$

analog zu Beisp.a, wobei die Gleichung in folgender Form zu schreiben ist:

y(n+2) - 10 · y(n+1) + 24 · y(n) - 30 = 0

Die einzelnen Schritte werden dem Leser überlassen und nur die inverse z-Transformation angegeben, die die Lösung

$$y(n) = y_n = 3 \cdot 6^n - 2 \cdot 4^n + 2$$

in folgender Form liefert:

$$3 \cdot z \cdot \frac{z^2 - 7 \cdot z + 16}{z^3 - 11 \cdot z^2 + 34 \cdot z - 24} \mathbf{invztrans}, z \rightarrow 2^n \cdot 3^{n+1} - 2^{2 \cdot n + 1} + 2$$

26 Differentialgleichungen

Differentialgleichungen (Abkürzung: Dgl) spielen eine grundlegende Rolle in Technik und Naturwissenschaften, da sich zahlreiche technische Vorgänge und Naturgesetze durch sie mathematisch modellieren lassen. Inzwischen gibt es auch zahlreiche Anwendungen in den Wirtschaftswissenschaften.

Eine wichtige Anwendung finden sie in allen Wissenschaften bei *dynamischen/kontinuierlichen* (d.h. *zeitabhängigen*) *Vorgängen*, die als *Prozesse* bezeichnet werden. Werden derartige *Prozesse* kontinuierlich betrachtet, liefert die mathematische Modellierung *Dgl* im Gegensatz zur *diskreten/diskontinuierlichen Betrachtungsweise*, bei der sich *Differenzengleichungen* (siehe Kap.25) ergeben.

Da *Dgl* für Ingenieure, Natur- und Wirtschaftswissenschaftler von grundlegender Bedeutung sind, wird in diesem Kapitel ein *Einblick* gegeben:

- Gewöhnliche Dgl und als Spezialfall lineare gewöhnliche Dgl werden vorgestellt.
- Der Einsatz von MATHCAD und MATHCAD PRIME zur exakten und numerischen Lösung gewöhnlicher Dgl wird beschrieben.
- Da Dgl eine sehr umfangreiches Gebiet bilden, kann nicht auf einzelne Details eingegangen werden. Für eine ausführlichere Behandlung wird auf das Buch [6] *Differentialgleichungen mit MATHCAD und MATLAB* des Autors verwiesen.

26.1 Problemstellung

Dgl lassen sich folgendermaßen *charakterisieren:*

- Sie sind *Gleichungen*, in denen *unbekannte Funktionen* und deren *Ableitungen* vorkommen.
- Die *unbekannten Funktionen* sind so zu bestimmen, dass die Dgl identisch erfüllt sind. Es wird von *Lösungsfunktionen* gesprochen und unterschieden zwischen
  - *allgemeinen Lösungsfunktionen:* enthalten alle möglichen Lösungsfunktionen.
  - *speziellen Lösungsfunktionen:* erfüllen vorgegebene Bedingungen.
- Es ist zwischen *gewöhnlichen* und *partiellen Dgl* zu unterscheiden, bei denen die Lösungsfunktionen von einer bzw. mehreren Variablen abhängen.
- Die *Ordnung* wird von der höchsten auftretenden Ableitung bestimmt.
- Wie für alle Gleichungen ist die Frage nach *Existenz* von *Lösungsfunktionen* eine wichtige Problematik:
  - Da Dgl Gleichungen in Funktionenräumen sind, ist die Beantwortung dieser Frage kompliziert.
  - Unter einer Reihe von Voraussetzungen lassen sich Existenzaussagen für gewisse Dgl-Typen beweisen. Im Buch wird die Existenz von Lösungsfunktionen vorausgesetzt.
- Ebenso wie für algebraische Gleichungen (siehe Kap.18) existiert nur eine aussagekräftige *Lösungstheorie*, wenn sie *linear* sind. Nur für spezielle *nichtlineare Dgl* gibt es Theorien zu Eigenschaften und Berechnung von Lösungsfunktionen.

26.2 Gewöhnliche Differentialgleichungen

Gewöhnliche Dgl sind dadurch charakterisiert, dass auftretende Funktionen nur von einer Variablen abhängen, die häufig mit x, aber auch mit t bezeichnet ist, wenn es sich um die Zeit handelt.

Es ist zwischen einer Dgl und einem System von Dgl (*Dgl-System*) zu unterscheiden, bei dem mehrere Dgl und Lösungsfunktionen auftreten:

- Eine allgemeine gewöhnliche *Dgl n-ter Ordnung* hat die (explizite) Form

$$y^{(n)}(x) = f(x, y(x), y'(x), ..., y^{(n-1)}(x))$$

  mit einer *Lösungsfunktion* y(x), die über einem *Lösungsintervall* $[x_0, x_1]$ gesucht ist.

- Ein allgemeines gewöhnliches *Dgl-System 1.Ordnung* mit n Gleichungen hat die Form

$$y_1'(x) = f_1(x, y_1(x), y_2(x), ..., y_n(x))$$
$$y_2'(x) = f_2(x, y_1(x), y_2(x), ..., y_n(x))$$
$$\vdots$$
$$y_n'(x) = f_n(x, y_1(x), y_2(x), ..., y_n(x))$$

  in Matrixschreibweise $\mathbf{y}'(x) = \mathbf{f}(x, \mathbf{y}(x))$

  mit n *Lösungsfunktionen*

$$y_1(x), ..., y_n(x),$$

  die über einem *Lösungsintervall* $[x_0, x_1]$ gesucht sind.

- Jede gewöhnliche Dgl n-ter Ordnung

$$y^{(n)}(x) = f(x, y(x), y'(x), ..., y^{(n-1)}(x))$$

  lässt sich in ein gewöhnliches *Dgl-System 1.Ordnung umformen*:

  Durch Setzen von $y(x) = y_1(x)$, $y'(x) = y_1'(x) = y_2(x)$, $y''(x) = y_1''(x) = y_2'(x) = y_3(x)$, ...

  ergibt sich für die Lösungsfunktionen $y_1(x), ..., y_n(x)$ folgendes *Dgl-System 1.Ordnung*:

$$y_1'(x) = y_2(x)$$
$$y_2'(x) = y_3(x)$$
$$\vdots$$
$$y_{n-1}'(x) = y_n(x)$$
$$y_n'(x) = f(x, y_1(x), y_2(x), ..., y_n(x))$$

Diese Umformung von Dgl n-ter Ordnung wird öfters benötigt, da einige vordefinierte Numerikfunktionen von MATHCAD und MATHCAD PRIME nur auf Dgl und Dgl-Systeme 1.Ordnung anwendbar sind.

> **Bemerkung**

Bei *praktischen Anwendungen* werden meistens spezielle Lösungsfunktionen gesucht, die vorliegende als *Anfangs-* bzw. *Randbedingungen* bezeichnete Bedingungen erfüllen, so dass man von *Anfangs-* bzw. *Randwertaufgaben* spricht. Falls die allgemeine Lösungsfunktion bekannt ist, lassen sich diese Aufgaben durch Einsetzen der Anfangs- bzw. Randbedingungen berechnen.

Da jedoch allgemeine Lösungsfunktionen nur für Spezialfälle exakt berechenbar sind, muss man zur Lösung praktischer Anfangs- und Randwertaufgaben meistens numerische Methoden einsetzen.

26.2.1 Anfangswertaufgaben

Anfangswertaufgaben treten auf, wenn *Bedingungen* für Lösungsfunktionen und ihre Ableitungen nur für *einen Wert* der unabhängigen Variablen x im Lösungsintervall $[x_0, x_1]$ gegeben sind, wofür häufig der Anfangspunkt x_0 des Lösungsintervalls auftritt.

Diese Bedingungen werden als *Anfangsbedingungen* bezeichnet:

* Für Dgl n-ter Ordnung

$$y^{(n)}(x) = f(x, y(x), y'(x), ..., y^{(n-1)}(x))$$

bedeuten *Anfangsbedingungen*, dass n Bedingungen für Lösungsfunktionen und ihre Ableitungen für ein $x = x_0$ gegeben sind, so z.B. in folgender Form:

$$y(x_0) = y_1^0, \ y'(x_0) = y_2^0, ..., y^{(n-1)}(x_0) = y_n^0$$

mit gegebenen *Anfangswerten*

$$y_1^0, y_2^0, ..., y_n^0.$$

* Für Dgl-Systeme 1.Ordnung mit n Gleichungen (in Matrixschreibweise)

$$\mathbf{y}'(x) = \mathbf{f}(x, \mathbf{y}(x))$$

können *Anfangsbedingungen* die Form

$$\mathbf{y}(x_0) = \mathbf{y}^0$$

haben, wobei

$\mathbf{y}(x)$ (Lösungsfunktionen), $\mathbf{y}^0$ (Anfangswerte) und $\mathbf{f}(x, \mathbf{y}(x))$ (rechte Seite des Dgl-Systems) folgende n-dimensionale *Vektoren* bezeichnen:

$$\mathbf{y}(x) = \begin{pmatrix} y_1(x) \\ y_2(x) \\ \vdots \\ y_n(x) \end{pmatrix} \qquad \mathbf{y}^0 = \begin{pmatrix} y_1^0 \\ y_2^0 \\ \vdots \\ y_n^0 \end{pmatrix} \qquad \text{bzw.} \qquad \mathbf{f}(x, \mathbf{y}(x)) = \begin{pmatrix} f_1(x, \mathbf{y}(x)) \\ f_2(x, \mathbf{y}(x)) \\ \vdots \\ f_n(x, \mathbf{y}(x)) \end{pmatrix}$$

Anfangswertaufgaben besitzen im Unterschied zu Randwertaufgaben unter schwachen Voraussetzungen eindeutige Lösungsfunktionen, so dass bei praktischen Problemen mit der Lösbarkeit kaum Schwierigkeiten auftreten.

26.2.2 Randwertaufgaben

Randwertaufgaben treten auf, wenn *Bedingungen* für Lösungsfunktionen und ihre Ableitungen für *mehrere Werte* der unabhängigen Variablen x im Lösungsintervall $[x_0, x_1]$ gegeben sind. Diese Bedingungen werden als *Randbedingungen* bezeichnet:

*   Häufig sind Randbedingungen für zwei x-Werte gegeben, wofür häufig die beiden Endpunkte x_0 und x_1 des Lösungsintervalls $[x_0, x_1]$ auftreten (siehe Beisp.26.2b und 26.3c).
    Derartige Randbedingungen heißen *Zweipunkt-Randbedingungen*, die für allgemeine *Dgl-Systeme 1.Ordnung* in Matrixschreibweise

    $$\mathbf{y}'(x) = \mathbf{f}(x, \mathbf{y}(x))$$

    die Form

    $$\mathbf{g}(\mathbf{y}(x_0), \mathbf{y}(x_1)) = \mathbf{0}$$

    haben, wobei $\mathbf{g}(\mathbf{y}(x_0), \mathbf{y}(x_1))$ folgenden *Vektor* bezeichnet:

    $$\mathbf{g}(\mathbf{y}(x_0), \mathbf{y}(x_1)) = \begin{pmatrix} g_1(\mathbf{y}(x_0), \mathbf{y}(x_1)) \\ g_2(\mathbf{y}(x_0), \mathbf{y}(x_1)) \\ \vdots \\ g_n(\mathbf{y}(x_0), \mathbf{y}(x_1)) \end{pmatrix}$$

*   Bei Randwertaufgaben gestaltet sich der Nachweis der Existenz von Lösungsfunktionen wesentlich schwieriger als bei Anfangswertaufgaben. Hier kann schon für einfache Probleme keine Lösung existieren.

26.3 Lineare gewöhnliche Differentialgleichungen

Für *lineare* gewöhnliche Dgl n-ter Ordnung und Dgl-Systeme existiert die umfassendste Lösungstheorie. Im Folgenden werden *lineare Dgl n-ter Ordnung* der Form

$$a_n(x) \cdot y^{(n)}(x) + a_{n-1}(x) \cdot y^{(n-1)}(x) + \ldots + a_1(x) \cdot y'(x) + a_0(x) \cdot y(x) = f(x)$$

mit Koeffizienten

$$a_n(x), a_{n-1}(x), \ldots, a_1(x), a_0(x)$$

betrachtet:

*   Die *allgemeine Lösungsfunktion* hängt von n reellen Konstanten ab.
*   Ist die Funktion f(x) der rechten Seite identisch gleich Null (d.h. $f(x) \equiv 0$), so heißt die Dgl *homogen* ansonsten *inhomogen*.

- Die *allgemeine Lösungsfunktion* einer *inhomogenen linearen Dgl* ergibt sich als *Summe* aus der *allgemeinen Lösungsfunktion* der zugehörigen *homogenen* und einer *speziellen Lösungsfunktion* der *inhomogenen Dgl*.

26.3.1 Exakte Lösung mit Ansatz

Wenn die Koeffizienten $a_k(x)$ linearer Dgl gewisse Bedingungen erfüllen, führen *Ansatzmethoden* zur exakten Berechnung der *allgemeinen Lösungsfunktion homogener Dgl* zum Ziel, wie z.B. für:

- *Dgl mit konstanten Koeffizienten*

$$a_k(x) = a_k = \text{konstant} \qquad (k=0,1,...,n):$$

Hier gelingt die exakte Berechnung einer allgemeinen Lösungsfunktion mittels *Ansatz*

$$y(x) = e^{\lambda \cdot x}$$

mit dem Parameter λ:

– Durch Einsetzen in die Dgl ergibt sich für λ die *charakteristische Polynomgleichung n-ten Grades*

$$a_n \cdot \lambda^n + a_{n-1} \cdot \lambda^{n-1} + ... + a_1 \cdot \lambda + a_0 = 0$$

– Der *einfachste Fall* liegt vor, wenn die charakteristische Polynomgleichung n paarweise verschiedene reelle Lösungen

$$\lambda_1, \lambda_2, ..., \lambda_n$$

besitzt:

In diesem Fall hat die *allgemeine Lösungsfunktion* der homogenen Dgl die Form

$$y(x) = c_1 \cdot e^{\lambda_1 \cdot x} + c_2 \cdot e^{\lambda_2 \cdot x} + c_3 \cdot e^{\lambda_3 \cdot x} + ... + c_n \cdot e^{\lambda_n \cdot x}$$

mit reellen Konstanten

$$c_1, c_2, ..., c_n.$$

– Zur Lösungskonstruktion bei mehrfachen bzw. komplexen Lösungen der charakteristischen Polynomgleichung wird auf Lehrbücher verwiesen.

- *Euler-Cauchysche Dgl* mit Koeffizienten

$$a_k(x) = a_k \cdot x^k \qquad (a_k = \text{konstant}):$$

Sie lassen sich auf Dgl mit konstanten Koeffizienten zurückführen, so dass der *Ansatz*

$$y(x) = x^\lambda$$

folgt, der eine *charakteristische Polynomgleichung* n-ten Grades für λ liefert.

Bei *inhomogenen linearen Dgl* (d.h. f(x) ungleich 0) wird eine spezielle Lösung der inhomogenen Dgl benötigt, zu deren Berechnung auch Ansatzmethoden erfolgreich sind, wenn die Funktionen f(x) der rechten Seite nicht allzu kompliziert sind (siehe Beisp.26.1).

♦

Beispiel 26.1:

Für die inhomogene lineare Dgl

$$y''(x) - y(x) = x$$

zweiter Ordnung mit konstanten Koeffizienten (siehe auch Beisp.26.2a) liefert der Ansatz

$$y(x) = e^{\lambda \cdot x}$$

die *charakteristische Polynomgleichung*

$$\lambda^2 - 1 = 0$$

mit den beiden reellen Lösungen 1 und -1, so dass sich folgende *allgemeine Lösung* der *homogenen Dgl* ergibt:

$$y_h(x) = c_1 \cdot e^x + c_2 \cdot e^{-x}$$

Um eine spezielle Lösung der inhomogenen Dgl zu erhalten, bietet sich hier der Ansatz ax+b an, der -x liefert. Damit ergibt sich die *allgemeine Lösung* der *inhomogenen Dgl:*

$$y(x) = c_1 \cdot e^x + c_2 \cdot e^{-x} - x .$$

26.3.2 Exakte Lösung mit Laplacetransformation

Die *Laplacetransformation* liefert zur exakten Berechnung von *Lösungsfunktionen* y(t) für lineare Dgl mit konstanten Koeffizienten ein wirksames Hilfsmittel, wobei als unabhängige Variable anstatt x meistens die *Zeit* t auftritt:

- *Anfangswertaufgaben* lassen sich berechnen:
  - Sie bilden das Haupteinsatzgebiet für Laplacetransformationen, da alle benötigten Anfangswerte gegeben sind (siehe Beisp.26.2a).
  - Falls *Anfangswerte* nicht im Punkt t=0 gegeben sind, muss die Aufgabe durch eine *Transformation* in diese Form gebracht werden.
- *Allgemeine Lösungsfunktionen* lassen sich ebenfalls berechnen:
  Es werden Konstanten A, B,... für fehlende Anfangswerte eingesetzt, die im Ergebnis die Konstanten der allgemeinen Lösungsfunktion bilden.
- *Randwertaufgaben* lassen sich berechnen:
  Die Randwertaufgabe wird als Anfangswertaufgabe mit unbekannten Anfangswerten berechnet, indem Konstanten A, B,... für fehlende Anfangswerte verwendet werden (siehe Beisp.26.2b). Diese Konstanten lassen sich abschließend durch Einsetzen der gegebenen Randwerte bestimmen.

Die *Vorgehensweise* zur Lösungsberechnung mittels Laplacetransformation besteht in folgenden Schritten (siehe auch Abschn.24.4), die Beisp.26.2 bei der Anwendung von MATHCAD und MATHCAD PRIME veranschaulicht:

I. *Zuerst* wird die lineare Dgl (*Originalgleichung*) für die gesuchte Funktion (*Originalfunktion*) y(t) mittels Laplacetransformation in eine i.Allg. einfacher zu lösende lineare algebraische Gleichung (*Bildgleichung*) für die *Bildfunktion* Y(s) überführt.

II. *Danach* wird die erhaltene *lineare Bildgleichung* nach Y(s) *aufgelöst*.

III. *Abschließend* wird durch Anwendung der *inversen Laplacetransformation* auf den Funktionsausdruck der Bildfunktion Y(s) die *Lösungsfunktion* y(t) der Dgl erhalten.

26.4 Lösung mit MATHCAD und MATHCAD PRIME

26.4.1 Exakte Lösung

Im Gegensatz zu anderen Mathematiksystemen sind in MATHCAD und MATHCAD PRIME *keine Funktionen* zur *exakten Lösung* gewöhnlicher Dgl *vordefiniert*.

Es gibt nur folgende zwei *Möglichkeiten* zur *exakten Lösung linearer Dgl*:

- *Lösung* der *charakteristischen Polynomgleichung* mittels des Schlüsselworts **solve**, falls die im Abschn.26.3.1 vorgestellten Ansatzmethoden anwendbar sind. Dies ist aber nur in den wenigen Fällen zu empfehlen, in denen **solve** alle Lösungen der Polynomgleichung exakt berechnet.

- Die *Anwendung* der *Laplacetransformation* zur exakten Lösung linearer Dgl mit konstanten Koeffizienten vollzieht sich in MATHCAD und MATHCAD PRIME nach der im Abschn.26.3.2 beschriebenen Vorgehensweise mittels der *Schlüsselwörter* **laplace** und **invlaplace**, wie im folgenden Beispiel 26.2 illustriert ist.

Bei Anwendung der Laplacetransformation mittel MATHCAD und MATHCAD PRIME ist zu *beachten*, dass die

− zu lösende Dgl auf eine Form zu bringen ist, auf der rechts vom Gleichheitszeichen eine 0 steht und die Laplacetransformation nur auf den links vom Gleichheitszeichen stehenden Ausdruck anzuwenden ist.

− Ableitungen in der Dgl mit Ableitungsoperatoren (siehe Abschn.20.1) oder Strichnotation y'(t) , y''(t) , y'''(t) ,... eingegeben werden können, wobei die Striche bei

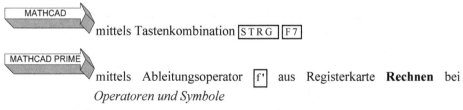

MATHCAD mittels Tastenkombination $\boxed{\text{STRG}}$ $\boxed{\text{F7}}$

MATHCAD PRIME mittels Ableitungsoperator $\boxed{\text{f'}}$ aus Registerkarte **Rechnen** bei *Operatoren und Symbole*

zu erzeugen sind.

Beispiel 26.2:

Lösung von Dgl mittels *Laplacetransformation*, wofür MATHCAD eingesetzt wird. Bei Anwendung von MATHCAD PRIME besteht der einzige *Unterschied* darin, dass hier das Schlüsselwort über dem symbolischen Gleichheitszeichen steht:

a) Lösung der inhomogenen linearen Dgl zweiter Ordnung (harmonischer Oszillator) aus Beisp.26.1, wobei im Folgenden wegen Anwendung der Laplacetransformation die Zeit t anstatt von x verwendet wird:

$y''(t) - y(t) = t$ mit Anfangsbedingungen $y(0)=2$ und $y'(0)=3$:

Zuerst wird die Dgl auf die Form

$y''(t) - y(t) - t = 0$

gebracht und auf die linke Seite die *Laplacetransformation* angewandt:

$$y''(t)-y(t)-t \text{ laplace}, t \rightarrow s^2 \cdot \text{laplace}(y(t),t,s) - y'(0) - s \cdot y(0) - \text{laplace}(y(t),t,s) - \frac{1}{s^2}$$

Danach werden die Laplacetransformierte (Bildfunktion) **laplace**(y(t),t,s) durch Y(s) er-setzt, die beiden Anfangsbedingungen y(0)=2 und y'(0)=3 eingesetzt und die Bildglei-chung mittels Schlüsselwort **solve** nach Y(s) aufgelöst:

$$s^2 \cdot Y(s) - 3 - s \cdot 2 - Y(s) - \frac{1}{s^2} \text{ solve}, Y(s) \rightarrow \frac{2 \cdot s + \frac{1}{s^2} + 3}{s^2 - 1}$$

Abschließend ergibt sich durch die *inverse Laplacetransformation:*

$$\frac{2 \cdot s + \frac{1}{s^2} + 3}{s^2 - 1} \text{ invlaplace}, s \rightarrow 3 \cdot e^t - e^{-t} - t, \text{ d.h. die } Lösung \text{ lautet}$$

$$y(t) = 3 \cdot e^t - e^{-t} - t$$

b) Lösung der *Randwertaufgabe*

$y'' + y = 0$, $y(0) = 2$, $y(\pi/2) = 3$:

Bei Anwendung der gleichen Vorgehensweise wie im Beisp.a ergibt sich Folgendes, wenn die fehlende Anfangsbedingung y'(0) durch den Parameter c ersetzt wird:

$$y''(t)+y(t) \text{ laplace}, t \rightarrow s^2 \cdot \text{laplace}(y(t),t,s) - y'(0) - s \cdot y(0) + \text{laplace}(y(t),t,s)$$

$$s^2 \cdot Y(s) - c - s \cdot 2 + Y(s) \text{ solve}, Y(s) \rightarrow \frac{c + 2 \cdot s}{s^2 + 1}$$

$$\frac{c + 2 \cdot s}{s^2 + 1} \text{ invlaplace}, s \rightarrow 2 \cdot \cos(t) + c \cdot \sin(t) \ (=y(t))$$

Das Einsetzen der gegebenen Randbedingung y(π/2)=3 in die erhaltene Lösung berechnet den noch unbekannten Parameter c mittels Schlüsselwort **solve**:

$$2 \cdot \cos(\frac{\pi}{2}) + c \cdot \sin(\frac{\pi}{2}) - 3 \text{ \textbf{solve}, } c \rightarrow 3$$

Damit ergibt sich die *Lösungsfunktion*

$$y(t) = 2 \cdot \cos(t) + 3 \cdot \sin(t)$$

26.4.2 Numerische Lösung

Neben den universellen Funktionen **odesolve** zur numerischen (näherungsweisen) Lösung beliebiger Dgl mit Anfangs- und/oder Randbedingungen und **rkfixed** zur numerischen (näherungsweisen) Lösung von Anfangswertaufgaben für Dgl-Systeme erster Ordnung sind in MATHCAD und MATHCAD PRIME noch weitere Numerikfunktionen vordefiniert. Einige dieser Funktionen erweisen sich bei der Anwendung auf spezielle Typen von Dgl wie z.B. *steife Dgl* als vorteilhaft und werden im Folgenden nur aufgezählt:

Anfangswertaufgaben: **Adams, Bulstoer, Radau, Rkadapt, rkfixed, Stiffb, Stiffr**

Randwertaufgaben: **bvalfit, sbval**

Sie wenden verschiedene numerische Algorithmen an, über die in der Hilfe und im Buch [6] *Differentialgleichungen mit MATHCAD und MATLAB* des Autors ausführlichere Informationen zu erhalten sind.

Im Folgenden wird eine Illustration für die Vorgehensweise bei der *Anwendung* von Numerikfunktionen am Beispiel von **rkfixed** für Anfangswertaufgaben und **odesolve** für Anfangswert- und Randwertaufgaben gegeben:

- Anwendung von **rkfixed**(y0, a, b, *punkte*, **D**):
  Diese *Numerikfunktion* ist nur zur numerischen Berechnung von Lösungsfunktionen für *Dgl-Systeme erster Ordnung*

$$y_1'(x) = f_1(x, y_1(x), y_2(x), ..., y_n(x))$$
$$y_2'(x) = f_2(x, y_1(x), y_2(x), ..., y_n(x))$$
$$\vdots$$
$$y_n'(x) = f_n(x, y_1(x), y_2(x), ..., y_n(x))$$

mit *Anfangsbedingungen*

$$y(x_0) = y_1^0, \ y'(x_0) = y_2^0, ..., y^{(n-1)}(x_0) = y_n^0$$

und gegebenen *Anfangswerten*

$$y_1^0, y_2^0, ..., y_n^0$$

auf dem Intervall (Lösungsintervall) $[x_0, x_1]$ anwendbar:

– Bei Dgl höherer Ordnung sind diese vorher auf ein Dgl-System erster Ordnung zurückzuführen, wie im Abschn.26.2 beschrieben ist (siehe auch Beisp.26.3a).

– Mit dem Argument *punkte* lässt sich die Anzahl der gleichabständigen x-Werte im
Lösungsintervall $[\,x_0,x_1\,]$ festlegen, in denen MATHCAD und MATHCAD PRIME
Näherungswerte für die Lösungsfunktionen berechnen sollen.

– Den Argumenten a , b sind die Endpunkte x_0,x_1 des Lösungsintervalls zuzuweisen.

– Den beiden Argumenten **y0** und **D** von **rkfixed** sind der Vektor der *Anfangsbedingungen* bzw. der *rechten Seiten* des Dgl-Systems zuzuweisen, d.h.

$$\mathbf{y}0:=\begin{pmatrix} y_1^0 \\ y_2^0 \\ \vdots \\ y_n^0 \end{pmatrix} \qquad \mathbf{D}(x,y):=\begin{pmatrix} f_1(x,y_1,...,y_n) \\ f_2(x,y_1,...,y_n) \\ \vdots \\ f_n(x,y_1,...,y_n) \end{pmatrix}$$

– **rkfixed** liefert eine *Ergebnismatrix* **Y** mit n+1 Spalten, wobei in der ersten Spalte
die x-Werte und in den restlichen n Spalten die dafür berechneten Werte für die Lösungsfunktionen $y_1(x),...,y_n(x)$ stehen, wenn ORIGIN:=1 gesetzt ist (siehe Beisp.
26.3a).

• Anwendung von **odesolve**(..., b, *punkte*):
Diese Numerikfunktion ist auf beliebige Dgl und Dgl-Systeme mit Anfangs- und/oder
Randbedingungen anwendbar, wobei die Argumente b und *punkte* die gleiche Bedeu-
tung wie bei **rkfixed** haben.
Die restlichen Argumente von **odesolve** unterscheiden sich etwas bei MATHCAD und
MATHCAD PRIME. Sie hängen auch vom Sachverhalt ab, ob eine Dgl oder ein Dgl-
System zu lösen ist, wie im folgenden Beisp.26.3 illustriert ist. Dieses Beispiel kann als
Vorlage für Rechnungen mit **odesolve** dienen.
Die Anwendung von **odesolve** vollzieht sich in einem Lösungsblock analog zur Lösung
von Gleichungen (siehe Kap.18) in folgenden Schritten:

– *Zuerst* sind zu lösende Dgl mit Anfangs- und Randbedingungen einzutragen (bei
MATHCAD PRIME bei Nebenbedingungen), wobei das Gleichheitszeichen in den
einzelnen Gleichungen unter Verwendung des Gleichheitsoperators ☐ zu schreiben
ist. Bei MATHCAD ist zusätzlich **given** vor der Dgl einzugeben.
Die Ableitungen in der Dgl können mit Ableitungsoperatoren (siehe Abschn.20.1)
oder Strichnotation y'(x) , y''(x) , y'''(x) ,... eingegeben werden, wobei die Striche bei

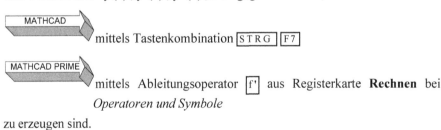

MATHCAD
mittels Tastenkombination ⎡S T R G⎤ ⎡F7⎤

MATHCAD PRIME
mittels Ableitungsoperator ⎡f'⎤ aus Registerkarte **Rechnen** bei
Operatoren und Symbole

zu erzeugen sind.

Ableitungen in Anfangs- und Randbedingungen sind mittels Strichnotation zu bilden.

– *Abschließend* ist unter den zu lösenden Dgl mit Anfangs- und Randbedingungen **odesolve** mit entsprechenden Argumenten einzugeben.

Die Numerikfunktion **odesolve** ist einfacher zu handhaben als **rkfixed**. Außerdem ist sie auf beliebige Dgl mit Anfangs- und/oder Randbedingungen anwendbar. Über die eingesetzten numerischen Methoden informiert die Hilfe von MATHCAD und MATHCAD PRIME.

♦

Beispiel 26.3:

a) Lösung der *Anfangswertaufgabe* aus Beisp.26.2a

$$y''(x) - y(x) = x$$

$$y(0)=2 \,, \ y'(0)=3$$

numerisch mittels **rkfixed** und **odesolve**. Die *exakte Lösung* lautet

$$y(x)= 3 \cdot e^{x} - e^{-x} - x$$

Die gegebene Aufgabe wird auf folgende *Anfangswertaufgabe* für *Dgl-Systeme erster Ordnung* zurückgeführt:

$$y_1'(x) = y_2(x), \qquad y_1(0) = 2$$

$$y_2'(x) = y_1(x) + x, \qquad y_2(0) = 3$$

Die *Funktion* $y_1(x)$ dieses Systems liefert die *Lösungsfunktion* $y(x)$ der gegebenen Anfangswertaufgabe.

Für die Indizierung der Funktionen $y_1(x)$ und $y_2(x)$ ist der Feldindex zu verwenden.

Die Rechnung wird im Lösungsintervall [0,2] mit Schrittweite 0.4 durchgeführt und die exakt und numerisch berechnete Lösung gezeichnet:

• *Anwendung* von **rkfixed** mit MATHCAD und MATHCAD PRIME:

In der Ergebnismatrix **Y** befinden sich für die gewählten 6 x-Werte (erste Spalte) aus dem Intervall [0,2] in den Spalten 2 und 3 die Näherungswerte für die Lösungsfunktionen $y_1(x)$ und $y_2(x)$, wobei $y_1(x)$ die *Lösung* y(x) der gegebenen Dgl liefert.

Da hier die Indizierung mit 1 (d.h. ORIGIN:=1) beginnt, enthält die berechnete Ergebnismatrix **Y** in der ersten Spalte die gewählten 5 x-Werte aus dem Intervall [0,2] und in der zweiten und dritten Spalte die berechneten Näherungswerte für die *Lösungsfunktionen*

$$y_1(x) \text{ bzw. } y_2(x):$$

ORIGIN:=1

$$y0 := \begin{pmatrix} 2 \\ 3 \end{pmatrix} \quad D(x,y) := \begin{pmatrix} y_2 \\ y_1 + x \end{pmatrix} \quad Y := \textbf{rkfixed}(y0, 0, 2, 5, D) = \begin{pmatrix} 0 & 2 & 3 \\ 0.4 & 3.405 & 4.146 \\ 0.8 & 5.426 & 6.125 \\ 1.2 & 8.457 & 9.26 \\ 1.6 & 13.053 & 14.057 \\ 2 & 20.025 & 21.296 \end{pmatrix}$$

Die folgende grafische Darstellung lässt die gute Übereinstimmung der berechneten Näherung mit der exakten Lösungsfunktion erkennen:

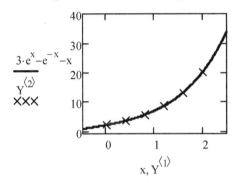

$$\frac{3 \cdot e^x - e^{-x} - x}{Y^{\langle 2 \rangle}}$$
$$\times\times\times$$

$$x, Y^{\langle 1 \rangle}$$

- *Anwendung* von **odesolve** liefert das gleiche Ergebnis wie **rkfixed**, wobei keine Indizes verwandt werden, da hiermit Probleme auftreten können:

Der *Lösungsblock* hat hier *folgende Form:*

y1'(x) = y2(x)   y2'(x) = y1(x)+x   y1(0) = 2   y2(0) = 3

$$\begin{pmatrix} y1 \\ y2 \end{pmatrix} := \textbf{odesolve}\left(\begin{pmatrix} y1(x) \\ y2(x) \end{pmatrix}, 2, 5 \right)$$

Die berechnete Näherungslösung ergibt sich folgendermaßen:

x:=0,0.4..2

$$y1(x) = \begin{pmatrix} 2 \\ 3.405 \\ 5.427 \\ 8.459 \\ 13.057 \\ 20.032 \end{pmatrix}$$

Vor den Lösungsblock (von MATHCAD PRIME) ist **given** zu schreiben und **odesolve** in folgender Form einzugeben:

$$\begin{pmatrix} y1 \\ y2 \end{pmatrix} := \textbf{odesolve}\left(\begin{pmatrix} y1 \\ y2 \end{pmatrix}, x, 2, 5 \right)$$

b) Bei Anwendung von **odesolve** braucht die Dgl zweiter Ordnung aus Beisp.a nicht unbedingt umgeformt werden, sondern lässt sich direkt in den Lösungsblock eingeben.

given

$$y''(x) - y(x) = x \quad y(0) = 2 \quad y'(0) = 3 \quad y := \textbf{odesolve}(x,2,5) \quad x := 0, 0.4..2 \quad y(x) = \begin{pmatrix} 2 \\ 3.405 \\ 5.427 \\ 8.459 \\ 13.057 \\ 20.032 \end{pmatrix}$$

Es ist zu sehen, dass die gleichen Näherungen wie in Beisp.a berechnet werden.

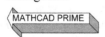

MATHCAD PRIME

Im Lösungsblock (von MATHCAD) ist lediglich **given** wegzulassen und **odesolve** in der Form

y:= **odesolve**(y(x),2,5)

einzugeben.

MATHCAD PRIME

c) Numerische Lösung mit **odesolve** der *Randwertaufgabe*

y''+y=0 , y(0)=2 , y(π/2)=3

aus Beisp.26.2b:

Der Lösungsblock kann folgende Gestalt haben:

given $y''(x) + y(x) = 0$ $y(0)=2$ $y\left(\dfrac{\pi}{2}\right) = 3$ $y:=$**odesolve**$\left(x, \dfrac{\pi}{2}, 10\right)$

Die berechneten Lösungswerte stimmen mit denen der exakten Lösung überein:

$x:=0, 0.4.. \dfrac{\pi}{2}$ $y(x)= \begin{pmatrix} 2 \\ 3.01 \\ 3.545 \\ 3.521 \end{pmatrix}$ $2 \cdot \cos(x) + 3 \cdot \sin(x) = \begin{pmatrix} 2 \\ 3.01 \\ 3.545 \\ 3.521 \end{pmatrix}$

Im Lösungsblock (von MATHCAD) ist lediglich **given** wegzulassen und **odesolve** in der Form

$y:=$**odesolve**$\left(y(x), \dfrac{\pi}{2}, 10\right)$

einzugeben.

26.5 Partielle Differentialgleichungen

Zahlreiche Phänomene in Technik und Naturwissenschaften lassen sich nicht auf befriedigende Weise durch gewöhnliche Dgl beschreiben, während partielle Dgl die Problematik wesentlich besser widerspiegeln. Dies betrifft auch die Wirtschaftswissenschaften, wo in neuere Untersuchungen ebenfalls partielle Dgl einfließen.

Viele fundamentale Naturgesetze lassen sich in der Sprache partieller Dgl formulieren. *Beispiele* hierfür bilden *Strömungsmechanik* (Navier-Stokes Gleichungen), *Wärmeleitungsprozesse* (Wärmeleitungsgleichungen), *Schwingungsvorgänge* (Schwingungsgleichungen), *Diffussion chemischer Substanzen* (Diffusionsgleichungen), *Wellen* (Wellengleichungen), *Elektromagnetismus* (Maxwellsche Gleichungen).

Hieraus resultiert die Wichtigkeit partieller Dgl bei der Modellierung in Technik und Naturwissenschaften.

Die Theorie partieller Dgl ist wesentlich komplexer als die gewöhnlicher Dgl, so dass im Rahmen des Buches nicht darauf eingegangen werden kann.

Durch die Entwicklung leistungsstärkerer Computer gewinnt die numerische Lösung partieller Dgl immer mehr an Bedeutung, da sich die *exakte Berechnung* von Lösungen schwierig und aufwendig gestaltet. Deshalb ist es nicht verwunderlich, dass MATHCAD und MATHCAD PRIME zur exakten Lösung keine vordefinierten Funktionen zur Verfügung stellen. Man kann jedoch die Entwicklung in Fourierreihen, die Fourier- und Laplacetransformation verwenden, um spezielle lineare partielle Dgl exakt zu lösen.

Zur *numerischen Berechnung* von Lösungen partieller Dgl erster und zweiter Ordnung stellen MATHCAD und MATHCAD PRIME vordefinierte Funktionen zur Verfügung, die in der Hilfe und im Buch [6] *Differentialgleichungen mit MATHCAD und MATLAB* des Autors zu finden sind.

27 Mathematische Optimierung

Die *Optimierung* gewinnt für Ingenieure, Natur- und Wirtschaftswissenschaftler zunehmend an Bedeutung, so dass in diesem Kapitel ein *Einblick* gegeben wird:

- Es werden häufig auftretende Optimierungsaufgaben vorgestellt.
- Der Einsatz von MATHCAD und MATHCAD PRIME zur Lösung von Optimierungsaufgaben wird beschrieben.
- Da die Optimierung eine sehr umfangreiche Theorie ist, kann nicht auf Details eingegangen werden. Für eine ausführliche Behandlung wird auf das Buch [19] des Autors *Mathematische Optimierung mit Computeralgebrasystemen* verwiesen.

27.1 Problemstellung

Bei zahlreichen Problemen in Technik-, Natur- und Wirtschaftswissenschaften sind minimaler Aufwand und maximale Ergebnisse gesucht. Dies sind typische Aufgabenstellungen der *Optimierung*, bei denen für ein Kriterium (*Optimierungskriterium*) kleinste (minimale) bzw. größte (maximale) Werte gesucht sind.

Die *mathematische Optimierung* untersucht praktisch auftretende Optimierungsaufgaben mit mathematischen Methoden und liefert aussagekräftige theoretische Methoden und numerische Algorithmen. Sie modelliert derartige Optimierungsaufgaben unter Verwendung von Funktionen und ist folgendermaßen *charakterisiert*:

- *Optimierungskriterien* werden auch als *Zielfunktionen* bezeichnet. Sie sind zu *minimieren* oder *maximieren*, d.h. es sind kleinste (minimale) oder größte (maximale) Zahlenwerte (d.h. *Minima* oder *Maxima*) gesucht, die allgemein *Optima* heißen. Man spricht deshalb von Minimierungs- bzw. Maximierungsaufgaben und allgemein von Optimierungsaufgaben.

- Vorliegende *Beschränkungen* liefern Bedingungen für auftretende Variablen, die als *Nebenbedingungen* bezeichnet und häufig durch Gleichungen und Ungleichungen beschrieben werden.

- Je nach Form von Zielfunktion und Nebenbedingungen werden verschiedene Gebiete der mathematischen Optimierung unterschieden wie z.B. Extremwerte, lineare und nichtlineare Optimierung, optimale Steuerung und Variationsrechnung.

- In diesem Kapitel werden Extremwertaufgaben, lineare und nichtlineare Optimierungsaufgaben betrachtet, bei denen sich Zielfunktion und alle weiteren auftretenden Funktionen durch reelle Funktionen

$$f(\mathbf{x}) = f(x_1, x_2, ..., x_n)$$

reeller Variablen

$$\mathbf{x} = (x_1, x_2, ..., x_n)$$

beschreiben lassen und Nebenbedingungen aus Gleichungen bzw. Ungleichungen (siehe Kap. 18 und 19) bestehen. Derartige Optimierungsaufgaben lassen sich bei vielen praktischen Problemen einsetzen.

27.1.1 Minimum und Maximum

Da in der mathematischen Optimierung der Begriff eines *lokalen* (relativen) bzw. *globalen* (absoluten) Minimums/Maximums einer Funktion

$$f(\mathbf{x}) = f(x_1, x_2, \ldots, x_n)$$

eine fundamentale Rolle spielt und auch für die Anwendung von MATHCAD und MATHCAD PRIME wichtig ist, wird diese Problematik im Folgenden erläutert:

- Eine Funktion $f(\mathbf{x})$ hat über einem abgeschlossenen Bereich $B \subset R^n$ im Punkt $\mathbf{x}^0$ ein

  lokales Minimum, wenn $f(\mathbf{x}) \geq f(\mathbf{x}^0)$

  lokales Maximum, wenn $f(\mathbf{x}) \leq f(\mathbf{x}^0)$

  nur für alle Punkte $\mathbf{x}$ in einer Umgebung

  $$U(\mathbf{x}^0) = U_\varepsilon(\mathbf{x}^0) \cap B$$

  des Punktes $\mathbf{x}^0$ gilt, wobei

  $$U_\varepsilon(\mathbf{x}^0)$$

  eine ε-Umgebung von $\mathbf{x}^0$ bezeichnet.

- Eine Funktion $f(\mathbf{x})$ hat über einem abgeschlossenen Bereich $B \subset R^n$ im Punkt $\mathbf{x}^0$ ein

  globales Minimum, wenn $f(\mathbf{x}) \geq f(\mathbf{x}^0)$

  globales Maximum, wenn $f(\mathbf{x}) \leq f(\mathbf{x}^0)$

  für alle Punkte $\mathbf{x} \in B$ gilt, d.h. für alle Punkte des gesamten Bereichs B.

- Ein Punkt $\mathbf{x}^0$, in dem die Funktion $f(\mathbf{x})$ ein (lokales oder globales) Minimum oder Maximum annimmt, wird als (lokaler oder globaler) *Minimal-* oder *Maximalpunkt* (allgemein: Optimalpunkt) bezeichnet und der Funktionswert $f(\mathbf{x}^0)$ als (lokaler oder globaler) *Minimal-* oder *Maximalwert* (allgemein: Optimalwert).

- Der *Unterschied* zwischen einem *lokalen* und *globalen* Minimum/Maximum einer Funktion $f(\mathbf{x})$ im Punkt $\mathbf{x}^0$ besteht im Folgenden:

  - Wenn nur eine Umgebung $U(\mathbf{x}^0) = U_\varepsilon(\mathbf{x}^0) \cap B$ von $\mathbf{x}^0$ betrachtet wird, ist es *lokal*.

  - Wenn der gesamte Bereich B betrachtet wird, ist es *global*.

  Unter einer ε-Umgebung $U_\varepsilon(\mathbf{x}^0)$ in Euklidischer Norm $\|..\|$ wird die offene Kugel mit Radius $\varepsilon > 0$ (ε kann beliebig klein sein) verstanden, d.h.

  $$U_\varepsilon(\mathbf{x}^0) = \left\{ x \in R^n : \|x - x^0\| < \varepsilon \right\}.$$

Eine über einem abgeschlossenen und beschränkten Bereich B stetige Funktion besitzt nach dem *Satz von Weierstrass* mindestens einen globalen Minimal- und Maximalpunkt. Dies ist jedoch nur eine Existenzaussage, die keine Berechnungsmethode liefert.
♦

Beispiel 27.1:
Illustration der Begriffe *lokales* und *globales Minimum/Maximum* anhand der grafischen Darstellung der Funktion $f(x) = -x^4 + 4x^2 + x + 3$ einer Variablen x im abgeschlossenen Bereich B, der hier durch das Intervall [-2,2] gebildet wird.

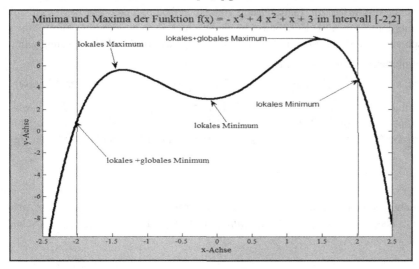

Bemerkung

Nach der gegebenen Definition

– ist ein *globales Minimum/Maximum* auch gleichzeitig ein lokales, während die Umkehrung nicht gelten muss, wie aus Beisp.27.1 zu sehen ist.

– kann ein *lokales Minimum/Maximum* auch auf dem Rand eines abgeschlossenen Bereichs B liegen, da als Umgebung $U(\mathbf{x}^0)$ der Durchschnitt $U_\varepsilon(\mathbf{x}^0) \cap B$ genommen wird.

Falls als Umgebung $U(\mathbf{x}^0)$ eines Punktes $\mathbf{x}^0$ nur die ε-Umgebung $U_\varepsilon(\mathbf{x}^0)$ verwendet wird, können lokale Minima/Maxima nicht auf dem Rand von B auftreten.

27.1.2   Anwendung von MATHCAD und MATHCAD PRIME

In den folgenden Abschnitten wird die Anwendung von MATHCAD und MATHCAD PRIME beschrieben, um Lösungen mathematischer Optimierungsaufgaben zu berechnen.

Da bei den betrachteten Optimierungsaufgaben *exakte Lösungen* nur für sehr einfache Aufgaben berechenbar sind, ist man bei praktisch auftretenden Problemen auf *numerische* (näherungsweise) *Lösungsmethoden* angewiesen.

Die Optimierungslöser in MATHCAD PRIME wurden durch die erweiterte Optimierungssoftwarebibliothek KNITRO 7.0 ersetzt. Dank zweier Algorithmen, der Interior-Point-Methode (Barrier-Methode) und der Active-Set-Methode, bietet die KNITRO-Bibliothek eine bessere Leistung und mehr Stabilität:

* Es gibt keine Änderungen an Lösungsblöcken, und vorhandene Arbeitsblätter werden weiterhin reibungslos ausgeführt.

* Die in MATHCAD und MATHCAD PRIME vordefinierten Numerikfunktionen **minimize** und **maximize** zur Optimierung mit Nebenbedingungen beruhen jetzt auf dem Optimierungslöser KNITRO. Er ist so eingerichtet, dass er mehrere Algorithmen automatisch versucht, und schlägt nur fehl, wenn es für das Problem keine Lösung gibt.

* Die vordefinierten *Numerikfunktionen*

    minimize$(f, x_1, x_2, ..., x_n)$ und   **maximize**$(f, x_1, x_2, ..., x_n)$ (f - *Zielfunktion*)

    lassen sich nur in *Lösungsblöcken* auf alle drei in den folgenden Abschn.27.2-27.4 vorgestellten Optimierungsaufgaben anwenden, in denen die Startwerte (Schätzwerte) für die numerische Methode, die definierte Zielfunktion f und die Nebenbedingungen stehen müssen.

![Bemerkung]

Bei Aufgaben ohne Nebenbedingungen, bei denen die Zielfunktion aus quadratischen Ausdrücken besteht, lässt sich noch die Numerikfunktion **minerr** anwenden, die im Abschn. 18.6.3 erläutert ist.

27.2 Extremwertaufgaben

27.2.1 Aufgabenstellung

Als *Extremwerte* werden lokale Minima oder Maxima einer Funktion $f(\mathbf{x})$ von n reellen Variablen $\mathbf{x} = (x_1, x_2, ..., x_n)$ bezeichnet, die über dem gesamten Raum R^n betrachtet wird, d.h. *Extremwertaufgaben* lassen sich in der Form

$$f(\mathbf{x}) = f(x_1, x_2, ..., x_n) = \underset{(x_1, x_2, ..., x_n) \in R^n}{\text{Minimum/Maximum}}$$

schreiben und folgendermaßen *charakterisieren:*

* Sie sind *spezielle Optimierungsaufgaben* (Minimierungs- bzw. Maximierungsaufgaben), die *lokale Minima* bzw. *Maxima* einer Funktion $f(\mathbf{x})$ von n Variablen bestimmen. Sie gehören zu *klassischen Optimierungsaufgaben*, die bereits seit der Entwicklung der Differentialrechnung untersucht werden.

* Es können zusätzlich *Nebenbedingungen* in Form von *m Gleichungen* (i=1,...m)
    $h_i(x_1, x_2, ..., x_n) = 0$ (vektoriell $\mathbf{h}(\mathbf{x}) = \mathbf{0}$ mit $\mathbf{h} = (h_1, h_2, ..., h_m)$ und $\mathbf{x} = (x_1, x_2, ..., x_n)$)

mit beliebigen Funktionen $h_i(x_1, x_2, ..., x_n)$ auftreten:

- Sie werden als *Gleichungsnebenbedingungen* bezeichnet.

- Es wird m<n vorausgesetzt.

- Für m≥n muss keine Optimierungsaufgabe mehr vorliegen, da ein Gleichungssystem mit n Unbekannten und n unabhängigen Gleichungen häufig nur endlich viele Lösungen besitzt.

• Da bei praktischen Problemen meistens Nebenbedingungen in Ungleichungsform auftreten, spielen hier Extremwertaufgaben keine besonders große Rolle.

Beispiel 27.2:

Betrachtung eines Problems der Materialeinsparung, das auf eine *Extremwertaufgabe (Minimierungsaufgabe)* mit einer *Gleichungsnebenbedingung* führt:

Zylindrische Konservendosen mit Deckel und einem Inhalt von $1000 \, cm^3$ sollen aus Blech produziert werden, wofür ein *minimaler Materialverbrauch* gewünscht ist.

Für diese Aufgabe ist die zu minimierende Zielfunktion durch die Oberfläche O der Dose gegeben, die sich aus zwei Kreisflächen (Boden+Deckel) mit Radius r und Mantelfläche mit Höhe h zusammensetzt. Damit ist bzgl. der Variablen r>0 und h>0 folgende *Minimierungsaufgabe* zu berechnen:

$$O(r, h) = 2 \cdot \pi \cdot r^2 + 2 \cdot \pi \cdot r \cdot h \to \underset{r, h}{\text{Minimum}}$$

Aufgrund der Beschränkung, dass die Dose ein vorgegebenes Volumen haben muss, ist folgende *Gleichungsnebenbedingung* zu berücksichtigen:

$$V(r, h) = \pi \cdot r^2 \cdot h = 1000$$

Damit ist ein Minimum der Zielfunktion O(r,h) zweier Variablen mit einer Gleichungsnebenbedingung zu berechnen, wenn die *Nicht-Negativitätsbedingungen* für die Variablen r und h vernachlässigt werden.

Da sich die *Gleichungsnebenbedingung* einfach nach einer Variablen *auflösen* lässt, wie z.B.

$$h = 1000 / (\pi \cdot r^2),$$

wird durch Einsetzen die folgende Minimierungsaufgabe ohne Nebenbedingungen erhalten:

$$O(r) = 2 \cdot \pi \cdot r^2 + 2 \cdot 1000 / r \to \underset{r}{\text{Minimum}}$$

Offensichtlich hängt jetzt die Oberfläche O(r) nur noch von der Variablen r ab.

Diese Aufgabe lässt sich mit der Differentialrechnung durch Nullsetzen der 1.Ableitung (*notwendige Optimalitätsbedingung*) von O(r) berechnen, d.h.

$$O'(r) = 4 \cdot \pi \cdot r - 2000 / r^2 = 0$$

Die erhaltene *Gleichung* kann per Hand bzgl. r gelöst werden:

$r = (500/\pi)^{1/3} = 5.4193$

Damit folgt für h das Ergebnis:

$h = 1000/(\pi \cdot r^2) = 1000/(\pi^{1/3} \cdot 500^{2/3}) = 10.8385$

27.2.2 Lösung mit MATHCAD und MATHCAD PRIME

Die *exakte Berechnung* von *Extremwerten* aus den Gleichungen der mittels Differential-rechnung erhaltenen notwendigen Optimalitätsbedingungen mittels *Schlüsselwort* **solve** gelingt in MATHCAD und MATHCAD PRIME nur für einfache Aufgaben, so u.a. für Beisp.27.2. Dies folgt aus der Problematik der Gleichungslösung (siehe Kap.18).
Praktische Aufgaben lassen sich i.Allg. nur näherungsweise mittels numerischer Methoden lösen, wofür MATHCAD und MATHCAD PRIME die *vordefinierten Numerikfunktionen* **minimize** und **maximize** bereitstellen, die in *Lösungsblöcken* anzuwenden sind, wie im folgenden Beispiel illustriert ist.

Beispiel 27.3:
Numerische Lösung der Extremwertaufgabe aus Beisp.27.2 mittels MATHCAD (bei Anwendung von MATHCAD PRIME ist lediglich **given** wegzulassen), wobei im Lösungsblock in der Gleichungsnebenbedingung der Gleichheitsoperator $\boxed{=}$ zu verwenden ist:

given

r:=1   h:=1

$O(r,h) := 2 \cdot \pi \cdot r^2 + 2 \cdot \pi \cdot r \cdot h$ $\pi \cdot r^2 \cdot h = 1000$ $\mathbf{minimize}(O,r,h) = \begin{pmatrix} 5.419 \\ 10.839 \end{pmatrix}$

Bei der obigen Lösungsberechnung wurden als Startwerte für r und h jeweils 1 verwendet. Es empfiehlt sich die Berechnung für mehrere unterschiedliche Startwerte.

27.3 Lineare Optimierungsaufgaben

In der *englischsprachigen Literatur* wird lineare Optimierung als *linear programming* bezeichnet, so dass in deutschsprachigen Büchern auch die Bezeichnung *lineare Programmierung* zu finden ist.
Lineare Optimierungsaufgaben treten häufig bei Fragestellungen auf, in denen Kosten (z.B. für Transport, Produktion) und Verbrauch (z.B. von Rohstoffen, Materialien) zu minimieren bzw. Gewinn und Produktionsmenge zu maximieren sind:
Hierzu zählen Aufgaben der *Transportoptimierung*, *Produktionsoptimierung*, *Mischungsoptimierung*, *Gewinnmaximierung*, *Kostenminimierung*.

27.3.1 Aufgabenstellung

Lineare Optimierungsaufgaben haben eine einfache *Struktur*, da Zielfunktion und Funktionen der Nebenbedingungen *linear* sind, d.h. sie bilden einen Spezialfall *nichtlinearer Optimierungsaufgaben* (siehe Abschn.27.4) und lassen sich folgendermaßen darstellen:

- Eine *lineare Zielfunktion* ($c_1, c_2, ..., c_n$ - gegebene Konstanten):

$$f(\mathbf{x}) = f(x_1, x_2, ..., x_n) = c_1 \cdot x_1 + c_2 \cdot x_2 + ... + c_n \cdot x_n$$

ist bezüglich der Variablen (Unbekannten)

$$\mathbf{x} = (x_1, x_2, ..., x_n)$$

zu *minimieren/maximieren*.

- Die Variablen $x_1, x_2, ..., x_n$ müssen zusätzlich *Nebenbedingungen* in Form m *linearer Ungleichungen* (*Ungleichungsnebenbedingungen*) mit gegebenen Koeffizienten a_{ik} und rechten Seiten b_i der Form ($i=1,2,...,m$; $k=1,2,...,n$)

$$
\begin{aligned}
a_{11} \cdot x_1 &+ a_{12} \cdot x_2 + ... + a_{1n} \cdot x_n \leq b_1 \\
a_{21} \cdot x_1 &+ a_{22} \cdot x_2 + ... + a_{2n} \cdot x_n \leq b_2 \\
&\;\;\vdots \qquad\qquad\qquad\qquad \vdots \\
a_{m1} \cdot x_1 &+ a_{m2} \cdot x_2 + ... + a_{mn} \cdot x_n \leq b_m
\end{aligned}
$$

erfüllen, wobei die Ungleichungen hinreichend allgemein sind, da sie alle auftretenden Fälle enthalten:

- Falls lineare *Gleichungen* vorkommen, so können diese durch zwei lineare Ungleichungen ersetzt werden.
- Falls lineare *Ungleichungen* mit $\geq$ vorkommen, so können diese durch Multiplikation mit -1 in die Form mit $\leq$ transformiert werden.

- Meistens müssen die Variablen *Nicht-Negativitätsbedingungen* (*Vorzeichenbedingungen*) der Form $x_j \geq 0$ ($j=1,2,...,n$) genügen, da bei vielen praktischen Aufgaben nur positive Werte möglich sind.

- In *Matrixschreibweise* haben lineare Optimierungsaufgaben die Form

$$f(\mathbf{x}) = \mathbf{c}^T \cdot \mathbf{x} \xrightarrow[\mathbf{x}]{} \text{Minimum/Maximum} \quad , \quad \mathbf{A} \cdot \mathbf{x} \leq \mathbf{b} \quad , \quad \mathbf{x} \geq 0 \qquad \text{mit}$$

$$
\mathbf{c} = \begin{pmatrix} c_1 \\ c_2 \\ \vdots \\ c_n \end{pmatrix} \quad
\mathbf{x} = \begin{pmatrix} x_1 \\ x_2 \\ \vdots \\ x_n \end{pmatrix} \quad
\mathbf{b} = \begin{pmatrix} b_1 \\ b_2 \\ \vdots \\ b_m \end{pmatrix} \quad
\mathbf{A} = \begin{pmatrix} a_{11} & a_{12} & ... & a_{1n} \\ a_{21} & a_{22} & ... & a_{2n} \\ \vdots & \vdots & ... & \vdots \\ a_{m1} & a_{m2} & ... & a_{mn} \end{pmatrix}
$$

wobei die Vektoren $\mathbf{c}$ und $\mathbf{b}$ und die Koeffizientenmatrix $\mathbf{A}$ gegeben sind und der Vektor $\mathbf{x}$ der Variablen (Unbekannten) zu berechnen ist.

Bemerkung

Im Gegensatz zu Extremwertaufgaben existieren bei linearen Optimierungsaufgaben nur *globale Minima/Maxima*, die auf dem Rand des durch die Nebenbedingungen bestimmten abgeschlossenen Bereichs liegen, der die Form eines Polyeders besitzt.

Beispiel 27.4:

Betrachtung einer typischen Aufgabe der *linearen Optimierung*. Ein einfaches *Mischungsproblem* ergibt sich aus folgender Problematik:

− Es stehen drei verschiedene Getreidesorten G1, G2 und G3.
  zur Verfügung, um hieraus ein Futtermittel zu mischen.

− Jede dieser Getreidesorten hat einen unterschiedlichen Gehalt an erforderlichen Nährstoffen A und B, von denen das Futtermittel mindestens 42 bzw. 21 Mengeneinheiten enthalten muss.

− Die folgende Tabelle liefert die Anteile der Nährstoffe in den einzelnen Getreidesorten und die Preise/Mengeneinheit:

	G1	G2	G3
Nährstoff A	6	7	1
Nährstoff B	1	4	5
Preis/Einheit	6	8	18

− Die *Kosten* für das Futtermittel sollen *minimal* werden. Dies ergibt folgende *lineare Optimierungsaufgabe*, wenn für die verwendeten Mengen der Getreidesorten G1, G2, G3 die Variablen x_1, x_2, x_3 benutzt werden:

$$f(x_1, x_2, x_3) = 6 \cdot x_1 + 8 \cdot x_2 + 18 \cdot x_3 \; \rightarrow \; \underset{x_1, x_2, x_3}{\text{Minimum}}$$

$$6 \cdot x_1 + 7 \cdot x_2 + x_3 \geq 42$$

$$x_1 + 4 \cdot x_2 + 5 \cdot x_3 \geq 21 \quad , \quad x_1 \geq 0 \; , \; x_2 \geq 0 \; , \; x_3 \geq 0$$

27.3.2 Lösung mit MATHCAD und MATHCAD PRIME

Für lineare Optimierungsaufgaben existieren *spezielle Lösungsmethoden*, die hauptsächlich auf der linearen Algebra beruhen:

− Die Bekannteste ist die *Simplexmethode*, die vom amerikanischen Mathematiker *Dantzig* in den vierziger Jahren des 20. Jahrhunderts entwickelt wurde.

− Die Simplexmethode liefert eine Lösung in endlich vielen Schritten (mit Ausnahme von Entartungsfällen).

Zur Lösung praktischer Aufgaben stellen MATHCAD und MATHCAD PRIME die *vordefinierten Numerikfunktionen* **minimize** und **maximize** bereit, die in Lösungsblöcken anzuwenden sind, wie Beisp.27.5 illustriert.

Beispiel 27.5:

Numerische Lösung der linearen Optimierungsaufgabe aus Beisp.27.4 mittels MATHCAD PRIME im folgenden Lösungsblock (bei Anwendung von MATHCAD ist lediglich zuerst **given** zu schreiben):

x1:=0   x2:=0   x3:=0

f(x1,x2,x3) := 6·x1+8·x2+18·x3

x1≥0   x2≥0   x3≥0   6·x1+7·x2+x3≥42   x1+4·x2+5·x3≥21

$$\textbf{minimize}(f,x1,x2,x3) = \begin{bmatrix} 1.235 \\ 4.941 \\ 0 \end{bmatrix}$$

27.4 Nichtlineare Optimierungsaufgaben

Eine Reihe von Optimierungsproblemen in Technik und Naturwissenschaften lässt sich nicht zufriedenstellend durch lineare Modelle beschreiben, d.h. mittels linearer Optimierung. Deshalb ist es notwendig, Aufgaben der *nichtlinearen Optimierung* zu betrachten, bei denen Funktionen der Nebenbedingungen und/oder die Zielfunktion nichtlinear sind.

In der englischsprachigen Literatur wird die Bezeichnung *nonlinear programming* verwendet, so dass in deutschsprachigen Büchern auch die Bezeichnung *nichtlineare Programmierung* zu finden ist.

27.4.1 Aufgabenstellung

Nichtlineare Optimierungsaufgaben haben folgende *Struktur:*

- Eine *Zielfunktion* f($\mathbf{x}$) ist bezüglich der n Variablen

  $\mathbf{x} = (x_1, x_2, ..., x_n)$

  zu *minimieren/maximieren*, d.h.

  $$f(\mathbf{x}) = f(x_1, x_2, ..., x_n) \rightarrow \underset{x_1, x_2, ..., x_n}{\text{Minimum/Maximum}}$$

- Die Variablen müssen zusätzlich *Nebenbedingungen* in Form von m≥0 *Ungleichungen* (*Ungleichungsnebenbedingungen*) mit beliebigen Funktionen g_i erfüllen, d.h.

  $$g_i(\mathbf{x}) = g_i(x_1, x_2, ..., x_n) \leq 0 \qquad (i=1,2,...,m)$$

  Die Ungleichungen sind hinreichend allgemein, da sie alle auftretenden Fälle enthalten:

  - Falls *Gleichungsnebenbedingungen* vorkommen, so lassen sich diese durch zwei Ungleichungsnebenbedingungen ersetzen.

  - Falls *Ungleichungsnebenbedingungen* mit ≥ vorkommen, so lassen sich diese durch Multiplikation mit -1 in die Form mit ≤ transformieren.

Nichtlineare Optimierungsaufgaben sind folgendermaßen *charakterisiert:*

- Im Gegensatz zu Extremwertaufgaben aus Abschn.27.2 sind globale Minima/Maxima gesucht.

- Während bei der linearen Optimierung lokale und globale Minima/Maxima zusammenfallen, können bei der nichtlinearen Optimierung neben globalen auch lokale Minima/Maxima auftreten.

Beispiel 27.6:

Betrachtung einer *Problemstellung* der *nichtlinearen Optimierung:*

Bei einem *Transport* für eine Firma sind nicht nur *Transportkosten* wie bei der linearen Optimierung zu minimieren, sondern auch gleichzeitig *Verpackungskosten:*

- Es werden $A\, m^3$ eines *Rohstoffs* für einen gegebenen Zeitraum benötigt, den ein Erzeuger in zylindrischen *Fässern* (mit Deckel) mit Radius x_1 und Höhe x_2 liefert. Die *Anzahl* N der benötigten Fässer beträgt damit

$$N = \frac{A}{\pi \cdot x_1^2 \cdot x_2}$$

  wobei auf die nächstgrößere ganze Zahl aufzurunden ist.
- Die *Transportkosten* pro Fass (unabhängig von der Größe) ergeben sich zu B Euro. Diese und die Kosten der Fässer müssen von der Firma getragen werden.
- Die *Kosten* (Herstellungs- und Materialkosten) für die Fässer belaufen sich auf C Euro pro m^2, wobei das *Volumen* eines Fasses $D\, m^3$ nicht überschreiten darf.
- Für die Firma entsteht das Problem der *Minimierung* der *Gesamtkosten* (Transportkosten + Kosten für die Fässer), d.h.

$$B \cdot N + N \cdot C \cdot (2 \cdot \pi \cdot x_1^2 + 2 \cdot \pi \cdot x_1 \cdot x_2) = \frac{A \cdot B}{\pi \cdot x_1^2 \cdot x_2} + 2 \cdot A \cdot C \cdot \left(\frac{1}{x_1} + \frac{1}{x_2} \right) \rightarrow \underset{x_1, x_2}{\text{Minimum}}$$

  unter den *Ungleichungsnebenbedingungen*

$$\pi \cdot x_1^2 \cdot x_2 \leq D \ , \quad x_1 \geq 0 \ , \quad x_2 \geq 0 \ .$$

- Damit liegt eine *nichtlineare Optimierungsaufgabe* vor.

27.4.2 Lösung mit MATHCAD und MATHCAD PRIME

Es gibt zwar auch für nichtlineare Optimierungsaufgaben unter einer Reihe von Voraussetzungen notwendige und hinreichende Optimalitätsbedingungen (z.B. Kuhn-Tucker-Bedingungen), die sich aber nicht zur exakten Lösung eignen. Deshalb sind hier i.Allg. nur numerische Methoden erfolgreich.

Zur Lösung praktischer Aufgaben stellen MATHCAD und MATHCAD PRIME die *vordefinierten Numerikfunktionen* **minimize** und **maximize** bereit, die in Lösungsblöcken anzuwenden sind, wie Beisp.27.7 illustriert (siehe auch Beisp.27.3 und 27.5).

Beispiel 27.7:

Numerische Lösung der nichtlinearen Optimierungsaufgabe aus Beisp.27.6 für

A=1000, B=10, C=20, D=10   (ohne Maßeinheiten)

mittels MATHCAD PRIME (bei Anwendung von MATHCAD ist lediglich zuerst **given** zu schreiben):

x1:=1   x2:=2

$$f(x1,x2) := \frac{10000}{\pi \cdot x1^2 \cdot x2} + 40000 \cdot \left(\frac{1}{x1} + \frac{1}{x2} \right)$$

$\pi \cdot x1^2 \cdot x2 \leq 10$ x1≥0   x2≥0

$$\mathbf{minimize}(f,x1,x2) = \begin{bmatrix} 1.168 \\ 2.335 \end{bmatrix}$$

28 Kombinatorik

28.1 Problemstellung

Die *Kombinatorik* befasst sich u.a. damit, auf welche Art eine vorgegebene Anzahl von *Elementen angeordnet* werden kann bzw. wie aus einer vorgegebenen Anzahl von Elementen *Gruppen von Elementen ausgewählt* werden können.

Die *Kombinatorik* besitzt zahlreiche Anwendungen und wird im Buch zur Berechnung klassischer *Wahrscheinlichkeiten* benötigt (siehe Abschn.29.3).

Da *Fakultät* und *Binomialkoeffizient* von den im Abschn.28.2.2 vorgestellten *Formeln* der *Kombinatorik* benötigt werden, stellt der Abschn.28.2.1 ihre Berechnung vor.

28.2 Anwendung von MATHCAD und MATHCAD PRIME

Alle Formeln der Kombinatorik lassen sich mit MATHCAD und MATHCAD PRIME problemlos berechnen, wie im Folgenden zu sehen ist.

28.2.1 Berechnung von Fakultät und Binomialkoeffizienten

Sie berechnen sich folgendermaßen:

* *Fakultät* einer positiven ganzen (*natürlichen*) *Zahl* k $\qquad$ $k!=1\cdot2\cdot3\cdot...\cdot k$

  Unter Verwendung der *Gammafunktion* Γ ergibt sich $\qquad$ $k!=\Gamma(k+1)$

  Per Definition gilt $\qquad$ $0!=1$

* *Binomialkoeffizient* $\qquad$ $\dbinom{a}{k} = \begin{cases} \dfrac{a\cdot(a-1)\cdots(a-k+1)}{k!} & \text{für } k>0 \\ 1 & \text{für } k=0 \end{cases}$

Hier sind a eine reelle und k eine positive, ganze (natürliche) Zahl oder 0.

Wenn a=n ebenfalls eine *natürliche Zahl* ist, lässt sich die Formel für den Binomialkoeffizienten in folgender Form schreiben:

$$\binom{n}{k} = \frac{n!}{k!\cdot(n-k)!}$$

Beide berechnen MATHCAD und MATHCAD PRIME folgendermaßen:

* Die exakte bzw. numerische Berechnung der *Fakultät* einer natürlichen Zahl k geschieht nach Eingabe von k! in das Arbeitsblatt durch abschließende Eingabe des symbolischen bzw. numerischen Gleichheitszeichens.

- Die exakte bzw. numerische Berechnung des *Binomialkoeffizienten* geschieht unter Verwendung des Produktoperators mittels der im Arbeitsblatt definierten Funktion

$$\text{Binomial}(a,k) := \frac{\prod\limits_{i=0}^{k-1}(a-i)}{k!}$$

durch abschließende Eingabe des symbolischen bzw. numerischen Gleichheitszeichens.

Beispiel 28.1:

a) Berechnung der Fakultät 5!:

$5! \rightarrow 120$ $5!=120$

b) Die Festlegung 0!=1 für *Null-Fakultät* wird geliefert:

$0! \rightarrow 1$ $0!=1$

c) Berechnung von *Binomialkoeffizienten:*

Binomial$(10,4) \rightarrow 210$ **Binomial**$(10,4) = 210$ **Binomial**$(10.5,4) \rightarrow 264.9609375$

Binomial$(10.5,4) = 264.9609375$

28.2.2 Berechnung von Permutationen, Variationen und Kombinationen

Die folgenden *Formeln* der *Kombinatorik* lassen sich mit MATHCAD und MATHCAD PRIME einfach unter Anwendung von Fakultät und Binomialkoeffizient (siehe Abschn. 28.2.1) berechnen, wobei nach der in das Arbeitsblatt eingegebenen Formel die Eingabe des symbolischen bzw. numerischen Gleichheitszeichens das exakte bzw. numerische Ergebnis liefert:

- *Permutationen*
  Anordnung von n verschiedenen Elementen mit Berücksichtigung der Reihenfolge:

  $n!$

- *Variationen*
  Auswahl von k ($<$n) Elementen aus n gegebenen Elementen mit Berücksichtigung der Reihenfolge:

  $\dfrac{n!}{(n-k)!}$ ohne Wiederholung

  n^k mit Wiederholung

- *Kombinationen*

  Auswahl von k (<n) Elementen aus n gegebenen Elementen ohne Berücksichtigung der Reihenfolge:

  $$\binom{n}{k}$$
  ohne Wiederholung

  $$\binom{n+k-1}{k}$$
  mit Wiederholung

29 Wahrscheinlichkeitsrechnung

Da die *Wahrscheinlichkeitsrechnung* neben der Statistik als großes Teilgebiet der *Stochastik* bei der Lösung praktischer Probleme große Bedeutung besitzt, wird im Folgenden ein *kurzer Einblick* in die Problematik und die Anwendung von MATHCAD und MATHCAD PRIME gegeben.

Eine ausführliche *Behandlung* ist aufgrund der großen Stofffülle nicht möglich. Hierzu wird auf das Buch [4] *Statistik mit MATHCAD und MATLAB* des Autors verwiesen.

Die *Wahrscheinlichkeitsrechnung* lässt sich folgendermaßen *charakterisieren:*

- Sie untersucht mathematische Gesetzmäßigkeiten und gewinnt quantitative Aussagen für *zufällige Ereignisse.*

- Zahlreiche *Probleme* in *Technik-, Natur-* und *Wirtschaftswissenschaften* können mit ihrer Hilfe untersucht und berechnet werden. Dazu gehören u.a.:
  Die in einer Zentrale ankommenden Gespräche (Theorie der Wartesysteme), die Lebensdauer technischer Bauteile (Zuverlässigkeitstheorie), die Abweichungen der Maße produzierter Werkstücke von den Sollwerten, Zufallsrauschen in der Signalübertragung, Brownsche Molekularbewegung, Flugweite von Geschossen, Beobachtungs- und Messfehler, Ziehung von Lottozahlen.

MATHCAD und MATHCAD PRIME können

- zahlreiche Aufgaben der Wahrscheinlichkeitsrechnung erfolgreich berechnen (siehe Abschn.29.6),
- *Simulationen* durchführen, da sich Zufallszahlen erzeugen lassen (siehe Kap.30).

29.1 Zufällige Ereignisse

Technik-, Natur- und Wirtschaftswissenschaften unterscheiden zwei Arten von *Ereignissen* (Vorgängen, Erscheinungen):

- *Deterministische Ereignisse,* deren Ausgang eindeutig bestimmt ist.

- *Ereignisse,* deren Ausgang unbestimmt ist. Diese hängen vom *Zufall* ab und heißen *zufällige Ereignisse (Zufallsereignisse).*

In der Wahrscheinlichkeitsrechnung werden *zufällige Ereignisse* mit Großbuchstaben A, B,... bezeichnet und als mögliche Realisierungen (Ergebnisse, Ausgänge) von *Zufallsexperimenten* verstanden, die sich folgendermaßen *charakterisieren* lassen:

- Sie werden unter *gleichbleibenden äußeren Bedingungen* (*Versuchsbedingungen*) durchgeführt und lassen sich beliebig oft *wiederholen.*

- Es sind mehrere (endlich oder unendlich viele) *verschiedene Ergebnisse* (Ausgänge) möglich.

- Das *Eintreffen* oder *Nichteintreffen* eines *Ergebnisses* (Ausgangs) kann nicht sicher vorausgesagt werden, d.h. es ist *zufällig.*

– Die möglichen einander ausschließenden Ergebnisse (Ausgänge) eines Zufallsexperiments heißen seine *Elementarereignisse*.

♦

Beispiel 29.1:

a) Aus Physik, Chemie, Biologie,... sind zahlreiche *deterministische Ereignisse* bekannt:
   Ein typisches Beispiel liefert das bekannte *Ohmsche Gesetz* U=I·R der Physik. Hier
   ergibt sich die *Spannung* U eindeutig als Produkt aus fließendem *Strom* I und vorhandenem *Widerstand* R und bei jedem Experiment wird für gleichen Strom und Widerstand
   dasselbe Ergebnis U erhalten (bis auf gewisse kleine Messfehler).

b) *Beispiele* für *Zufallsexperimente* sind:
   Werfen einer *Münze*, *Werfen* mit einem *Würfel*, *Messen* eines *Gegenstandes*, *Ziehen* von
   Lottozahlen, Auswahl von Produkten bei der *Qualitätskontrolle*, *Funktionsdauer* eines
   technischen Geräts.

29.2 Zufallsgrößen

Zufallsgrößen (Zufallsvariablen) wurden eingeführt, um mit zufälligen Ereignissen rechnen
zu können, und sind folgendermaßen *charakterisiert:*

- Eine exakte Definition ist mathematisch anspruchsvoll.

- Für Anwendungen genügt der anschauliche Sachverhalt, dass sie als Funktion definiert
  sind, die Ergebnissen eines Zufallsexperiments reelle Zahlen zuordnen.

- Sie werden mit Großbuchstaben X, Y,... bezeichnet.

- Es gibt zwei Arten von Zufallsgrößen:

  – *Diskrete Zufallsgrößen*
    Sie können nur *endlich* (oder *abzählbar unendlich*) *viele Zahlenwerte* annehmen.

  – *Stetige Zufallsgrößen*
    Sie können beliebig viele Zahlenwerte annehmen.

Im Unterschied zu diskreten ist bei *stetigen Zufallsgrößen* X die Wahrscheinlichkeit
P(X=a) gleich Null, dass X einen konkreten Zahlenwert a annimmt. Deshalb treten bei stetigen Zufallsgrößen nur Wahrscheinlichkeiten der Form P(a≤X≤b) , P(a≤X) , P(X≤b) auf,
dass ihre Zahlenwerte in gewissen Intervallen liegen.

29.3 Wahrscheinlichkeiten

Wahrscheinlichkeiten gehört neben *Zufallsgrößen* (Abschn.29.2) und *Verteilungsfunktionen*
(Abschn.29.4) zu grundlegenden Begriffen der Wahrscheinlichkeitsrechnung.
Zur analytischen Beschreibung zufälliger Ereignisse A lässt sich eine Maßzahl P(A) heranziehen, die *Wahrscheinlichkeit* heißt:

- P(A) beschreibt die *Chance* für das *Eintreten* eines *Ereignisses*.

- Praktischerweise wird P(A) zwischen 0 und 1 gewählt, wobei die Wahrscheinlichkeit 0 für das *unmögliche* Ereignis $\emptyset$ (d.h. P($\emptyset$)=0) und 1 für das *sichere* Ereignis Ω (d.h. P(Ω)=1) stehen.

Erste Begegnungen mit dem Begriff *Wahrscheinlichkeit* ergeben sich bei folgenden Betrachtungen:

- *Klassische Definition* der Wahrscheinlichkeit P(A) mittels

$$P(A) = \frac{\text{Anzahl der für A günstigen Elementarereignisse}}{\text{Anzahl der für A möglichen Elementarereignisse}}$$

für ein *zufälliges Ereignis* A:

  - Diese Definition gilt nur unter der Voraussetzung, dass es sich um endlich viele gleichmögliche Elementarereignisse handelt.
  - Offensichtlich gilt $0 \leq P(A) \leq 1$
  - Klassische Wahrscheinlichkeiten lassen sich oft mittels *Kombinatorik* (siehe Kap. 28) *berechnen.*

- *Statistische Definition* der Wahrscheinlichkeit P(A) mittels *relativer Häufigkeit*

$$H_n(A) = \frac{m}{n}$$

für ein *zufälliges Ereignis* A:

  - Sie steht dafür, dass A bei n *Zufallsexperimenten* m-mal aufgetreten ist ($n \geq m$).
  - Sie schwankt für großes n immer weniger um einen gewissen Wert. Deshalb kann sie für hinreichend großes n als *Näherung* für die *Wahrscheinlichkeit* P(A) verwendet werden.
  - Offensichtlich gilt
    $0 \leq H_n(A) \leq 1.$

Die beiden gegebenen *anschaulichen Definitionen* der *Wahrscheinlichkeit* reichen nur für einfache Fälle aus. Für eine aussagekräftige Theorie ist eine *axiomatische Definition* erforderlich, die in Lehrbüchern der Wahrscheinlichkeitsrechnung zu finden ist.
♦

Beispiel 29.2:

Im Folgenden sind Illustrationen zu *Wahrscheinlichkeit* und *Zufallsgrößen* zu sehen:

a) Betrachtung des Standardbeispiels *Würfeln* mit einem *idealen Würfel:*

  - Das Zufallsexperiment *Würfeln* hat offensichtlich die 6 *Elementarereignisse* Werfen von 1, 2, 3, 4, 5, 6.
  - Das *unmögliche Ereignis* $\emptyset$ besteht hier darin, dass eine Zahl ungleich der Zahlen 1, 2, 3, 4, 5, 6 geworfen wird.
  - Das *sichere Ereignis* Ω besteht hier darin, dass eine der Zahlen 1, 2, 3, 4, 5, 6 geworfen wird.

– Die *Wahrscheinlichkeit*, eine bestimmte Zahl zwischen 1 und 6 zu werfen, bestimmt sich mittels *klassischer Wahrscheinlichkeit* als *Quotient günstiger Elementarereignisse* (1) und *möglicher Elementarereignisse* (6) zu 1/6.

– Ein zufälliges *Ereignis* A kann hier z.B. darin bestehen, dass eine *gerade Zahl* geworfen wird, d.h. A besteht aus drei Elementarereignissen 2, 4, 6. Damit tritt das Ereignis A ein, wenn eine der Zahlen 2, 4 oder 6 geworfen wird und die Wahrscheinlichkeit beträgt P(A)=3/6=1/2.

– Als *diskrete Zufallsgröße* X für das Zufallsexperiment *Würfeln* wird praktischerweise die Funktion verwendet, die dem Elementarereignis des Werfens einer bestimmten Zahl genau diese Zahl zuordnet, d.h. X ist hier eine *Funktion*, die Werte 1, 2, 3, 4, 5, 6 annehmen kann.

b) Falls *Messungen* (mit Messfehlern) vorliegen, so lässt sich bei diesen Zufallsexperimenten annehmen, dass die zur Messung gehörige *Zufallsgröße* X *stetig* ist. Stetige Zufallsgrößen treten u.a. in Technik und Naturwissenschaften überall dort auf, wo Abweichungen von Sollwerten zu untersuchen sind.

29.4 Verteilungsfunktionen

Das Verhalten einer Zufallsgröße X wird durch ihre *Verteilungsfunktion* bestimmt.
Für eine betrachtete Zufallsgröße X stellt sich die Frage, mit welchen *Wahrscheinlichkeiten* ihre Werte realisiert werden, d.h. welche *Wahrscheinlichkeitsverteilung* (kurz: *Verteilung*) sie besitzt. Diese Frage wird durch die Verteilungsfunktion beantwortet.
Die *Verteilungsfunktion* F(x) einer Zufallsgröße X ist durch

$$F(x) = P(X \leq x)$$

definiert, wobei P(X≤x) die Wahrscheinlichkeit dafür angibt, dass X einen Wert kleiner oder gleich der Zahl x annimmt.
Es gibt zwei Arten von *Verteilungsfunktionen*, *diskrete* und *stetige*, die folgende Abschn. 29.4.1 und 29.4.2 vorstellen.

> **Bemerkung**

Quantile spielen bei der Charakterisierung von Verteilungen und bei Methoden der schließenden Statistik eine wesentliche Rolle:
Der Zahlenwert x_s heißt *s-Quantil* oder *Quantil* der *Ordnung s* einer Zufallsgröße X, wenn gilt

$$F(x_s) = P(X \leq x_s) = s,$$

wobei s eine gegebene Zahl aus dem Intervall [0,1] ist.
Wenn die *inverse Verteilungsfunktion* F^{-1} existiert, so ermittelt sich x_s aus

$$x_s = F^{-1}(s).$$

Bei der Arbeit mit Quantilen ist zu beachten, dass sie nur eindeutig bestimmt sind, wenn die Verteilungsfunktion F(x) der Zufallsgröße X stetig und streng monoton wachsend ist. In diesem Fall existiert eine stetige inverse Verteilungsfunktion F^{-1}.

29.4.1   Diskrete Verteilungsfunktionen

Die *Verteilungsfunktion* einer *diskreten Zufallsgröße* X mit Werten $x_1, x_2, \ldots, x_n, \ldots$ berechnet sich aus

$$F(x) = \sum_{x_i \le x} p_i$$

und ist folgendermaßen *charakterisiert:*

− Sie heißt *diskrete Verteilungsfunktion* (*diskrete Verteilung*).

− $p_i = P(X = x_i)$ ist die *Wahrscheinlichkeit* dafür ist, dass X den Wert x_i annimmt.

− Die *grafische Darstellung* diskreter Verteilungsfunktionen hat die Gestalt einer *Treppenkurve* (siehe Abb.29.1).

− Eine diskrete Verteilungsfunktionen F(x) ist durch Vorgabe der Wahrscheinlichkeiten $p_i = P(X=x_i)$ *eindeutig bestimmt.* Es bleibt folglich das Problem, diese für eine gegebene diskrete Zufallsgröße X zu bestimmen. Deshalb werden im Folgenden *diskrete Verteilungen* betrachtet, bei denen diese Wahrscheinlichkeiten für praktisch wichtige Fälle formelmäßig bekannt sind.

Für praktische Anwendungen *wichtige diskrete Verteilungsfunktionen* (Wahrscheinlichkeitsverteilungen) sind:

- *Binomialverteilung* (Bernoulli-Verteilung) B(n,p):
  Eine *diskrete Zufallsgröße* X, die n Zahlen 0, 1, 2, 3,..., n mit *Wahrscheinlichkeiten*

$$P(X = k) = \binom{n}{k} \cdot p^k \cdot (1-p)^{n-k} \qquad (k=0,1,2,3,\ldots,n)$$

annimmt, heißt *binomialverteilt* mit Parametern n und p:

− Zur *Erklärung* der *Binomialverteilung* kann das Modell "*zufällige Entnahme von Elementen aus einer Gesamtheit m i t Zurücklegen*" verwendet werden. Dieses Modell beinhaltet Folgendes:
  Gesucht ist die *Wahrscheinlichkeit* P(X=k), dass bei n *unabhängigen Zufallsexperimenten*, bei denen nur

  das *Ereignis*   A   (mit Wahrscheinlichkeit p)

  oder das zu A *komplementäre Ereignis* $\overline{A}$ (mit Wahrscheinlichkeit 1-p)

  eintreten kann, das *Ereignis* A *k-mal auftritt*.

− Derartige *Zufallsexperimente* heißen *Bernoulli-Experimente* und sind u.a. bei der *Qualitätskontrolle* anzutreffen:
  Hier bestehen die *Zufallsexperimente* darin, aus einem großen Warenposten von Erzeugnissen (z.B. Schrauben, Werkzeuge, Fernsehgeräte, Computer) *zufällig* einzelne

Erzeugnisse nacheinander *auszuwählen* und auf *Brauchbarkeit* (Ereignis A) oder *Ausschuss* (Ereignis $\overline{A}$) zu untersuchen.

Die *Unabhängigkeit* der einzelnen Experimente wird dadurch erreicht, dass das herausgenommene Erzeugnis nach der Untersuchung wieder in den Warenposten zurückgelegt und der Posten gut durchgemischt wird. Es wird von einem Experiment *Ziehen mit Zurücklegen* gesprochen.

Bei großen Warenposten ist die *Unabhängigkeit* näherungsweise auch ohne Zurücklegen gegeben.

- *Hypergeometrische Verteilung* H(M,K,n):
  Eine *diskrete Zufallsgröße* X, die Zahlen 0,1,2,3,... mit *Wahrscheinlichkeiten*

$$P(X=k) = \frac{\binom{K}{k} \cdot \binom{M-K}{n-k}}{\binom{M}{n}} \qquad\qquad (k=0,1,2,3,...)$$

annimmt, heißt *hypergeometrisch verteilt* mit Parametern M, K und n, wobei zwischen k und den Parametern M, K, n folgende Relationen bestehen müssen:

$$k \le \text{Minimum}(K,n) \quad , \quad n-k \le M-K \quad , \quad 1 \le K < M \quad , \quad 1 \le n \le M$$

Zur *Erklärung* der hypergeometrischen Verteilung kann das Modell "*zufällige Entnahme von Elementen aus einer Gesamtheit o h n e Zurücklegen*" verwendet werden. Dieses Modell beinhaltet Folgendes:

Gesucht ist die *Wahrscheinlichkeit* P(X=k), dass bei n *zufälligen Entnahmen* eines *Elements ohne Zurücklegen* aus einer Gesamtheit von M Elementen, von denen K eine *gewünschte Eigenschaft* E haben, k Elemente (k=0,1,...,min(n,K)) mit dieser Eigenschaft E auftreten.

Konkret wird meistens ein *Urnenmodell* verwendet:

- Es gibt eine *Urne* mit M *Kugeln*, wobei K davon eine bestimmte (z.B. rote) Farbe und M-K eine andere (z.B. schwarze) Farbe haben.

- *Gesucht* ist die *Wahrscheinlichkeit*, dass bei n *zufälligen Entnahmen* einer Kugel *ohne Zurücklegen* k von den entnommenen Kugeln die bestimmte (z.B. rote) Farbe haben.

- Wird die *Entnahme mit Zurücklegen* vorgenommen, so ist die Zufallsgröße binomialverteilt mit den Parametern n und p=K/M, d.h. es liegt eine *Binomialverteilung* B(n,K/M) vor.

- *Poisson-Verteilung* P(λ):
  Eine *diskrete Zufallsgröße* X, die Zahlen 0, 1, 2, 3, ... mit *Wahrscheinlichkeiten*

$$P(X=k) = \frac{\lambda^k}{k!} \cdot e^{-\lambda} \qquad\qquad (k=0,1,2,3,...)$$

annimmt, heißt *Poisson-verteilt* mit *Parameter* λ.

Die Poisson-Verteilung kann als gute *Näherung* für die *Binomialverteilung* verwendet werden, wenn n groß und die *Wahrscheinlichkeit* p klein ist und n·p konstant gleich λ gesetzt wird.

Aufgrund der kleinen Wahrscheinlichkeiten wird die *Poisson-Verteilung* auch *Verteilung seltener Ereignisse* genannt und tritt u.a. bei *folgenden Ereignissen* auf:

Anzahl von Teilchen, die von einer radioaktiven Substanz emittiert werden,

Anzahl der Druckfehler pro Seite bei umfangreichen Büchern,

Anzahl der Anrufe pro Zeiteinheit in einer Telefonzentrale.

29.4.2 Stetige Verteilungsfunktionen

Die *Verteilungsfunktion* einer *stetigen Zufallsgröße* X berechnet sich aus

$$F(x) = \int_{-\infty}^{x} f(t)\, dt$$

und ist folgendermaßen *charakterisiert:*

- Sie heißt *stetige Verteilungsfunktion* (*stetige Verteilung*).
- f(t) ist die *Dichtefunktion* (Wahrscheinlichkeitsdichte, kurz: Dichte) von X.
- Eine stetige Verteilungsfunktion berechnet die Wahrscheinlichkeit dafür, dass X Zahlenwerte aus dem Intervall (-∞,x] annimmt. Falls die Wahrscheinlichkeit gesucht ist, dass sie Zahlenwerte aus einem Intervall [a,b] annimmt, so gilt

$$P(a \leq X \leq b) = P(a < X \leq b) = P(a \leq X < b) = P(a < X < b) = \int_{a}^{b} f(t)\, dt$$

- Speziell ist die Wahrscheinlichkeit, dass eine stetige Zufallsgröße X einen konkreten Zahlenwert a annimmt gleich Null, wie sich folgendermaßen ergibt:

$$P(X=a) = P(a \leq X \leq a) = \int_{a}^{a} f(t)\, dt = 0$$

- Eine stetige Verteilungsfunktion F(x) ist durch Vorgabe der *Dichte* f(t) *eindeutig bestimmt.* Es bleibt folglich das Problem, f(t) für eine gegebene stetige Zufallsgröße X zu bestimmen. Deshalb werden im Folgenden *stetige Verteilungen* betrachtet, bei denen Dichten für praktisch wichtige Fälle formelmäßig bekannt sind.

 Bemerkung

Für praktische Anwendungen *wichtige stetige Verteilungsfunktionen* (Wahrscheinlichkeitsverteilungen) sind:

- *Normalverteilung* (Gaußverteilung) N(μ,σ) mit

Dichtefunktion

$$f(t) = \frac{1}{\sigma \cdot \sqrt{2 \cdot \pi}} \cdot e^{-\frac{1}{2}\left(\frac{t-\mu}{\sigma}\right)^2}$$

Verteilungsfunktion

$$F(x) = \frac{1}{\sigma \cdot \sqrt{2 \cdot \pi}} \cdot \int_{-\infty}^{x} e^{-\frac{1}{2}\left(\frac{t-\mu}{\sigma}\right)^2}\, dt$$

wo μ den *Erwartungswert*, σ die *Standardabweichung* und σ^2 die *Streuung* bezeichnen.

Die *Normalverteilung* ist folgendermaßen *charakterisiert:*

– Sie besitzt unter allen stetigen Verteilungen eine überragende Bedeutung, da viele Zufallsgrößen näherungsweise normalverteilt sind, weil sie sich als Überlagerung (Summe) einer großen Anzahl einwirkender Einflüsse (unabhängiger, identisch verteilter Zufallsgrößen) darstellen. Die Grundlagen hierfür liefern Grenzwertsätze.

– Gelten $\mu = 0$ und $\sigma = 1$,

so heißt sie *standardisierte* (oder *normierte*) *Normalverteilung* N(0,1), deren *Verteilungsfunktion* die Bezeichnung Φ hat:

Ihre *grafische Darstellung* ist in Abb.29.2 zu sehen.

Da die Dichtefunktion der standardisierten Normalverteilung eine gerade Funktion ist, folgen für Φ die Beziehungen

$\Phi(0) = 1/2$ und $\Phi(-x) = 1 - \Phi(x)$.

Falls eine *Zufallsgröße* X die *Normalverteilung* N(μ,σ) mit Erwartungswert μ und Standardabweichung σ besitzt, so genügt die aus X gebildete *Zufallsgröße*

$$Y = \frac{X - \mu}{\sigma}$$

der *standardisierten Normalverteilung* N(0,1).

Deshalb lassen sich *Wahrscheinlichkeiten* einer N(μ,σ)-verteilten Zufallsgröße X mithilfe der Verteilungsfunktion Φ der *standardisierten Normalverteilung* folgendermaßen berechnen:

$$P(X \leq x) = P\left(\frac{X-\mu}{\sigma} \leq \frac{x-\mu}{\sigma}\right) = P(Y \leq u) = \Phi\left(\frac{x-\mu}{\sigma}\right) = \Phi(u)$$

$$P(X \geq x) = 1 - P(X \leq x) = 1 - P\left(\frac{X-\mu}{\sigma} \leq \frac{x-\mu}{\sigma}\right) = 1 - P(Y \leq u) = 1 - \Phi\left(\frac{x-\mu}{\sigma}\right) = 1 - \Phi(u)$$

$$P(a \leq X \leq b) = P\left(\frac{X-\mu}{\sigma} \leq \frac{b-\mu}{\sigma}\right) - P\left(\frac{X-\mu}{\sigma} \leq \frac{a-\mu}{\sigma}\right) = \Phi\left(\frac{b-\mu}{\sigma}\right) - \Phi\left(\frac{a-\mu}{\sigma}\right)$$

wobei u sich offensichtlich aus

$$u = \frac{x-\mu}{\sigma}$$

berechnet.

• Die *Fehlerfunktion*

$$\mathrm{erf}(x) = \frac{2}{\sqrt{\pi}} \cdot \int_0^x e^{-t^2}\, dt \ , \quad x \geq 0$$

wird öfters benötigt.

Weitere wichtige *stetige Verteilungen* (vor allem für die Statistik) sind *Chi-Quadrat-*, *Student-* und *F-Verteilungen*. Diese Verteilungen werden im Buch nicht benötigt (siehe Lehrbücher und Hilfe in MATHCAD und MATHCAD PRIME).

29.5 Erwartungswert (Mittelwert) und Streuung (Varianz)

Die Verteilungsfunktion einer Zufallsgröße X ist bei praktischen Problemen nicht immer bekannt bzw. schwer zu handhaben.

Deshalb sind zusätzliche *charakteristische Kenngrößen* interessant, die Parameter (*Momente*) einer Zufallsgröße X heißen.

Im Folgenden werden die beiden wichtigen Momente *Erwartungswert* (Mittelwert) und *Streuung* (Varianz) einer Zufallsgröße X vorgestellt:

- Der *Erwartungswert* (Mittelwert)

  $\mu = E(X)$

  einer Zufallsgröße X gibt an, welchen Wert X im Durchschnitt (Mittel) realisieren wird, so dass auch die Bezeichnung *Mittelwert* verwendet wird:

  - Er berechnet sich für eine *diskrete Zufallsgröße* X mit *Werten* $x_1, x_2, ..., x_i, ...$ und gegebenen Wahrscheinlichkeiten $p_i = P(X = x_i)$ aus

    $$\mu = E(X) = \sum_i x_i \cdot p_i$$

  - Er berechnet sich für eine *stetige Zufallsgröße* X mit gegebener *Dichtefunktion* f(t) aus

    $$\mu = E(X) = \int_{-\infty}^{\infty} t \cdot f(t) \, dt$$

- Die *Streuung* (Varianz) σ_X^2

  einer Zufallsgröße X gibt die durchschnittliche quadratische *Abweichung* ihrer Werte vom *Erwartungswert* E(X) an und berechnet sich aus

  $$\sigma_X^2 = E(X - E(X))^2 \ ,$$

  wobei σ_X *Standardabweichung* von X heißtheißt.

Die gegebenen Berechnungsformeln sind nur anwendbar, wenn die Konvergenz der Reihe bzw. des uneigentlichen Integrals gewährleistet ist.

Für bekannte Wahrscheinlichkeitsverteilungen (siehe Abschn.29.4.1 und 29.4.2) lassen sich *Erwartungswert* E(X) und *Streuung* σ_X^2 berechnen, die z.B. *folgende Werte* haben:

Binomialverteilung B(n,p): $E(X) = n \cdot p$ $\sigma_X^2 = n \cdot p \cdot (1-p)$

Hypergeometrische Verteilung H(M,K,n): $E(X) = n \cdot p$ $\sigma_X^2 = n \cdot \dfrac{M-n}{M-1} \cdot p \cdot (1-p)$ mit $p = \dfrac{K}{M}$

Poisson-Verteilung P(λ): $E(X) = \lambda$ $\sigma_X^2 = \lambda$

Normalverteilung N(μ,σ): $E(X) = \mu$ $\sigma_X^2 = \sigma^2$

29.6 Anwendung von MATHCAD und MATHCAD PRIME

Die vordefinierten Funktionen zu Wahrscheinlichkeitsverteilungen erlauben MATHCAD und MATHCAD PRIME viele Probleme der Wahrscheinlichkeitsrechnung zu berechnen, wie schon der kurze Einblick im Folgenden erkennen lässt.

In MATHCAD und MATHCAD PRIME sind

– keine Funktionen zur Berechnung von Erwartungswert und Streuung vordefiniert. Es können nur die im Abschn.29.5 gegebenen Formeln berechnet werden.

– nur Funktionen zur Berechnung *empirischer Erwartungswerte* und *Streuungen* für entnommene *Stichproben* vordefiniert.

29.6.1 Diskrete Wahrscheinlichkeitsverteilungen

Es sind u.a. folgende Funktionen für *diskrete Wahrscheinlichkeitsverteilungen* vordefiniert:

Binomialverteilung B(n,p):

dbinom(k,n,p)   berechnet die *Wahrscheinlichkeit* P(X=k)

pbinom(x,n,p)   berechnet die *Verteilungsfunktion* F(x)

qbinom(n,p,s)   berechnet das *s-Quantil* x_s aus $F(x_s) = P(X \le x_s) = s$

Hypergeometrische Verteilung H(M,K,n):

dhypergeom(k,K,M-K,n)   berechnet die *Wahrscheinlichkeit* P(X=k)

phypergeom(x,K,M-K,n)   berechnet die *Verteilungsfunktion* F(x)

qhypergeom(s,K,M-K,n)   berechnet das *s-Quantil* x_s aus $F(x_s) = P(X \le x_s) = s$

Poisson-Verteilung P(λ) mit *Parameter* λ:

dpois(k,λ)   berechnet die *Wahrscheinlichkeit* P(X=k)

ppois(x,λ)   berechnet die *Verteilungsfunktion* F(x)

qpois(s,λ)   berechnet das *s-Quantil* x_s aus $F(x_s) = P(X \le x_s) = s$

Beispiel 29.3:

Betrachtung einer praktischen *Anwendung* der *Binomialverteilung:*

Beim Herstellungsprozess einer *Ware* ist *bekannt,* dass 80% *fehlerfrei,* 15% mit *leichten* (vernachlässigbaren) *Fehlern* und 5% mit *großen Fehlern* hergestellt werden. Wie groß ist die *Wahrscheinlichkeit* P, dass von den nächsten hergestellten 100 Exemplaren dieser Ware *höchstens* 3, *genau* 10, *mindestens* 4 *große Fehler* besitzen:

– Als *Zufallsgröße* X wird die *Anzahl* der Waren mit *großen Fehlern* verwendet.

– Die *Binomialverteilung* B(100,0.05) kann zur Berechnung dieser Problematik herangezogen werden, deren *Verteilungsfunktion* in Abb.29.1 *grafisch* mit MATHCAD *dargestellt* ist.

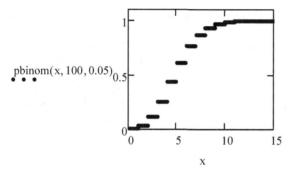

Abb.29.1: Grafische Darstellung der Verteilungsfunktion der Binomialverteilung B(100,0.05)

– Mit der Funktion **pbinom**(x,n,p) für die Verteilungsfunktion F der *Binomialverteilung* berechnen MATHCAD und MATHCAD PRIME folgende Werte für die *Wahrscheinlichkeiten:*

P(X≤3) = F(3):

pbinom(3,100,0.05) = 0.258

Damit beträgt die Wahrscheinlichkeit 0.258, dass höchstens 3 Exemplare große Fehler besitzen.

P(X=10) = P(X≤10) - P(X≤9) = F(10) - F(9):

pbinom(10,100,0.05) - **pbinom**(9,100,0.05) = 0.017

Damit beträgt die Wahrscheinlichkeit 0.017, dass genau 10 Exemplare große Fehler besitzen.

P(X≥4) = 1 - P(X<4) = 1 - P(X≤3) = 1 - F(3):

1- **pbinom**(3,100,0.05) = 0.742

Damit beträgt die Wahrscheinlichkeit 0.742, dass mindestens 4 Exemplare große Fehler besitzen.

29.6.2 Stetige Wahrscheinlichkeitsverteilungen

Es sind Funktionen für *stetige Wahrscheinlichkeitsverteilungen* vordefiniert, wovon nur die wichtige *Normalverteilung* $N(\mu,\sigma)$ betrachtet wird:

dnorm(t,μ,σ) berechnet den Funktionswert der *Dichte* $f(t)$

pnorm(x,μ,σ) berechnet den Funktionswert der *Verteilungsfunktion* $F(x)=P(X\leq x)$

qnorm(s,μ,σ) berechnet das s-Quantil

cnorm(x) berechnet den Funktionswert $\Phi(x)$ der *standardisierten Normalverteilung*

erf(x) berechnet die Fehlerfunktion, d.h. $\mathbf{erf}(x)=\dfrac{2}{\sqrt{\pi}}\cdot\int\limits_{0}^{x}e^{-t^2}\,dt$, $x\geq 0$

Erläuterungen zu den in der Statistik wichtigen *Chi-Quadrat-*, *t-(Student-)* und *F-Verteilungen* liefert die Hilfe, wenn die Namen **dchisk**, **pchisk** bzw. **dt**, **pt** bzw. **dF**, **pF** der entsprechenden vordefinierten Dichte- bzw. Verteilungsfunktionen eingegeben werden.

Beispiel 29.4:
Betrachtung von zwei Beispielen zur *Normalverteilung:*

a) Die *grafische Darstellung* von *Verteilungsfunktion* und *Dichte* der standardisierten Normalverteilung $N(0,1)$ ist aus folgender Abb.29.2 ersichtlich.

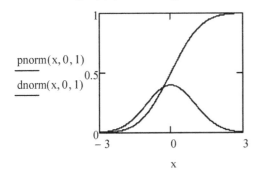

Abb.29.2: Grafische Darstellung von Verteilungsfunktion und Dichte der standardisierten Normalverteilung

b) Die *Lebensdauer* von Fernsehgeräten sei *normalverteilt* mit *Erwartungswert* $\mu=10000$ Stunden und *Standardabweichung* $\sigma=1000$ Stunden.
Wie groß ist die *Wahrscheinlichkeit*, dass ein zufällig der Produktion entnommenes Fernsehgerät die folgende *Lebensdauer* hat:

mindestens 12000,   höchstens 6500,   zwischen 7500 und 10500 Stunden

Als *Zufallsgröße* X wird die *Lebensdauer* der Fernsehgeräte verwendet.

Unter Anwendung der *Normalverteilung* mit $\mu=10000$, $\sigma=1000$ berechnet die vordefinierte Funktion **pnorm** folgende Wahrscheinlichkeiten:

- Die Wahrscheinlichkeit für die Lebensdauer mindestens 12000 Stunden ergibt sich mit der Verteilungsfunktion F zu

  $P(X \geq 12000) = 1 - P(X<12000) = 1 - F(12000)$.

  Damit berechnen MATHCAD und MATHCAD PRIME die Wahrscheinlichkeit 0.023, die sehr klein ist:

  1- **pnorm** $(12000,10000,1000) = 0.023$

- Die Wahrscheinlichkeit für die Lebensdauer höchstens 6500 Stunden ergibt sich mit der Verteilungsfunktion F zu

  $P(X \leq 6500) = F(6500)$.

  Damit berechnen MATHCAD und MATHCAD PRIME die Wahrscheinlichkeit 0.0002326, die fast Null ist:

  pnorm$(6500,10000,1000) = 2.326 \cdot 10^{-4}$

- Die Wahrscheinlichkeit für die Lebensdauer zwischen 7500 und 10500 Stunden ergibt sich mit der Verteilungsfunktion F zu

  $P(7500 \leq X \leq 10500) = F(10500) - F(7500)$.

  Damit berechnen MATHCAD und MATHCAD PRIME die Wahrscheinlichkeit 0.685:

  pnorm$(10500,10000,1000)$ - **pnorm**$(7500,10000,1000) = 0.685$

30 Simulation

Unter *Simulation* wird die Untersuchung von Vorgängen/Prozessen/Systemen aus Technik, Natur oder Wirtschaft mithilfe eines *Ersatzsystems* verstanden und von einer *Nachbildung* mittels *Modell* gesprochen:

- Als *Ersatzsystem* dient häufig ein *mathematisches Modell*, das unter Verwendung von *Computern* ausgewertet wird, so dass von *digitaler Simulation* gesprochen wird.

- Wenn benutzte mathematische Modelle auf Methoden der Wahrscheinlichkeitsrechnung basieren, wird von *stochastischen digitalen Simulationen* gesprochen, die *Monte-Carlo-Simulationen* heißen. Sie finden Anwendung, wenn betrachtete Vorgänge/Prozesse/Systeme gewisse zufallsbedingte Größen enthalten oder so komplex sind, dass deterministische mathematische Modelle zu aufwendig werden.

Im Rahmen des Buches kann das komplexe Gebiet der Simulationen nicht behandelt werden. Es wird nur kurz auf Zufallszahlen (Abschn.30.1) und Monte-Carlo-Simulationen (Abschn.30.2.) eingegangen und an einem Beispiel illustriert, wie MATHCAD und MATHCAD PRIME erfolgreich für Simulationen einsetzbar sind.

30.1 Zufallszahlen mit MATHCAD und MATHCAD PRIME

Für *Monte-Carlo-Simulationen* (siehe Abschn.30.2) werden *Zufallszahlen* benötigt, die vorgegebenen Wahrscheinlichkeitsverteilungen genügen:

- Unter *Zufallszahlen* werden von Zufallsgrößen angenommene Zahlenwerte verstanden.

- Zufallszahlen lassen sich mittels Computer erzeugen und werden als *Pseudozufallszahlen* bezeichnet, da sie von Zufallszahlengeneratoren oder Rekursionsformeln erzeugt und damit gewissen Gesetzmäßigkeiten unterworfen sind.

In MATHCAD und MATHCAD PRIME sind Funktionen zur Berechnung von *Zufallszahlen* vordefiniert, die verschiedenen Wahrscheinlichkeitsverteilungen genügen.

Da praktische Anwendungen meistens nicht nur eine, sondern mehrere Zufallszahlen benötigen, lassen sich auch Vektoren von Zufallszahlen erzeugen.

Die Gesamtheit der vordefinierten Funktionen ist in der Hilfe bei *Zufallszahlen* (englisch: *Random Numbers*) zu finden. Es werden nur drei Wichtige vorgestellt:

rnd(a)   erzeugt eine *gleichverteilte Zufallszahl* zwischen 0 und a (a > 0).

runif(n,a,b)   erzeugt einen *Vektor* mit n *gleichverteilten Zufallszahlen* im Intervall [a,b].

rnorm(n,μ,σ)   erzeugt einen *Vektor* mit n *normalverteilten Zufallszahlen* mit Erwartungswert μ und Standardabweichung σ.

Die Berechnung von Zufallszahlen wird nach der Eingabe der Funktionen mit entsprechenden Argumenten in das Arbeitsblatt durch Eingabe des numerische Gleichheitszeichen = ausgelöst.

Den Funktionen zur Erzeugung von Zufallszahlen ist in MATHCAD und MATHCAD PRI-ME ein sogenannter *Rekursivwert* zugeordnet, der mittels vordefinierter Funktion **Seed** verändert werden kann, so dass eine andere Folge von Zufallszahlen erzeugt wird.

Beispiel 30.1:

In den folgenden Beispielen ist zu beachten, dass bei jeder neuen Anwendung der entsprechenden Funktionen andere Zahlen erzeugt werden, da es sich um Zufallszahlen handelt.

a) Erzeugung einer *gleichverteilten Zufallszahl* aus dem Intervall [0,1]:

$$\mathbf{rnd}(1) = 0.001$$

b) Erzeugung eines Vektors mit 5 *normalverteilten Zufallszahlen* mit Erwartungswert 0 und Streuung 1:

$$\mathbf{rnorm}(5,0,1) = \begin{pmatrix} 0.044 \\ -0.121 \\ 0.556 \\ 2.192 \\ 0.809 \end{pmatrix}$$

c) Erzeugung eines Vektors mit 3 *gleichverteilten Zufallszahlen* aus dem Intervall [2,4]:

$$\mathbf{runif}(3,2,4) = \begin{pmatrix} 2.003 \\ 2.387 \\ 3.17 \end{pmatrix}$$

30.2 Monte-Carlo-Simulation

Monte-Carlo-Simulationen lassen sich folgendermaßen *charakterisieren:*

- Ein in der Praxis zu untersuchendes deterministisches oder stochastisches Problem wird durch ein formales *stochastisches mathematisches Modell* angenähert.

- Anhand des aufgestellten *stochastischen Modells* werden unter Verwendung von *Zufallszahlen* zufällige *Experimente* auf *Computern* durchgeführt.

- In Auswertung der Ergebnisse dieser zufälligen Experimente werden *Näherungswerte* für das *zu untersuchende Problem* erhalten.

- Derartige Simulationen sind für die Anwendung von großem Nutzen, da sie meistens kostengünstiger sind, häufig schneller Ergebnisse liefern und in einer Reihen von Fällen erst die Untersuchung eines realen Objekts ermöglichen, weil direkte Untersuchungen an diesem Objekt zu kostspielig oder nicht möglich sind.

- Sie werden u.a. eingesetzt bei
  Mess- und Prüfvorgängen, Lagerhaltungsproblemen, Verkehrsabläufen, Bedienungs- und Reihenfolgeproblemen.

- Sie können auch zur *Berechnung* einer Vielzahl mathematischer *Probleme* herangezogen werden, so u.a. zur Lösung von *Gleichungen* und *Differentialgleichungen*, Berechnung von *Integralen* und Lösung von *Optimierungsaufgaben*.
  Hier sind sie jedoch nur zu *empfehlen*, wenn *höherdimensionale* Aufgaben vorliegen, wie dies z.B. bei mehrfachen Integralen oder der Optimierung von Funktionen mehrerer Variablen der Fall ist.

30.3 Beispiel mit MATHCAD und MATHCAD PRIME

Da sich Zufallszahlen einfach erzeugen lassen (siehe Abschn.30.1), eignen sich MATHCAD und MATHCAD PRIME zur Durchführung von *Monte-Carlo-Simulationen*.
Unter Verwendung der Programmiermöglichkeiten lassen sich diese problemlos realisieren, wie im Folgenden am *Beispiel* der *Berechnung bestimmter Integrale* illustriert ist:

Berechnung eines *bestimmten Integrals*

$$I = \int_a^b f(x)\, dx$$

mittels *Monte-Carlo-Simulation:*

- Für eine einfache Anwendung muss das Integral in eine Form transformiert werden, in der der Integrationsbereich durch das Intervall [0,1] gegeben ist und die Funktionswerte des Integranden f(x) zwischen 0 und 1 liegen.

- Es wird folglich ein Integral in der Form

$$\int_0^1 h(x)\, dx \qquad \text{mit} \qquad 0 \le h(x) \le 1$$

benötigt.

- Unter der Voraussetzung, dass der Integrand f(x) auf dem Intervall [a,b] stetig ist, kann durch Berechnung von

$$m = \underset{x \in [a,b]}{\text{Minimum}}\, f(x) \qquad \text{und} \qquad M = \underset{x \in [a,b]}{\text{Maximum}}\, f(x)$$

das gegebene Integral I in folgende Form transformiert werden:

$$I = (M\text{-}m) \cdot (b\text{-}a) \cdot \int_0^1 h(x)\, dx + (b\text{-}a) \cdot m \ ,$$

wobei die Funktion

$$h(x) = \frac{f(a + (b\text{-}a) \cdot x) - m}{M\text{-}m}$$

die geforderte Bedingung $0 \le h(x) \le 1$ erfüllt.

- Das entstandene Integral

$$\int_0^1 h(x)\, dx$$

bestimmt geometrisch die Fläche unterhalb der Funktionskurve von h(x) im Einheitsquadrat $x \in [0,1]$, $y \in [0,1]$.

- Dieser geometrische Sachverhalt lässt sich einfach zur näherungsweisen Berechnung des Integrals heranziehen, indem eine *Simulation* mit *gleichverteilten Zufallszahlen* durchgeführt wird: n Zahlenpaare

$$(x_i, y_i)$$

von im Intervall [0,1] gleichverteilten Zufallszahlen werden erzeugt und es wird nachgezählt, welche Anzahl z(n) der Zahlenpaare davon in die durch h(x) bestimmte Fläche fallen, d.h. für die

$$y_i \leq h(x_i)$$

gilt.

- Damit liefert der Quotient z(n)/n unter Verwendung der *relativen Häufigkeit* (siehe Abschn.29.3) eine *Näherung* für das zu berechnende *Integral*, d.h.

$$\int_0^1 h(x)\, dx \approx \frac{z(n)}{n}$$

Bei der Anwendung der Monte-Carlo-Simulation ist zu beachten, dass bei jeder Durchführung mit gleicher Anzahl von Zufallszahlen i.Allg. ein anderes Ergebnis auftritt, da andere Zufallszahlen berechnet werden, wie im folgenden Beispiel illustriert ist.

Beispiel 30.2:

Das bestimmte Integral

$$I = \int_1^3 x^x\, dx$$

können MATHCAD und MATHCAD PRIME nicht exakt lösen, sondern nur *numerisch:*

$$\int_1^3 x^x\, dx = 13.725$$

Im Folgenden wird dieses *Integrals* mittels der besprochenen *Monte-Carlo-Simulation* berechnet:

- Zuerst wird die zu integrierende Funktion (*Integrand*)

    $$f(x) = x^x$$

    untersucht, um Aussagen über ihr *Minimum* m und *Maximum* M im Intervall [1,3] zu erhalten. Aufgrund der positiven Ableitung im Intervall ist f(x) monoton wachsend, so dass m=1 und M=27 für das Minimum bzw. Maximum folgen. Damit liegen alle benötigten Werte vor, da die Integrationsgrenzen a=1 und b=3 ebenfalls bekannt sind.

- Jetzt kann das gegebene Integral mittels der abgeleiteten Formel der *Monte-Carlo-Simulation* näherungsweise berechnet werden, wofür das *Funktionsprogramm*

INT(a,b,m,M,n,f)

erstellt wird, in dem die *Argumente* folgende Bedeutung haben:

a , b   -   Integrationsgrenzen.

m , M   -   Minimum bzw. Maximum des Integranden f(x) auf dem Intervall [a,b].

n   -   Zahl der zu erzeugenden Zufallszahlen.

f   -   Name der definierten Funktion f(x) des Integranden.

- Das erstellte Funktionsprogramm kann zur Berechnung beliebiger bestimmter Integrale benutzt werden. Es müssen nur vor Aufruf des Programms dem Integranden f(x) in einer Funktionsdefinition die konkrete Funktion zugewiesen, Minimum m und Maximum M des Integranden f(x) auf dem Intervall [a,b] ermittelt und die Anzahl n zu erzeugender Zufallszahlen festgelegt werden.

- Im Folgenden ist eine mögliche Variante des Funktionsprogramms INT mittels MATH-CAD zu sehen:

$$INT(a,b,m,M,n,f) := \begin{array}{|l} INT \leftarrow 0 \\ \text{for } i \in 1..n \\ \quad \begin{array}{|l} x \leftarrow rnd(1) \\ y \leftarrow rnd(1) \\ INT \leftarrow INT + 1 \ \text{ if } \ y \leq \dfrac{f[a + (b - a) \cdot x] - m}{M - m} \end{array} \\ INT \leftarrow (M - m) \cdot (b - a) \cdot \dfrac{INT}{n} + (b - a) \cdot m \end{array}$$

- Der Aufruf des erstellten Programms zur Berechnung des gegebenen Integrals geschieht folgendermaßen, wobei die Anzahl n der zu erzeugenden Zufallszahlen gleich 1000 gesetzt ist:

$f(x) := x^x$ $INT(1,3,1,27,1000,f) = 13.752$

Es ist zu sehen, dass vor Aufruf des Funktionsprogramms INT die Funktionsdefinition für den Integranden erfolgen muss.

- In folgender Tabelle sind die Ergebnisse der Berechnung des Integrals I mit dem für MATHCAD erstellten Funktionsprogramms INT für einige Werte von n zu sehen:

n	I
10	12.4
100	13.44
1000	14.064
10 000	13.632
100 000	13.645

- Berechnung des gegebenen Integrals für n=1000 durch mehrmaliges Erzeugen von 1000 Zufallszahlen:

Versuch	Wert des Integrals
1.	13.96
2.	13.7
3.	13.492
4.	13.596
5.	12.92
6.	13.336

Es ist zusehen, dass jedes Mal ein anderes Ergebnis erhalten wird, da andere Zufallszahlen berechnet werden.

Das gegebene Beispiel lässt bereits erkennen, dass die Monto-Carlo-Simulation keinen Vorteil gegenüber den in MATHCAD und MATHCAD PRIME vordefinierten Numerikfunktionen zur Integration bringt. Zu empfehlen ist diese Simulation erst bei höherdimensionalen Problemen, z.B. bei mehrfachen Integralen.

31 Statistik

Da die *Statistik* neben der Wahrscheinlichkeitsrechnung als großes Teilgebiet der *Stochastik* bei der Lösung praktischer Probleme große Bedeutung besitzt, wird im Folgenden ein *kurzer Einblick* in die Problematik und die Anwendung von MATHCAD und MATHCAD PRIME gegeben.

Eine ausführliche *Behandlung* ist aufgrund der großen Stofffülle nicht möglich. Hierzu wird auf das Buch [4] *Statistik mit MATHCAD und MATLAB* des Autors verwiesen.

Die *Statistik* lässt sich folgendermaßen *charakterisieren:*

- Sie befasst sich mit der *Untersuchung* von Merkmalen (Eigenschaften) X,Y,... von *Massenerscheinungen* (Mengen) und liefert Methoden, um diese beschreiben, beurteilen und quantitativ erfassen zu können.

- Sie unterscheidet zwischen *beschreibender* (deskriptiver) und *schließender* (induktiver, mathematischer) *Statistik*, die sich beide mit aus Massenerscheinungen *entnommenen Stichproben* beschäftigen:

  - Die *beschreibende Statistik* liefert nur *Aussagen* über *Merkmale* dieser *Stichproben*. Diese Aussagen sind sicher, können jedoch nicht auf die gesamte betrachtete Massenerscheinung übertragen werden.

  - Die *schließende Statistik* liefert anhand dieser Stichproben *Aussagen* über *Merkmale* der gesamten betrachteten Massenerscheinung. Diese Aussagen sind jedoch nur mit einer gewissen Wahrscheinlichkeit sicher.

Es gibt eine Reihe *spezieller Programmsysteme* zur *Wahrscheinlichkeitsrechnung* und *Statistik*, wie z.B. SAS, UNISTAT, STATGRAPHICS, SYSTAT und SPSS, die umfangreiche Möglichkeiten bieten.

Dies bedeutet jedoch nicht, dass MATHCAD und MATHCAD PRIME hierfür untauglich sind. Bereits kurze Einblicke im Kap.29, 30 und in diesem Kapitel lassen erkennen, dass sie wirkungsvolle Werkzeuge zur Verfügung stellen, um Standardprobleme lösen zu können.

31.1 Untersuchung von Massenerscheinungen

31.1.1 Grundgesamtheit und Stichprobe

Beim Sammeln von Daten (Zahlen), die *Merkmale* (Eigenschaften) X,Y,...von *Massenerscheinungen* (Mengen) betreffen, ist es meistens unmöglich oder ökonomisch nicht vertretbar, die gesamte Massenerscheinung zu betrachten, die *Grundgesamtheit* heißt und endlich oder unendlich sein kann:

- Die betrachteten *Merkmale* (Eigenschaften) X,Y,... einer Grundgesamtheit werden für statistische Untersuchungen durch *Zufallsgrößen* (siehe Abschn.29.2) X,Y,... beschrieben.

- Es wird nur ein *kleiner Teil* einer *Grundgesamtheit* betrachtet, der *Stichprobe* heißt und folgendermaßen charakterisiert ist:

– Mithilfe eines Auswahlverfahrens aus einer Grundgesamtheit gewonnene endliche Teilmengen mit n Elementen werden als *Stichproben* vom *Umfang n* (Stichprobenumfang n) bezeichnet.

– *Stichproben* können je nach Art der Grundgesamtheit durch eine der folgenden Methoden gewonnen werden:
   Beobachtungen (Zählungen, Messungen), *Befragungen* (von Personen), *Experimente* oder *Entnahme* einer *Teilmenge*.

– Erfolgt die Gewinnung von Stichproben *zufällig*, so heißen sie *zufällige Stichproben* (*Zufallsstichproben*), die in der schließenden Statistik (siehe Abschn.31.4) benötigt werden, um Aussagen über zugehörige Grundgesamtheiten zu erhalten.

– Je nach *Anzahl* der betrachteten *Merkmale* (Zufallsgrößen) in einer Grundgesamtheit spricht man von

eindimensionalen Stichproben	bei einem Merkmal X,
zweidimensionalen Stichproben	bei zwei Merkmalen X und Y,
mehrdimensionalen Stichproben	ab drei Merkmalen X_1, X_2, X_3,
N-dimensionalen Stichproben	bei N Merkmalen $X_1, X_2, ..., X_N$

– *Ein-* und *zweidimensionale Stichproben* vom *Umfang n* sind folgendermaßen *charakterisiert*, wobei der Index die Reihenfolge der Entnahme angibt:
   Eindimensionale Stichproben für ein Merkmal (Zufallsgröße) X bestehen aus n Zahlenwerten (*Stichprobenwerten*)

   $x_1, x_2, ..., x_n$

   Zweidimensionale Stichproben für zwei Merkmale (Zufallsgrößen) X und Y bestehen aus n Zahlenpaaren (*Stichprobenpunkten*)

   $(x_1, y_1), (x_2, y_2), ..., (x_n, y_n)$

31.1.2 Anwendung von MATHCAD und MATHCAD PRIME

Um *Stichproben* auf Computern *verarbeiten* zu können, sind sie in *Zahlenform* zu gewinnen und es empfiehlt sich die Zuweisung an Matrizen bei Anwendung von MATHCAD und MATHCAD PRIME, wie im folgenden Beispiel illustriert ist.

Beispiel 31.1:

Betrachtung zweier konkreter Stichproben:

a) Aus der Produktion von Bolzen eines Werkzeugautomaten wird eine (eindimensionale) *Stichprobe* von n=20 Bolzen entnommen, deren Länge (Merkmal X) kontrolliert werden soll, wobei das Nennmaß 300 mm beträgt:
   Die Messung von entnommenen Bolzen ergibt folgende 20 *Stichprobenwerte*

   299,299,297,300,299,301,300,297,302,303,300,299,301,302,301,299,300,298,300,300

Diese Stichprobenwerte lassen sich in MATHCAD und MATHCAD PRIME einem eindimensionalen Feld (Vektor) **X** zuweisen.

Im Beisp.31.4a werden hierfür die *statistischen Maßzahlen* Mittelwert, Median und
Streuung berechnet.

b) Eine *zweidimensionale Stichprobe* vom Umfang n=5

   (20,5) , (40,10) , (70,20) , (80,30) , (100,40)

   wird folgendermaßen erhalten:

   Um die *Abhängigkeit* des *Bremsweges* (Merkmal Y) eines Pkw von der *Geschwindigkeit* (Merkmal X) zu untersuchen, wird für 5 verschiedene Geschwindigkeiten (in km/h)
   der Bremsweg (in m) gemessen:

Geschwindigkeit x	20	40	70	80	100
Bremsweg y	5	10	20	30	40

Diese Stichprobe lässt sich in MATHCAD und MATHCAD PRIME mittels

X:=(20 40 70 80 100)^T **Y**:=(5 10 20 30 40)^T

den Vektoren (transponierten Zeilenvektoren) **X** und **Y** zuweisen.

Im Beisp.31.5 werden diese Vektoren **X** und **Y** dazu benutzt, um statistische Maßzahlen
bzw. für einen vermuteten *linearen funktionalen Zusammenhang* zwischen *Geschwindigkeit* und *Bremsweg* eine *Regressionsgerade* zu berechnen.

31.2 Beschreibende Statistik

Die *beschreibende Statistik* lässt sich folgendermaßen *charakterisieren:*

- Sie *bereitet* vorliegendes *Zahlenmaterial* von Merkmalen (Zufallsgrößen) X,Y,... einer
  Stichprobe auf und *verdichtet* es. Dies geschieht (siehe Abschn.31.2.1 bis 31.2.3)
  - *anschaulich* mittels Punktgrafiken, Diagrammen und Histogrammen.
  - *analytisch* mittels *statistischer Maßzahlen* wie Mittelwert, Median und Streuung.
- Sie erhält nur *Aussagen* über eine *vorliegende Stichprobe*, die nicht auf die zugehörige
  Grundgesamtheit übertragen werden können, aus der die Stichprobe stammt.
- Sie benötigt keine Wahrscheinlichkeitsrechnung und weitere tief gehende mathemati-
  sche Methoden.
- Die meisten Probleme lassen sich mit MATHCAD und MATHCAD PRIME berechnen,
  wie im Abschn.31.3 illustriert ist.

31.2.1 Urliste und Verteilungstafel

Die Zahlenwerte einer *eindimensionalen Stichprobe* vom *Umfang n*, die in der Reihenfolge
der Entnahme vorliegen, werden als *Urliste, Roh-* oder *Primärdaten* bezeichnet, die bei
größerem Umfang n schnell unübersichtlich werden können.

Deshalb ist es bei Untersuchungen der beschreibenden Statistik vorteilhaft, die Zahlen der *Urliste* zu *ordnen* und *gruppieren:*

- Die einfachste Form der Anordnung von Stichprobenwerten besteht im Ordnen nach der Größe (in steigender oder fallender Reihenfolge):
  - Die Differenz zwischen kleinstem und größtem Wert der Urliste wird als *Spannweite* (Variationsbreite) bezeichnet.
  - Es kann zusätzlich die *absolute Häufigkeit* der einzelnen Stichprobenwerte gezählt werden (z.B. mittels Strichliste).
  - Es lässt sich eine *primäre Verteilungstafel* aufstellen:
    In diese Tafel lassen sich noch *relative Häufigkeiten* aufnehmen, die sich aus durch n dividierte absolute Häufigkeiten ergeben (siehe Beisp.31.2).
    Sie liefert eine anschauliche Übersicht über die Verteilung der Werte der Urliste.

- Wenn die *Urliste* einen großen Umfang n besitzt, ist es vorteilhaft, die Werte zu *gruppieren,* d.h. in *Klassen aufzuteilen* (siehe Beisp.31.2):
  - Die *Klassenbreiten* d können für alle Klassen den gleichen Wert haben. Es sind auch verschiedene Klassenbreiten möglich. Dies hängt vom Umfang n und von der Spannweite der Urliste ab.
  - Es muss vorher festgelegt werden, zu welcher Klasse ein Wert gehört, der auf eine Klassengrenze fällt.
  - Nach Klasseneinteilung können *absolute Häufigkeiten* für jede Klasse (*absolute Klassenhäufigkeiten*) mittels Strichliste ermittelt und in Form einer Tabelle (*Häufigkeitstabelle* oder *sekundäre Verteilungstafel*) zusammengestellt werden.
  - In Häufigkeitstabellen können zusätzlich *Klassenmitten* und *relative Häufigkeiten* für jede Klasse (*relative Klassenhäufigkeiten*) aufgenommen werden.

Beispiel 31.2:
Für die *Urliste* der Stichprobe vom Umfang n=20

299,299,297,300,299,301,300,297,302,303,300,299,301,302,301,299,300,298,300,300

aus Beisp.31.1a sind im Folgenden *primäre* und *sekundäre Verteilungstafel* zu sehen:

a) Wenn die Zahlenwerte der Urliste der Größe nach geordnet sind, lässt sich die *primäre Verteilungstafel* z.B. in folgender Form schreiben:

Werte	Strichliste	absolute Häufigkeit	relative Häufigkeit
297	||	2	0.10
298	|	1	0.05
299	|||||	5	0.25
300	||||||	6	0.30
301	|||	3	0.15
302	||	2	0.10
303	|	1	0.05

b) Bei einer *Klassenbreite* von d=2 lässt sich die *sekundäre Verteilungstafel* (*Häufigkeits-tabelle*) z.B. in folgender Form schreiben:

Klassen-grenzen	Klassenmitte	Strichliste	absolute Häufigkeit	relative Häufigkeit
296.5...298.5	297.5	|||	3	0.15
298.5...300.5	299.5	|||||||||||	11	0.55
300.5...302.5	301.5	|||||	5	0.25
302.5...304.5	303.5			1	0.05

31.2.2 Grafische Darstellungen

Grafische Darstellungen von Zahlenmaterial, das mittels ein-, zwei- oder dreidimensionaler *Stichproben* gewonnen ist, sind möglich:

- n Stichprobenwerte $x_1, x_2, \ldots, x_n$ *eindimensionaler Stichproben* vom Umfang n lassen sich auf verschiedene Weise *grafisch darstellen* (siehe Beisp.31.3):

  - Die einfachste Form ist die Darstellung der Stichprobenwerte in Abhängigkeit von der Reihenfolge der Entnahme, d.h. vom Index. Dies ist jedoch wenig anschaulich und wird deshalb selten angewandt.

  - Wenn aus der Stichprobe eine *primäre Verteilungstafel* erstellt ist (siehe Abschn. 31.2.1), lässt sich über jeden Wert x_i der Verteilungstafel in einem zweidimensionalen Koordinatensystem die zugehörige absolute bzw. relative Häufigkeit zeichnen: Sind beide durch eine senkrechte Strecke verbunden, ergibt sich ein *Stabdiagramm*. Sind die erhaltenen Punkte durch Geradenstücke verbunden, ergibt sich ein Polygonzug, der *Häufigkeitspolygon* heißt.

  - Sind die Werte der Stichprobe in Klassen eingeteilt, d.h. eine *sekundäre Verteilungstafel* (*Häufigkeitstabelle*) ist erstellt (siehe Abschn.31.2.1), so lässt sich ein *Histogramm* (Balkendiagramm) durch Rechtecke über den Klassengrenzen auf der Abszissenachse zeichnen (siehe Beisp.31.3), deren Flächeninhalt proportional zu den zugehörigen Klassenhäufigkeiten ist.

31.2.3 Empirische statistische Maßzahlen

In der *beschreibenden Statistik* dienen *statistische Maßzahlen* nur zur Charakterisierung vorliegender *Stichproben*. Deshalb werden sie auch als *empirische statistische Maßzahlen* bezeichnet.

Die Bezeichnung *empirisch* weist darauf hin, dass diese Maßzahlen aus Stichproben gewonnene Schätzungen für Mittelwert, Streuung (siehe Abschn.29.5), Korrelationskoeffizient (siehe Abschn.31.5) von Zufallsgrößen sind.

In der *schließenden Statistik* werden *Maßzahlen* aus Stichproben u.a. in Schätz- und Testtheorie benötigt, um Wahrscheinlichkeitsaussagen über die Grundgesamtheit zu erhalten.

Wichtige *empirische statistische Maßzahlen* sind:

- Für *eindimensionale Stichproben* vom Umfang n für ein Merkmal (Zufallsgröße) X mit Stichprobenwerten $x_1, x_2, ..., x_n$:

Empirischer Mittelwert (arithmetisches Mittel) $\overline{x}$: $\overline{x} = \frac{1}{n} \cdot \sum_{i=1}^{n} x_i$

Empirischer Median $\tilde{x}$: $\tilde{x} = \begin{cases} x_{k+1} & \text{falls } n = 2k+1 \text{ (ungerade)} \\ \dfrac{x_k + x_{k+1}}{2} & \text{falls } n = 2k \text{ (gerade)} \end{cases}$

wenn die Stichprobenwerte x_i der Größe $x_1 \leq x_2 \leq ... \leq x_n$ nach geordnet sind.

Empirische Streuung s^2 : $s^2 = \frac{1}{n-1} \cdot \sum_{i=1}^{n} (x_i - \overline{x})^2$

wobei s die *empirische Standardabweichung* bezeichnet.

- Für *zweidimensionale Stichproben* vom Umfang n für zwei Merkmale (Zufallsgrößen) X und Y mit Stichprobenpunkten (x_1, y_1), (x_2, y_2), ..., (x_n, y_n) :

  - Es können die für eindimensionale Merkmale gegebenen statistischen Maßzahlen für die x- und y-Werte herangezogen werden. Durch diese Maßzahlen werden die jeweiligen Stichprobenwerte von X bzw. Y jedoch nur getrennt charakterisiert.

  - Bei zwei Merkmalen X und Y interessiert hauptsächlich der Zusammenhang zwischen beiden. Aussagen hierüber liefern folgende *Maßzahlen:*

Empirische Kovarianz: $s_{XY} = \frac{1}{n-1} \cdot \sum_{i=1}^{n} \left(x_i - \overline{x} \right) \cdot \left(y_i - \overline{y} \right)$

Empirischer Korrelationskoeffizient: $r_{XY} = \dfrac{\sum_{i=1}^{n} \left(x_i - \overline{x} \right) \cdot \left(y_i - \overline{y} \right)}{\sqrt{\sum_{i=1}^{n} \left(x_i - \overline{x} \right)^2 \cdot \sum_{i=1}^{n} \left(y_i - \overline{y} \right)^2}} = \dfrac{s_{XY}}{s_X \cdot s_Y}$

Der *empirische Korrelationskoeffizient* ergibt sich durch Normierung der empirischen *Kovarianz* mit den empirischen *Standardabweichungen* s_X und s_Y .

In den gegebenen Formeln für *Kovarianz* und *Korrelationskoeffizient* bezeichnen $\overline{x}$ und $\overline{y}$ den *empirischen Mittelwert* für das Merkmal X bzw. Y,

s_X und s_Y die *empirische Standardabweichung* für das Merkmal X bzw. Y,

die aus den entsprechenden Stichproben zu berechnen sind.

31.3 Beschreibende Statistik mit MATHCAD und MATHCAD PRIME

31.3.1 Erstellung von Listen und Tafeln

Die im Abschn.31.2.1 besprochenen Listen und Tafeln lassen sich für Stichproben großen Umfangs nicht per Hand aufstellen, so dass Computer wie bei den meisten statistischen Untersuchungen erforderlich sind. Die Erstellung dieser Listen bzw. Tafeln lässt sich effektiv mit MATHCAD und MATHCAD PRIME durchführen, wenn vordefinierte Sortierfunktionen (siehe Abschn.11.2) und vorhandene Programmiermöglichkeiten (siehe Kap.13) herangezogen werden. Dies wird dem Anwender überlassen.

31.3.2 Erstellung von Grafiken

Folgende *grafische Darstellungen* sind möglich.

Für *eindimensionale Stichproben* vom Umfang n:

- Wenn aus der Stichprobe eine *primäre Verteilungstafel* erstellt ist (siehe Beisp.31.2), lässt sich folgende Vorgehensweise zur *grafischen Darstellung* anwenden:
  - *Zuerst* sind die Werte der primären Verteilungstafel und ihre absoluten Häufigkeiten den Vektoren (transponierten Zeilenvektoren) **X** bzw. **Y** zuzuweisen:

    $$\mathbf{X}{:=}(x_1\, x_2 \dots x_n)^T \qquad\qquad \mathbf{Y}{:=}(y_1\, y_2 \dots y_n)^T$$

  - *Danach* lässt sich die *Zeichnung* in einem x-y-Diagramm *auslösen* (siehe Abschn. 15.4 und Beisp.31.3).
  - In der *Standardeinstellung* werden die gezeichneten Punkte durch Geraden verbunden, d.h. es entsteht ein *Häufigkeitspolygon*.
  - Wenn nur die Darstellung der Punkte gewünscht ist, lässt sich die im Abschn.15.4.1 beschriebene Vorgehensweise anwenden.

- Sind die Werte der Stichprobe in Klassen eingeteilt, d.h. eine *sekundäre Verteilungstafel* (*Häufigkeitstabelle*) ist erstellt (siehe Abschn.31.2.1), so lässt sich ein *Histogramm* (Balkendiagramm) erstellen durch Zeichnung von Rechtecken über den Klassengrenzen auf der Abszissenachse, deren Flächeninhalt proportional zu den zugehörigen Klassenhäufigkeiten ist. Dies geschieht in einem x-y-Diagramm (siehe Beisp.31.3) durch zweifachen Mausklick auf die Grafik im erscheinenden Dialogfenster bei *Spuren* (englisch: *traces*) bei *Typ* durch Auswahl von *Säulen* (englisch: *bar*).

  Dafür ist die Funktion **hist(X,U)** vordefiniert, in der die Vektoren (transponierten Zeilenvektoren) **X** und **U** folgende Bedeutung besitzen:

  X   enthält als Komponenten die *Zahlenwerte* der *Stichprobe*.

  U   ist so einzugeben, dass sich aus seinen Komponenten u_i die vorgegebenen *Klassenbreiten* d_i in der Form $d_i = u_{i+1} - u_i$ berechnen, d.h. $u_{i+1} > u_i$ ist vorauszusetzen.

Für *zwei-* und *dreidimensionale Stichproben* vom Umfang n lassen sich n Stichprobenpunkte

$$(x_1, y_1), (x_2, y_2), ..., (x_n, y_n) \qquad \text{bzw.} \qquad (x_1, y_1, z_1), (x_2, y_2, z_2), ..., (x_n, y_n, z_n)$$

in einem zwei- bzw. dreidimensionalen Koordinatensystem in Form einer *Punktwolke* grafisch darstellen, wie im Abschn.15.4.1 illustriert ist.

Beispiel 31.3:

Illustration *grafischer Darstellungsmöglichkeiten* mittels MATHCAD und MATHCAD PRIME am Beispiel der eindimensionalen Stichprobe

299,299,297,300,299,301,300,297,302,303,300,299,301,302,301,299,300,298,300,300

aus Beisp.31.1a und 31.2:

- Die Werte der *primären Verteilungstafel* und der *absoluten Häufigkeiten* lassen sich folgendermaßen darstellen:

  - *Zuerst* sind die Werte der *primären Verteilungstafel* und die *absoluten Häufigkeiten* transponierten Zeilenvektoren **X** bzw. **Y** zuzuweisen:

    $$\mathbf{X} := (297\ 298\ 299\ 300\ 301\ 302\ 303)^T \qquad \mathbf{Y} := (2\ 1\ 5\ 6\ 3\ 2\ 1)^T$$

  - *Anschließend* gibt es folgende *grafische Darstellungsmöglichkeiten:*

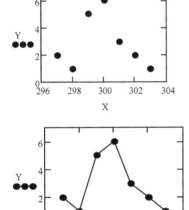

Darstellung in *Punktform*

Darstellung als *Häufigkeitspolygon*

- Die grafische Darstellung des *Histogramms* in Form eines *Säulendiagramms* kann in folgender Form geschehen:

  - *Zuerst* sind die Zahlenwerte der Stichprobe als Vektor (transponierter Zeilenvektor) einzugeben:

$\mathbf{X}:=(299\ 299\ 297\ 300\ 299\ 301\ 300\ 297\ 302\ 303\ 300\ 299\ 301\ 302\ 301\ 299\ 300\ 298\ 300\ 300)^{T}$

– *Danach* werden im Vektor (transponierten Zeilenvektor) **U** die Klassenbreiten fest-gelegt und die vordefinierte *Histogrammfunktion* **hist(U,X)** eingesetzt:

$$\mathbf{U}:=(294\ 296\ 298\ 300\ 302\ 304)^{T} \qquad \mathbf{hist(U,X)}= \begin{pmatrix} 0 \\ 2 \\ 6 \\ 9 \\ 3 \end{pmatrix}$$

Aus dem von der Histogrammfunktion **hist** berechneten Ergebnis lässt sich ablesen, wie viele Zahlenwerten der Stichprobe in die einzelnen Intervalle fallen:

2 Werte in das Intervall [296,298] , 6 Werte in das Intervall [298,300]

9 Werte in das Intervall [300,302] , 3 Werte in das Intervall [302,304]

Dies ist auch aus dem gezeichneten *Histogramm* abzulesen:

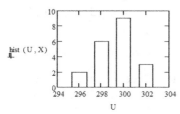

31.3.3   Berechnung von Maßzahlen

Zur Berechnung *empirischer statistischer Maßzahlen* sind Funktionen vordefiniert.

Wenn für *eindimensionale Stichproben* die Stichprobenwerte

$x_1, x_2, ..., x_n$

einem Vektor (transponierten Zeilenvektor) zugewiesen sind, d.h.

$\mathbf{X}:= (x_1\ x_2 ... x_n)^{T}$,

berechnen vordefinierte Funktionen durch Eingabe des numerischen Gleichheitszeichens folgende *Maßzahlen:*

mean(X)   *empirischer Mittelwert* $\overline{x}$,

median(X)   *empirischer Median* $\tilde{x}$,

std(X)   *empirische Streuung*, wobei durch n anstatt durch n-1 dividiert wird, d.h. das Ergebnis ist mit n/(n-1) zu multiplizieren.

Wenn für *zweidimensionale Stichproben* die x- und y-Werte der Stichprobenpunkte

(x_1, y_1), (x_2, y_2) ,..., (x_n, y_n)

Vektoren (transponierten Zeilenvektoren) **X** bzw. **Y** zugewiesen sind, d.h.

$\mathbf{X} := (x_1 \, x_2 \ldots x_n)^T \quad \mathbf{Y} := (y_1 \, y_2 \ldots y_n)^T$,

berechnen vordefinierte Funktionen durch Eingabe des numerischen Gleichheitszeichens folgende *Maßzahlen:*

corr(X,Y)   *empirischer Korrelationskoeffizient*

cvar(X,Y)   *empirische Kovarianz,* wobei durch n statt durch n-1 dividiert wird, d.h. das Ergebnis ist mit n/(n-1) zu multiplizieren

Beispiel 31.4:
Berechnung statistischer Maßzahlen für zwei konkrete Stichproben:

a) Für die *eindimensionale Stichprobe* vom Umfang n=20 aus Beisp.31.1a und 31.2 sind durch

$\mathbf{X} := (299\ 299\ 297\ 300\ 299\ 301\ 300\ 297\ 302\ 303\ 300\ 299\ 301\ 302\ 301\ 299\ 300\ 298\ 300\ 300)^T$

die Stichprobenwerte einem Vektor (transponierten Zeilenvektor) **X** zugewiesen. MATHCAD und MATHCAD PRIME berechnen hierfür folgende Maßzahlen:

Empirischer Mittelwert: **mean(X)**=299.8500

Empirischer Median: **median(X)**=300
                              Er wird auch richtig berechnet, wenn **X** nicht sortiert ist.

Empirische Streuung: **var(X)**=1.5652

b) Für die *zweidimensionale Stichprobe* vom Umfang n=5 aus Beisp.31.1b sind durch

$\mathbf{X} := (20\ 40\ 70\ 80\ 100)^T \qquad \mathbf{Y} := (5\ 10\ 20\ 30\ 40)^T$

die x- und y-Werte dieser Stichprobe den Vektoren (transponierten Zeilenvektoren) **X** bzw. **Y** zugewiesen. MATHCAD und MATHCAD PRIME berechnen für diese Stichprobe folgende Maßzahlen:

Empirische Kovarianz: 447, da **cvar(X,Y)**=358 noch mit n/(n-1)=5/4 zu multiplizieren ist.

Empirischer Korrelationskoeffizient: **corr(X,Y)**=0.979

31.4 Schließende Statistik

Die *schließende Statistik* lässt sich folgendermaßen *charakterisieren:*

- Hier werden unter Anwendung der *Wahrscheinlichkeitsrechnung* aus vorliegendem Zahlenmaterial einer zufällig entnommenen Stichprobe allgemeine *Aussagen* über die *Grundgesamtheit* gewonnen, aus der die Stichprobe stammt. Wie nicht anders zu erwarten, gelten die erzielten Aussagen nur mit gewissen Wahrscheinlichkeiten.

- Die *Grundidee* der schließenden Statistik besteht kurz gesagt im *Schluss* vom *Teil* aufs *Ganze*.

- Aufgrund der benötigten tiefer gehenden mathematischen Methoden wird sie auch *mathematische Statistik* genannt.

- Ein *typisches Beispiel* der schließenden Statistik bildet die *Qualitätskontrolle:*
  In einer Firma sind für ein hergestelltes Massenprodukt (z.B. Glühlampen, Schrauben, Fernsehgeräte) aus Merkmalen einer entnommenen *Stichprobe* Aussagen über Merkmale der gesamten *Produktion* eines bestimmten Zeitraumes gesucht, die hier die Grundgesamtheit bildet.

- Ein wichtiges Gebiet der schließenden Statistik liegt darin, *Aussagen* über unbekannte *Momente* (Erwartungswert, Streuung,...) und unbekannte *Verteilungsfunktionen* betrachteter Merkmale (Zufallsgrößen) von Grundgesamtheiten zu gewinnen. Die Methoden hierfür werden in der *Schätz-* und *Testtheorie* geliefert, die kurz im Abschn.31.4.1 vorgestellt werden.

- Eine *weitere* wichtige *Anwendung* der schließenden Statistik ist die *Korrelations-* und *Regressionsanalyse*. Hier wird ein vermuteter *Zusammenhang* zwischen *Größen* in Technik-, Natur- und Wirtschaftswissenschaften *untersucht* und für diesen Zusammenhang eine *Funktion konstruiert*. Ein erster Einblick in diese wichtige Problematik ist im Abschn.31.5 gegeben.

- Es gibt eine Vielzahl weiterer Anwendungen der Statistik, die nicht vorgestellt werden können.

31.4.1 Schätz- und Testtheorie

Schätz- und Testtheorie gehören zu wichtigen Gebieten der mathematischen Statistik, sind sehr umfangreich und komplex und können deshalb nur kurz vorgestellt werden:

- Die *Schätztheorie* liefert aufgrund von Stichproben Methoden zur Ermittlung von *Schätzungen* für unbekannte *Parameter* und *Verteilungsfunktionen* einer betrachteten Grundgesamtheit.
  Bei statistischen Untersuchungen zu einer Grundgesamtheit, deren betrachtetes Merkmal durch eine *Zufallsgröße* X beschrieben ist, können folgende zwei Fälle auftreten:

  - *Verteilungsfunktion* (Wahrscheinlichkeitsverteilung) und deren *Parameter* (Erwartungswert, Streuung,...) sind *unbekannt*.

  - Die *Verteilungsfunktion* (Wahrscheinlichkeitsverteilung) ist *bekannt* aber deren *Parameter* (Erwartungswert, Streuung,...) sind *unbekannt*.

Verteilungsfunktionen brauchen nicht immer geschätzt werden, da bei zahlreichen praktischen Problemen die *Verteilungsfunktionen näherungsweise* aufgrund des zentralen

Grenzwertsatzes bzw. der Eigenschaften bekannter Verteilungsfunktionen *bekannt* sind, so dass nur *unbekannte Parameter* wie Erwartungswert und Streuung zu *schätzen* sind.

Die *Schätzung* unbekannter *Parameter* einer Grundgesamtheit bildet einen Schwerpunkt der statistischen *Schätztheorie*, wobei zwischen Punkt- und Intervallschätzungen zu unterscheiden ist:

– *Punktschätzungen* liefern einen *Schätzwert* für unbekannte Parameter.

– *Intervallschätzungen* liefern ein *Intervall*, in dem unbekannte Parameter mit einer vorgegebenen Wahrscheinlichkeit liegen.

Da *Schätzungen* nur anhand entnommener *Stichproben* geschehen können, sind ihre Ergebnisse nicht sicher, sondern treffen nur mit gewissen Wahrscheinlichkeiten zu.

• Die *Testtheorie* ist folgendermaßen *charakterisiert:*

– Es werden häufig Methoden benötigt, um vorliegende *Hypothesen* (Annahmen/Behauptungen/Vermutungen) über Grundgesamtheiten zu überprüfen. Dafür lässt sich die Schätztheorie nicht einsetzen.
Deshalb wurde das *Testen/Überprüfen* von *Hypothesen* über unbekannte Parameter und Verteilungsfunktionen einer Grundgesamtheit (Zufallsgröße X) entwickelt, das als *Testtheorie* bezeichnet wird.

– *Tests* können ebenso wie Schätzungen nicht in der gesamten vorliegenden *Grundgesamtheit* geschehen, sondern nur anhand entnommener *Stichproben*. Deshalb sind Ergebnisse der Testtheorie nicht sicher, sondern treffen nur mit gewissen Wahrscheinlichkeiten zu.

– Die in der statistischen Testtheorie durchgeführten *Tests* überprüfen, ob Informationen aus entnommenen *Stichproben* die über die Grundgesamtheit aufgestellten *Hypothesen* (statistisch) *ablehnen* bzw. *nicht ablehnen.*

31.4.2 Anwendung von MATHCAD und MATHCAD PRIME

Mittels MATHCAD und MATHCAD PRIME lassen sich zahlreiche Schätzungen und Tests durchführen, da hierfür wichtige *stetige Verteilungen* wie *Chi-Quadrat-, Student-* und *F-Verteilung* vordefiniert sind. Hierauf kann jedoch im Rahmen dieses Buches nicht eingegangen werden. Interessierte Anwender können das Buch [4] *Statistik mit MATHCAD und MATLAB* des Autors konsultieren.

31.5 Korrelation und Regression

Korrelation und *Regression* haben sich ebenfalls zu einem umfangreichen Gebiet der Statistik entwickelt, so dass diese wichtige Problematik nur kurz vorgestellt werden kann.

In der Praxis treten häufig *Grundgesamtheiten* auf, in denen mehrere *Merkmale* wichtig sind, die sich durch *Zufallsgrößen* X, Y,... beschreiben lassen:

• Es entsteht die *Frage*, ob betrachtete Zufallsgrößen X, Y,... voneinander *abhängig* sind.

• Die *Beantwortung* dieser *Frage* ist bei vielen praktischen Untersuchungen von großer Bedeutung, da häufig keine (deterministischen) funktionalen Zusammenhänge in Form von Gleichungen bzw. Formeln bekannt sind.

Mit der Untersuchung vermuteter Zusammenhänge befassen sich *Korrelations-* und *Regressionsanalyse*, um Wahrscheinlichkeitsaussagen über Art und Form eines *funktionalen Zusammenhangs* zu erhalten, wobei im Folgenden nur zwei Merkmale (Zufallsgrößen) X und Y betrachtet werden. Die Aussagen werden wie bei allen Gebieten der schließenden Statistik anhand von Stichproben gewonnen.

31.5.1 Korrelationsanalyse

Zuerst ist die *Korrelationsanalyse* heranzuziehen, wenn ein funktionaler Zusammenhang zwischen zwei *Merkmalen* (*Zufallsgrößen*) X und Y vermutet wird. Sie liefert Aussagen über die *Stärke* des *vermuteten Zusammenhangs*, wobei *lineare Zusammenhänge* große Bedeutung besitzen:

- Als Maß für einen *linearen Zusammenhang* dient der *Korrelationskoeffizient*, der durch

$$\rho_{XY} = \rho(X,Y) = \frac{E((X-E(X)) \cdot (Y-E(Y)))}{\sigma_X \cdot \sigma_Y}$$

definiert und folgendermaßen *charakterisiert* ist:

- – Er existiert nur, wenn die Standardabweichungen σ_X und σ_Y ungleich Null sind.

- – Er genügt der Ungleichung $-1 \le \rho_{XY} \le 1$.

- – Für $\left| \rho_{XY} \right| = 1$ besteht ein *linearer Zusammenhang* in Form einer *Regressionsgeraden*

  $Y = a \cdot X + b$

  zwischen den Merkmalen (Zufallsgrößen) X und Y mit Wahrscheinlichkeit 1.

- Aus der *Unabhängigkeit* der Zufallsgrößen X und Y folgt, dass der *Korrelationskoeffizient* den *Wert* 0 annimmt. Die Umkehrung dieser Aussage muss nicht immer gelten.

- Da man den Korrelationskoeffizienten für zwei zu untersuchende Merkmale (Zufallsgrößen) X und Y i.Allg. nicht kennt, lässt sich der *empirische Korrelationskoeffizient* (siehe Abschn.31.2.3) einsetzen, für den ebenfalls

$-1 \le r_{XY} \le +1$

gilt und der gleich ± 1 ist, wenn alle Stichprobenpunkte auf einer Geraden liegen.

31.5.2 Regressionsanalyse

Die *Regressionsanalyse* untersucht nach der Korrelationsanalyse die *Art* des *Zusammenhangs* zwischen den *Merkmalen* (Zufallsgrößen) X und Y:

- Eine große Bedeutung besitzt die *lineare Regression*, die sich damit befasst, einen *linearen Zusammenhang*

  $Y = a \cdot X + b$

zwischen *Merkmalen* (Zufallsgrößen) X und Y zu konstruieren, falls der Korrelationskoeffizient dies zulässt:

Für eine vorliegende *Stichprobe* führt die lineare Regression auf die Aufgabe, die *Stichprobenpunkte*

$$(x_1,y_1)\,,\,(x_2,y_2)\,,...,\,(x_n,y_n)$$

durch eine *Gerade* (*empirische Regressionsgerade* - Ausgleichsgerade)

$$y=a\cdot x+b$$

anzunähern.

Zur Bestimmung der frei wählbaren Parameter a und b dient die *Methode der kleinsten Quadrate* (Quadratmittelapproximation - siehe Abschn.14.3.2), da sich die *Interpolation* (siehe Abschn.14.3.1) nicht für die Regression eignet.

Bei hinreichend großen Stichproben kann ohne statistische Tests eine *empirische Regressionsgerade* konstruiert werden, wenn der *empirische Korrelationskoeffizient* in der Nähe von -1 oder +1 liegt. Es lässt sich auch anhand einer *grafischen Darstellung* (siehe Abschn.31.3.2) der *Stichprobenpunkte* ein erster Eindruck darüber erhalten, ob ein linearer Zusammenhang vorliegen kann.

* *Analog* zur eben behandelten linearen Regression wird bei der *allgemeinen linearen Regression* verfahren, die *empirische lineare Regressionsfunktionen* der Form

$$y(x)= f(x\,;a_0,a_1,...,a_m) = a_0 \cdot f_0(x) + a_1 \cdot f_1(x) +...+ a_m \cdot f_m(x)$$

verwendet, in denen die Funktionen

$$f_0(x),f_1(x),...,f_m(x)$$

gegeben und die Parameter

$$a_0,a_1,...,a_m$$

frei wählbar sind. Für

$$f_k(x) = x^k$$

wird von *Regressionspolynomen* gesprochen. Für m=1 ergibt sich die *Regressionsgerade.*

31.5.3 Anwendung von MATHCAD und MATHCAD PRIME

Die Berechnung empirischer *Korrelationskoeffizienten* und *Regressionsfunktionen* geschieht folgendermaßen:

Zuerst werden vorliegende Stichprobenpunkte

(x_1, y_1) , (x_2, y_2) ,..., (x_n, y_n)

Vektoren (transponierten Zeilenvektoren) **X** bzw. **Y** zugewiesen:

$$\mathbf{X}:=(x_1 \, x_2 \ldots x_n)^T \qquad \mathbf{Y}:=(y_1 \, y_2 \ldots y_n)^T$$

Danach berechnen durch Eingabe des numerischen Gleichheitszeichens =

corr(X,Y)	den *empirischen Korrelationskoeffizienten*
slope(X,Y)	die *Steigung* a der empirischen Regressionsgeraden y=a·x+b
intercept(X,Y)	den *Achsenabschnitt* b der empirischen Regressionsgeraden y=a·x+b
linfit(X,Y,F)	die *empirische lineare Regressionsfunktion*, wenn vorher die Funktionen $f_0(x), f_1(x),..., f_m(x)$ dem Vektor (transponierten Zeilenvektor) **F**(x) zugewiesen sind:

$$\mathbf{F}(x):=(f_0(x) \, f_1(x) \, \ldots \, f_m(x))^T$$

Beispiel 31.5:

Betrachtung einer konkreten Grundgesamtheit mit zwei Merkmalen X und Y, für die aus einer vorliegenden *Stichprobe* mittels *empirischer Korrelation* und *Regression* ein *funktionaler Zusammenhang* zu untersuchen ist:

Untersuchung des Zusammenhangs zwischen Geschwindigkeit und Bremsweg eines Pkws mit der im Beisp.31.1b gegebenen Stichprobe vom Umfang n=5:

(20,5) , (40,10) , (70,20) , (80,30) , (100,40)

Nach Zuweisung der Stichprobe an die Vektoren (transponierten Zeilenvektoren) **X** und **Y**, d.h.

$$\mathbf{X}:=(20 \ 40 \ 70 \ 80 \ 100)^T \qquad \mathbf{Y}:=(5 \ 10 \ 20 \ 30 \ 40)^T$$

berechnen MATHCAD und MATHCAD PRIME:

– den *empirischen Korrelationskoeffizienten* mittels

   corr(X,Y)=0.979

   d.h. er hat den Wert 0.979, der in der Nähe von 1 liegt.

– die *empirische Regressionsgerade* (Ausgleichsgerade) mittels

   slope(X,Y)=0.439   **intercept(X,Y)**=-6.201

   o d e r $\mathbf{F}(x):=\begin{pmatrix} 1 \\ x \end{pmatrix}$ $\mathbf{linfit(X,Y,F)}=\begin{pmatrix} -6.201 \\ 0.439 \end{pmatrix}$

   d.h. sie hat die *Form* $y(x) = 0.439 \cdot x - 6.201.$

– das *empirische Regressionspolynom* zweiten Grades (*Regressionsparabel*) mittels

$$\mathbf{F(x)}:=\begin{pmatrix}1 & x & x^2\end{pmatrix}^T \qquad\qquad \mathbf{linfit(X,Y,F)}=\begin{pmatrix}2.883\\0.037\\0.003\end{pmatrix}$$

d.h. die empirische Regressionsparabel hat die *Form*

$$y(x)=0.003\cdot x^2 + 0.037\cdot x + 2.883$$

In folgender Abbildung sind *Stichprobenpunkte* und berechnete empirische *Regressionsgerade* und *Regressionsparabel* grafisch dargestellt:

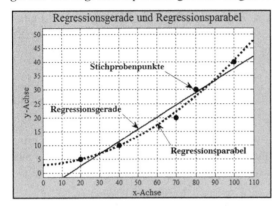

32 Wirtschaftsmathematik

32.1 Problemstellung

Die *Wirtschaftsmathematik* lässt sich folgendermaßen *charakterisieren:*

- Sie ist ein Anwendungsgebiet der Mathematik, das mathematische Modelle für Probleme in der Wirtschaft einsetzt und berechnet.
- Sie verwendet zahlreiche mathematische Gebiete, wie
  Kombinatorik, lineare Algebra (Matrizen und lineare Gleichungen), Differential- und Integralrechnung, Differenzen- und Differentialgleichungen, Stochastik (Wahrscheinlichkeitsrechnung, Statistik und Simulation), Operations Research (u.a. Optimierung, Spieltheorie, Graphentheorie), Finanz- und Versicherungsmathematik.

In den folgenden Abschn.32.2 und 32.3 werden einige Grundgebiete der Wirtschaftsmathematik aufgezählt bzw. als Spezialgebiet die Finanzmathematik vorgestellt. Im abschließenden Abschn.32.4 wird die Anwendung von MATHCAD und MATHCAD PRIME zur Berechnung von Grundaufgaben und Aufgaben der elementaren Finanzmathematik kurz diskutiert und an einigen Beispielen illustriert, um einen Einblick in die Problematik zu geben und Anwender zu ermuntern, MATHCAD und MATHCAD PRIME auch in der Wirtschaftsmathematik erfolgreich einzusetzen.

Das umfangreiche Gebiet der Wirtschaftsmathematik kann jedoch im Rahmen des Buches nicht detaillierter behandelt werden. Hierzu wird auf die Literatur verwiesen, wobei auch die beiden Bücher [16,20] des Autors konsultiert werden können.

32.2 Grundaufgaben

Im Folgenden werden häufig angewandte Modelle und Probleme der Wirtschaftsmathematik aufgezählt:

- Modelle mit Matrizen und linearen Gleichungen wie Verflechtungsmodelle und Input-Output-Modelle,
- Optimale Produktions-, Transport- und Zuordnungsprobleme (Anwendung der linearen Optimierung),
- Marginalanalyse (Anwendung der Differentialrechnung),
- Konsumenten- und Produzentenrente (Anwendung der Integralrechnung),
- Wachstumsmodelle, Multiplikator-Akzellerator-Modelle (Anwendung von Differenzen- und Differentialgleichungen),
- Simulationsmodelle,
- Stochastische Modelle (z.B. in Finanz- und Versicherungsmathematik).

32.3 Finanzmathematik

Die *Finanzmathematik* befasst sich mit der *mathematischen Beschreibung* von *Finanzprodukten* wie z.B. Krediten, Sparkonten, Aktien und Wertpapieren. Sie stellt zahlreiche Methoden zur Verfügung, die sich in zwei Klassen aufteilen lassen, die folgende Abschn. 32.3.1 und 32.3.2 kurz vorstellen.

Die Finanzmathematik hat sich wie die Versicherungsmathematik zu einem eigenständigen Gebiet der Wirtschaftsmathematik entwickelt, wie sich in der zahlreichen Literatur widerspiegelt. Deshalb behandeln Lehrbücher der Wirtschaftsmathematik die Finanzmathematik nur einführend und die Versicherungsmathematik meistens nicht.

32.3.1 Elementare (klassische) Methoden der Finanzmathematik

Zur klassischen Finanzmathematik zählen u.a. folgende *Problemstellungen:*

Zinsrechnung, Rentenrechnung, Tilgungsrechnung, Abschreibungsrechnung, Investitionsrechnung, Kurs- und Renditerechnung.

Zinsen und *Zinseszinsen* als Preis für geliehenes bzw. verliehenes Geld spielen eine wesentliche Rolle.

Als mathematische Hilfsmittel werden lediglich Kenntnisse aus Logarithmen- und Prozentrechnung, im Umformen algebraischer Ausdrücke, aus der Theorie der Zahlenfolgen und -reihen und im Lösen von Gleichungen und Differenzengleichungen benötigt. Deshalb spricht man hier von *elementarer* (klassischer) *Finanzmathematik.*

Einige häufig benötigte Gebiete der elementaren Finanzmathematik werden im Folgenden kurz vorgestellt:

- Die *Zinsrechnung* (siehe Beisp.32.2a) befasst sich mit *zinseszinslicher Anlegung* von Geld in einer Bank.
  Hierfür liefert folgende bekannte *Zinseszinsformel* den Zusammenhang zwischen den Grundgrößen *Anfangskapital* K_0, *Endkapital* K_T, *Laufzeit* T und *Zinsfuß* p (in %) bzw. *Zinssatz* i=p/100:

$$K_T = K_0 \cdot (1+i)^T = K_0 \cdot \left(1+\frac{p}{100}\right)^T$$

  Wenn drei dieser Grundgrößen bekannt sind, lässt sich die vierte aus dieser Formel berechnen.

- Die *Rentenrechnung* (siehe Beisp.32.2b) befasst sich mit regelmäßig wiederkehrenden Zahlungen von Geldbeträgen, die als Renten bezeichnet werden. Ihre Grundgrößen sind *Rentenbarwert* R_0, *Rentenendwert* R_T, *Rentenrate* R, *Laufzeit* T und *Zinsfaktor* q=1+i =1+p/100:

  – Der *Rentenendwert* R_T als eine Grundgröße der *Rentenrechnung* berechnet aus

$$R_T = R \cdot \frac{q^T - 1}{q - 1} \qquad \text{(bei \textit{nachschüssiger Rente})}$$

$$R_T = R \cdot q \cdot \frac{q^T - 1}{q - 1} \qquad \text{(bei \textit{vorschüssiger Rente})}$$

- Der *Rentenbarwert* R_0 berechnet sich aus

$$R_0 = R \cdot \frac{q^T - 1}{q^T \cdot (q-1)} \qquad \text{(bei \textit{nachschüssiger Rente})}$$

$$R_0 = R \cdot \frac{q^T - 1}{q^{T-1} \cdot (q-1)} \qquad \text{(bei \textit{vorschüssiger Rente})}$$

• Die *Tilgungsrechnung* (siehe Beisp.32.2c) ist mit der Rentenrechnung verwandt. In der Tilgungsrechnung geht es um *Rückzahlung* (*Tilgung*) von Darlehen, Krediten, Hypotheken usw., d.h. um Rückzahlung von *Schulden* einschließlich der berechneten Zinsen.

Schuldner können zwischen verschiedenen *Rückzahlungsarten* (*Tilgungsarten*) wählen:

- Rückzahlung des gesamten Betrages am Fälligkeitstag.

- Rückzahlung in mehreren Teilbeträgen in regelmäßigen (konstanten) oder unregelmäßigen Zeitabständen (Perioden).
  Man spricht von
  vorschüssiger Tilgung, wenn die Rückzahlung zu Beginn,
  nachschüssiger Tilgung, wenn die Rückzahlung zum Ende
  einer Periode (z.B. eines Monats oder eines Jahres) vorzunehmen ist.

Die *Tilgung* in *konstanten Zeitabständen* (z.B. in Monaten oder Jahren) wird in der Praxis am häufigsten angewandt:

- Dies ist ein *Spezialfall* der *Rentenrechnung*.

- Hierfür lässt sich die Rentenrechnung auf die Tilgungsrechnung übertragen.

Folgende *Grundgrößen* werden bei der Tilgungsrechnung benötigt:

- *Gesamtschuld* S_0

- *Restschuld* S_t: wenn nach t Jahren nur ein Teil der Schuld getilgt ist.

- *Tilgungsrate* R: bezeichnet den Betrag, der am Ende eines Zeitabschnitts zur Abzahlung der Gesamtschuld zu zahlen ist.

- *Tilgungszeit* T: Zeitraum der Tilgung (in Jahren).

- *Zinsen* Z: sind für die jeweilige Restschuld nachschüssig zu zahlen. *Zinsfuß* und *Zinssatz* werden wie üblich mit p bzw. i und der *Zinsfaktor* i+1 mit q bezeichnet.

– *Annuität* A bzw. *Rückzahlungsbetrag* R_t :

bezeichnet die Summe aus Tilgungsrate R und Zinsen Z. Dabei werden meistens bei der *Ratentilgung* die Bezeichnung *Rückzahlungsbetrag* und bei der *Annuitätentilgung* die Bezeichnung *Annuität* verwendet.

Es werden folgende *Tilgungsarten* unterschieden:

– *Ratentilgung:*

Für diese Tilgungsart ist das geliehene Kapital nach Ablauf der vereinbarten tilgungsfreien Zeit in *konstanten Tilgungsraten* R zurückzuzahlen:
Der Rückzahlungsbetrag R_t muss die berechneten Zinsen mit enthalten.
Die Zinsen nehmen im Laufe der Tilgung ab, da die Restschuld S_t kleiner wird.
Damit ist der *Rückzahlungsbetrag* R_t , der sich aus konstanter Tilgungsrate R und variablen (abnehmenden) Zinsen zusammensetzt, bei der Ratentilgung nicht konstant und lässt sich einfach herleiten:
In der tilgungsfreien Zeit $(t = 0, 1, 2, ... , t_f)$ ist nur der Zinsbetrag $i \cdot S_0$ pro Jahr zu zahlen.
In den restlichen Jahren $t = t_f + 1 ,..., T$ berechnet sich der Rückzahlungsbetrag R_t im Rückzahlungsjahr t aus

$$R_t = i \cdot (S_0 - (t - (t_f + 1)) \cdot R) + R$$

wobei sich die Tilgungsrate R bei gleichmäßiger Ratentilgung aus

$$R = \frac{S_0}{T - t_f}$$

ermittelt, wenn zur Rückzahlungszeit T die Gesamtschuld S_0 getilgt sein soll.

– *Annuitätentilgung:*

Bei dieser Tilgungsart bleibt die *Annuität* (Rückzahlungsbetrag) A während der gesamten Rückzahlungszeit *konstant.*
Da die Zinsen kleiner werden, nehmen die Tilgungsraten folglich um den gleichen Betrag zu.
Es ergeben sich folgende Formeln mit dem Zinsfaktor q=1+i:

Restschuld:
$$S_t = S_0 \cdot q^t - A \cdot \frac{1 - q^t}{1 - q}$$

Sie folgt als Lösung der Differenzengleichung
$S_t = q \cdot S_{t-1} - A$ mit Anfangswert S_0 (Gesamtschuld).

Annuität (konstanter Rückzahlungsbetrag) A:
$$A = S_0 \cdot q^T \cdot \frac{1 - q}{1 - q^T}$$

Sie folgt bei einer Tilgungszeit von T aus
$$0 = S_T = S_0 \cdot q^T - A \cdot \frac{1 - q^T}{1 - q}$$

Tilgungszeit T:

$$T = \frac{\ln A - \ln(A - S_0 \cdot (q-1))}{\ln q}$$

Sie folgt aus der Formel für die Restschuld,
da diese für t=T gleich Null ist, d.h. $S_T = 0$.

32.3.2 Moderne Methoden der Finanzmathematik

Zur modernen Finanzmathematik zählen u.a. folgende *Problemstellungen:*

Aktien, Derivate, Finanzmarktmodelle, Fonds, Optionen, Portfolios, Wertpapiere.

Als *mathematische Hilfsmittel* werden tief liegende Kenntnisse der mathematischen Analysis und Stochastik benötigt, so u.a. über Maßtheorie, stochastische Prozesse (Wiener Prozesse), stochastische Differentialgleichungen (z.B. Black-Scholes-Gleichungen). Deshalb spricht man hier von *modernen Methoden* der Finanzmathematik.

32.4 Anwendung von MATHCAD und MATHCAD PRIME

Mathematiksysteme gewinnen auch bei der Berechnung mathematischer Modelle der Wirtschaft an Bedeutung, da hier die Komplexität zunimmt und deshalb Berechnungen per Hand nicht mehr möglich sind. Mittels Computer lassen sich die anfallenden oft umfangreichen Berechnungen in Sekundenschnelle erledigen, wobei MATHCAD und MATHCAD PRIME große Hilfe leisten.

Das einzige aber nicht unwesentliche Problem bei Berechnungen in der Wirtschaftsmathematik besteht in der hohen Dimension der auftretenden Relationen und Gleichungen, die die Fähigkeiten von MATHCAD und MATHCAD PRIME überfordern kann. Für derartige hochdimensionale Modelle sind spezielle Computerprogramme erforderlich.

32.4.1 Berechnung von Grundaufgaben

Da MATHCAD und MATHCAD PRIME bei der Berechnung zahlreicher Probleme aus Grund- und Spezialgebieten der Mathematik erfolgreich sind, können sie auch viele *mathematische Modelle* und *Grundprobleme* der *Wirtschaft* mit den im Buch gegebenen Hinweisen problemlos *berechnen*, wobei gegebenenfalls die Programmiermöglichkeiten heranzuziehen sind. Eine Illustration hierfür gibt folgendes Beispiel.

Beispiel 32.1:

a) Betrachtung der *Transportoptimierung*, die zum mathematischen Gebiet der *linearen Optimierung* gehört, ein großes Anwendungsgebiet besitzt und zu Grundaufgaben der Wirtschaftsmathematik zählt.

Das folgende Zahlenbeispiel zur *Minimierung* der *Transportkosten* ist zu berechnen:

Von *zwei Kiesgruben* sind *drei Baustellen* mit Kies zu beliefern. Wird die von der *i-ten* Kiesgrube (i=1,2) nach der *k-ten Baustelle* (k=1,2,3) transportierte *Kiesmenge* (in Tonnen) mit x_{ik} bezeichnet, so ergeben sich folgende Variablen

$x_{11} \geq 0$, $x_{12} \geq 0$, $x_{13} \geq 0$, $x_{21} \geq 0$, $x_{22} \geq 0$, $x_{23} \geq 0$.

Die bezüglich dieser Variablen zu *minimierende Zielfunktion* für die *Transportkosten* habe folgende Gestalt, in der die Koeffizienten die einzelnen Transportkosten bezeichnen:

$2 \cdot x_{11} + 3 \cdot x_{12} + 5 \cdot x_{13} + 4 \cdot x_{21} + 7 \cdot x_{22} + 6 \cdot x_{23} \rightarrow$ Minimum

Die *Gleichungen* für die auf den drei Baustellen *benötigten Mengen* (in Tonnen) an Kies haben folgende Gestalt:

Baustelle I: $x_{11} + x_{21} = 1200$

Baustelle II: $x_{12} + x_{22} = 1500$

Baustelle III: $x_{13} + x_{23} = 1000$

Die *Ungleichungen* für die *Kapazitätsbeschränkungen* (in Tonnen) der zwei Kiesgruben haben folgende Gestalt:

Kiesgrube I: $x_{11} + x_{12} + x_{13} \leq 2100$

Kiesgrube II: $x_{21} + x_{22} + x_{23} \leq 2300$

Diese Aufgabe der Transportoptimierung besitzt folgende *Lösung:*

$x_{11} = 600$, $x_{12} = 1500$, $x_{13} = 0$, $x_{21} = 600$, $x_{22} = 0$, $x_{23} = 1000$

d.h. um minimale Transportkosten zu erzielen, liefern Kiesgrube I 600 Tonnen an Baustelle I, 1500 Tonnen an Baustelle II und Kiesgrube II liefert 600 Tonnen an Baustelle I, 1000 Tonnen an Baustelle III.

Diese Lösung berechnet MATHCAD im folgenden Lösungsblock (bei MATHCAD PRIME ohne **given**) mit der vordefinierten Numerikfunktion **minimize** zur Minimierung, wobei verschiedene Startwerte einsetzbar sind. Im Folgenden wird für alle 1 verwendet:

given

x11:=1   x12:=1   x13:=1   x21:=1   x22:=1   x23:=1

x11+x21=1200   x12+x22=1500   x13+x23=1000

x11+x12+x13 $\leq$ 2100   x21+x22+x23 $\leq$ 2300

x11$\geq$0   x12$\geq$0   x13$\geq$0   x21$\geq$0   x22$\geq$0   x23$\geq$0

f(x11,x12,x13,x21,x22,x23):=2·x11+3·x12+5·x13+4·x21+7·x22+6·x23

$$\textbf{minimize}(f, x11, x12, x13, x21, x22, x23) = \begin{pmatrix} 600 \\ 1500 \\ 0 \\ 600 \\ 0 \\ 1000 \end{pmatrix}$$

b) Betrachtung des *Multiplikator-Akzelerator-Modells* von *Samuelson*, das ein *Wachstumsmodell* für das *Volkseinkommen* liefert:

- In diesem Modell für eine Volkswirtschaft wird Folgendes *angenommen:*
  - Die Summe von *Konsumnachfrage* k_t und *Investitionsnachfrage* i_t entspreche in einem *Zeitabschnitt* t dem *Volkseinkommen* y_t dieses Zeitabschnitts. Damit ergibt sich die Gleichung

    $y_t = k_t + i_t$ (Gleichung I)

  - Der *aktuelle Konsum* k_t ist proportional zum *Volkseinkommen* y_{t-1} des vorhergehenden Zeitabschnitts t-1, d.h. (p - Proportionalitätsfaktor)

    $k_t = p \cdot y_{t-1}$ (Gleichung II)

  - Nach dem *Akzelerationsprinzip* hängen die Investitionen i_t nicht vom aktuellen Einkommen y_t ab, sondern sind der *Veränderungsrate* des aggregierten Einkommens $y_{t-1} - y_{t-2}$ proportional, d.h. (c - Proportionalitätsfaktor)

    $i_t = c \cdot (y_{t-1} - y_{t-2})$ (Gleichung III)

- Das Einsetzen der beiden Gleichungen II und III in die Gleichung I liefert folgende homogene *lineare Differenzengleichung* zweiter Ordnung für das Volkseinkommen

  $y_t - d \cdot y_{t-1} + c \cdot y_{t-2} = 0$ (d=c+p ; t=2, 3, 4,...)

  Die abgeleitete Differenzengleichung wird *inhomogen*, d.h.

  $y_t - d \cdot y_{t-1} + c \cdot y_{t-2} = b$

  wenn man annimmt, dass sich das *Volkseinkommen* folgendermaßen zusammensetzt:

  $y_t = k_t + i_t + s_t$

  d.h. es kommen noch *Staatsausgaben* $s_t = b$ hinzu, die als konstant betrachtet werden.

- Das folgende konkrete *Zahlenbeispiel* für die abgeleitete *Differenzengleichung* eines *Multiplikator-Akzelerator-Modells* ist zu berechnen:

  $y_t - 10 \cdot y_{t-1} + 24 \cdot y_{t-2} = 30$ (t=2, 3, 4,...)

  mit den *Anfangsbedingungen* $y_0 = 3$, $y_1 = 12$

Diese lineare *Differenzengleichung* mit konstanten Koeffizienten können MATH-CAD und MATHCAD PRIME mittels *z-Transformation lösen* (siehe Abschn.25.3):

– Zuerst ist die Differenzengleichung in folgender Form zu schreiben:

y(n+2) - 10 · y(n+1) + 24 · y(n) - 30 = 0   mit y(0)=3 und y(1)=12

– Danach ist die *z-Transformation* auf die linke Seite der Differenzengleichung an-zuwenden, d.h.

y(n+2) - 10 · y(n+1) + 24 · y(n) - 30 **ztrans**, n →

und in der erhaltenen Bildgleichung sind die z-Transformierte **ztrans**(y(n),n,z) durch Y(z) zu ersetzen und die gegebenen Zahlenwerte für die Anfangsbedin-gungen y(0) und y(1) einzusetzen, so dass sich die Bildgleichung in folgender Form schreibt:

$$-\frac{30 \cdot z - 34 \cdot z \cdot Y(z) - 11 \cdot z^2 \cdot 3 + z^2 \cdot 12 + z^3 \cdot 3 + 11 \cdot z^2 \cdot Y(z) - z^3 \cdot Y(z) + 10 \cdot z \cdot 3 - z \cdot 12 + 24 \cdot Y(z)}{z-1}$$

– Diese Bildgleichung ist mittels **solve** nach Y(z) aufzulösen und das erhaltene Er-gebnis liefert mittels *inverser z-Transformation* die gesuchte *Lösung*, d.h.

$$3 \cdot z \cdot \frac{z^2 - 7 \cdot z + 16}{z^3 - 11 \cdot z^2 + 34 \cdot z - 24} \; \textbf{invztrans}, z \to 2^n \cdot 3^{n+1} - 2^{2 \cdot n+1} + 2 \; ,$$

die sich für die gegebene Differenzengleichung in folgender Form schreiben lässt:

$$y_t = 3 \cdot 6^t - 2 \cdot 4^t + 2$$

c) Eine wichtige *Anwendung* der Matrizenrechnung in der Wirtschaftsmathematik ist durch folgendes *Input-Output-Modell* gegeben:

• Das von *Leontief* aufgestellte *Verflechtungsmodell* (statisches *Input-Output-Modell*) geht davon aus, dass ein *wirtschaftlicher Bereich* (Volkswirtschaft, Betrieb) in n *Sektoren* aufgeteilt ist. Der Anteil der Produktion des Sektors i, der nicht wieder in einen anderen Sektor j fließt, wird durch die *Modellgleichung*

$$Y_i = X_i - \sum_{k=1}^{n} a_{ik} \qquad (i = 1, 2, \dots , n)$$

beschrieben, in der

– $X_i \geq 0$ die gesamte Produktion (*Bruttoproduktion*) im Sektor i (*Output*),

– $Y_i \geq 0$ den Anteil der Produktion im Sektor i, der nicht wieder in einen ande-ren Sektor j fließt (*Endnachfrage*),

– $a_{ik} \geq 0$ die für X_k aus dem Sektor i benötigte *Produktionsmenge*

darstellen.

Praktisch bedeutet dies, dass nicht die gesamte Produktion X_i zum Verkauf bereitsteht, sondern nur die Menge Y_i , d.h. der *Eigenverbrauch* muss von X_i abgezogen werden.

Im Folgenden werden *Produktionskoeffizienten* (i=1,2,...,n ; k=1,2,...,n)

$$\alpha_{ik} = \frac{a_{ik}}{X_k}$$

verwendet, die angeben, wieviel von der *Produktion* aus dem *Sektor* i (in ME) in den *Sektor* k geliefert werden muss, um hier *eine Einheit* des *Produktes* zu produzieren.

Mit diesen *Produktionskoeffizienten* geht das *Input-Output-Modell* in folgende Form über:

$$Y_i = X_i - \sum_{k=1}^{n} \alpha_{ik} \cdot X_k$$

und lässt sich unter Verwendung der Matrix **P**

$$\mathbf{P} = \begin{pmatrix} \alpha_{11} & \alpha_{12} & \cdots & \alpha_{1n} \\ \alpha_{21} & \alpha_{22} & \cdots & \alpha_{2n} \\ \vdots & \vdots & \cdots & \vdots \\ \alpha_{n1} & \alpha_{n2} & \cdots & \alpha_{nn} \end{pmatrix},$$

die den *Eigenverbrauch* der einzelnen *Sektoren* charakterisiert und der Vektoren **X** (*Output-Vektor/Bruttoproduktionsvektor*) und **Y** (*Endnachfragevektor*)

$$\mathbf{X} = \begin{pmatrix} X_1 \\ X_2 \\ \vdots \\ X_n \end{pmatrix} \qquad \mathbf{Y} = \begin{pmatrix} Y_1 \\ Y_2 \\ \vdots \\ Y_n \end{pmatrix}$$

in folgender *vektorieller Form* schreiben

$$\mathbf{Y} = (\mathbf{E}\text{-}\mathbf{P}) \cdot \mathbf{X} \qquad (\mathbf{E} : \textit{Einheitsmatrix})$$

- Aus diesen *Modellgleichungen* lassen sich bei bekannten Produktionskoeffizienten (d.h. bekannter Matrix **P**)

    - die *Endnachfrage* **Y** *berechnen*, wenn der *Output* **X** *gegeben* ist. Dies lässt sich durch Multiplikation der Matrizen **E-P** und **X** realisieren.

    - der *Output* **X** *berechnen*, wenn die *Endnachfrage* **Y** *gegeben* ist. Diese Aufgabenstellung ist für praktische Anwendungen interessanter und führt auf die Lösung *linearer Gleichungssysteme* mit der Koeffizientenmatrix **E-P**, der rechten Seite **Y** und den Unbekannten **X**. Falls die *Koeffizientenmatrix regulär* ist, ergibt sich die *Lösung* aus

    $$\mathbf{X} = (\mathbf{E}\text{-}\mathbf{P})^{-1} \cdot \mathbf{Y}$$

d.h. durch *Berechnung* der *Inversen* und anschließender Multiplikation mit dem Nachfragevektor. Ansonsten ist das System mit den im Kap.18 für MATHCAD und MATHCAD PRIME gegebenen vordefinierten Funktionen zur Gleichungslösung zu lösen.

- Das *Leontief-Modell* heißt
  - *offen*, wenn ein Y_i größer Null ist.
  - *geschlossen*, wenn für alle $Y_i = 0$ gilt. In diesem Fall ergibt sich $(\mathbf{E}-\mathbf{P})\cdot\mathbf{X} = 0$ d.h. der *Output* $\mathbf{X}$ berechnet sich als *Eigenvektor* für den *Eigenwert* 1 der Matrix $\mathbf{P}$.

- Betrachtung eines *Zahlenbeispiels* für das *Leontief-Modell* für die *innerbetriebliche Verflechtung* in einer *Firma*, die drei *Produkte* P1, P2 und P3 herstellt:

Für die *Produktion einer* ME von

P1   benötigt man 0.2 ME von P2 und 0.4 ME von P3,

P2   benötigt man 0.3 ME von P1 und 0.1 ME von P3,

P3   benötigt man 0.5 ME von P1 und 0.6 ME von P2.

Damit ergibt sich für die Matrix $\mathbf{P}$ der *Produktionskoeffizienten*

$$\mathbf{P} = \begin{pmatrix} 0 & 0.3 & 0.5 \\ 0.2 & 0 & 0.6 \\ 0.4 & 0.1 & 0 \end{pmatrix}$$

und für die *Inverse* $(\mathbf{E}-\mathbf{P})^{-1}$ berechnen MATHCAD und MATHCAD PRIME:

$$\left(\begin{pmatrix} 1 & 0 & 0 \\ 0 & 1 & 0 \\ 0 & 0 & 1 \end{pmatrix} - \begin{pmatrix} 0 & 0.3 & 0.5 \\ 0.2 & 0 & 0.6 \\ 0.4 & 0.1 & 0 \end{pmatrix} \right)^{-1} = \begin{pmatrix} 1.6 & 0.6 & 1.1 \\ 0.7 & 1.3 & 1.2 \\ 0.7 & 0.4 & 1.6 \end{pmatrix}$$

Hat man z.B. eine Nachfrage von P1=10, P2=25, P1=15, d.h.

$$\mathbf{Y} = \begin{pmatrix} 10 \\ 25 \\ 15 \end{pmatrix}$$

so berechnet sich der Output $\mathbf{X}$ aus

$$\begin{pmatrix} 1.6 & 0.6 & 1.1 \\ 0.7 & 1.3 & 1.2 \\ 0.7 & 0.4 & 1.6 \end{pmatrix} \cdot \begin{pmatrix} 10 \\ 25 \\ 15 \end{pmatrix} = \begin{pmatrix} 47.5 \\ 57.5 \\ 41 \end{pmatrix}$$

d.h. es müssen insgesamt 47.5 ME von P1, 57.5 ME von P2 und 41 ME von P3 produziert werden, um die Nachfrage befriedigen zu können.

32.4.2 Berechnung von Aufgaben der Finanzmathematik

In MATHCAD und MATHCAD PRIME sind eine Reihe von Funktionen zur *elementaren Finanzmathematik* (Finanzfunktionen) vordefiniert, mit deren Hilfe zahlreiche finanzmathematische Probleme berechenbar sind.

Diese vordefinierten *Finanzfunktionen* werden bei *Funktionen* unter *Finanzen* (englisch: *Finance*) und in der Hilfe ausführlich erklärt, so dass wir nicht näher darauf eingehen müssen und nur zwei im folgenden Beisp.32.2 anwenden.

Bei den *Argumenten* der vordefinierten Finanzfunktionen sind noch folgende *Hinweise* zu beachten:

– *Zinssätze* werden als Dezimalzahlen dargestellt, so entspricht z.B. der Zinssatz 0.0825 dem Zinsfuß in Prozent 8.25%. Gegebenenfalls ist der Zinssatz für die jeweilige Verzinsungsperiode zu berechnen. Der Zinssatz entspricht der nominalen Jahresrate, dividiert durch die zusammengefassten Perioden in einem Jahr.

– *Ausgehende Zahlungen*, wie Einzahlungen auf ein Sparkonto oder Zahlung eines Darlehens, sind als *negative Zahlen* einzugeben.

– *Eingehende Zahlungen*, zum Beispiel Dividenden, sind als *positive Zahlen* einzugeben.

Die Formeln der elementaren Finanzmathematik lassen sich mit MATHCAD und MATHCAD PRIME auch ohne Anwendung der vordefinierten Finanzfunktionen einfach berechnen, wie im folgenden Beisp.32.2 illustriert ist.

♦

Beispiel 32.2:

Anwendung von MATHCAD und MATHCAD PRIME zur Berechnung von Standardaufgaben der elementaren Finanzmathematik.

a) Betrachtung zweier Aufgaben der *Zinsrechnung*:

Mit der *Zinseszinsformel* lassen sich z.B. *Endkapital* und *Zinsfuß* bei *zinseszinslicher Anlegung* in einer Bank folgendermaßen berechnen:

• Definition des *Endkapitals* K_T als *Funktion* von K_0, p, T unter Verwendung des Literalindex zu

$$K_T(K_0, p, T) := K_0 \cdot \left(1 + \frac{p}{100}\right)^T$$

Mit dieser Funktion berechnet sich das Endkapital K_T mit siebenjähriger Laufzeit T und einem Zinsfuß p=5% für ein Anfangskapital K_0 =20000 Euro einfach zu:

$$K_T(20000, 5, 7) = 28142,$$

d.h. das *Anfangskapital* 20000 Euro vergrößert sich auf das *Endkapital* von 28142 Euro.

- Der *Zinsfuß* p lässt sich unter Verwendung des Literalindex folgendermaßen als Funktion von K_0, T und K_T definieren:

$$p(K_0, T, K_T) := 100 \cdot \left(\sqrt[T]{\frac{K_T}{K_0}} - 1 \right)$$

Mit dieser Funktion lässt sich der *Zinsfuß* p berechnen, damit sich das *Anfangskapital* K_0 in 20 Jahren *verdreifacht*, d.h. $K_T = 3 \cdot K_0$ gilt:

$$K_0 := 1 \qquad p(K_0, 20, 3 \cdot K_0) = 5.65$$

Bei dieser numerischen Berechnung ist K_0 allerdings vorher irgendein Anfangskapital zuzuweisen (z.B. 1) und es ergibt sich p=5,65%.

Das *gleiche Ergebnis* liefert auch die *vordefinierte Finanzfunktion* **crate** durch Berechnung des entsprechenden *Zinssatzes:*

$$\mathbf{crate}\left(20, K_0, 3 \cdot K_0\right) = 0.0565$$

Bei exakter Berechnung braucht man K_0 keinen Wert zuzuweisen:

$$p(K_0, 20, 3 \cdot K_0) \rightarrow 100 \cdot 3^{\frac{1}{20}} - 100 = 5.65$$

b) Betrachtung zweier Aufgaben aus der *Rentenrechnung:*

- Durch Definition des *Rentenendwertes* R_T als Funktion von *Rentenrate R, Zinsfaktor* q=1+i und *Laufzeit* T unter Verwendung des Literalindex zu

$$R_T(R, q, T) := R \cdot q \cdot \frac{q^T - 1}{q - 1} \qquad \text{(bei *vorschüssiger Rente*)}$$

lässt sich folgendes Problem einfach berechnen:
Wie groß ist der Kontostand nach 10 Jahren, wenn ein Sparer jährlich-vorschüssig 2000 Euro auf sein Bankkonto (mit Zinseszins) einzahlt, auf das er 5% Zinsen erhält. Die Berechnung des *Rentenendwertes* mittels der definierten Funktion ergibt:

$$R_T(2000, 1.05, 10) = 26414$$

Damit ist der Kontostand auf 26414 Euro angewachsen.

- Durch Definition des *Rentenbarwertes* R_0 als Funktion von *Rentenrate R, Zinsfaktor* q=1+i und *Laufzeit* T unter Verwendung des Literalindex zu

$$R_0(R, q, T) := R \cdot \frac{q^T - 1}{q^T \cdot (q - 1)} \qquad \text{(bei *nachschüssiger Rente*)}$$

lässt sich folgendes Problem der *Rentenrechnung* einfach berechnen:
Eine Versicherung bietet eine *Rente* an, bei der in den kommenden 10 Jahren *monatlich* (am Monatsende, d.h. *nachschüssig*) 1000 Euro gezahlt werden. Sie verlangt für

diese Rente eine Einzahlung von 100 000 Euro, wobei eine jährliche Verzinsung von 5% zugrunde liegt. Durch die Berechnung des *Rentenbarwertes* mittels der definierten Funktion lässt sich nachprüfen, ob dies ein vorteilhaftes Angebot ist:

$$R_0 \, (1000, 1+0.05/12, 10 \cdot 12) = 94281.35$$

Dabei ist zu beachten, dass sich der Zinsfuß auf ein Jahr bezieht, d.h. man muss bei monatlicher Zahlung durch 12 dividieren.

Der berechnete *Rentenbarwert* von 94281.35 Euro bedeutet, dass man monatlich 1000 Euro für 10 Jahre abheben kann, bis dieser Betrag und gezahlte Zinsen verbraucht sind.

Damit zeigt sich, dass die von der Versicherung angebotene Rente nicht günstig ist, da 100 000 Euro verlangt werden, obwohl schon 94 281.35 Euro reichen.

c) Betrachtung einer Aufgabe aus der *Tilgungsrechnung*, in der *Annuitätentilgung* vorausgesetzt ist:

Durch Definition der *Annuität* A als Funktion der *Gesamtschuld* S_0, des *Zinsfaktors* q=i+1 und der *Laufzeit* T zu

$$A(S_0, q, T) := S_0 \cdot q^T \cdot \frac{q-1}{q^T - 1}$$

lässt sich folgendes Problem einfach berechnen:

Ein Käufer einer Eigentumswohnung vereinbart mit der Bank bei einem *Zinsfuß* p=6.2% (d.h. *Zinssatz* i=0.062) einen *Kredit* von 60 000 Euro mit *Annuitätentilgung* von 5 Jahren (60 Monaten) bei monatlicher Rückzahlung.

Der *pro Monat* hierfür in den nächsten fünf Jahren *zurückzuzahlende Betrag (Annuität)* berechnet sich einfach mit der definierten Funktion:

$$A(60000, 1 + 0.062/12, 60) = 1166$$

Damit beträgt die *Annuität* (konstanter Rückzahlungsbetrag) 1166 Euro pro Monat, wobei zu beachten ist, dass sich der *Zinssatz* i auf ein Jahr bezieht und somit für die Berechnung (pro Monat) durch 12 zu teilen ist.

Das *gleiche Ergebnis* liefert auch die *vordefinierte Finanzfunktion* **pmt**:

$$\mathbf{pmt}\left(\frac{0.062}{12}, 60, 60000, 0, 0\right) = -1166$$

Literaturverzeichnis

MATHCAD

[1]   Benker, H.: Mathematik mit MATHCAD, Springer Verlag Berlin, Heidelberg, New York 1996,

[2]   Benker, H.: Mathematik mit MATHCAD 2.Auflage, Springer Verlag Berlin, Heidelberg, New York 1999,

[3]   Benker,H.: Practical Use of Mathcad, Springer Verlag London, Berlin, Heidelberg 1999,

[4]   Benker, H.: Statistik mit MATHCAD und MATLAB, Springer Verlag Berlin, Heidelberg, New York 2001,

[5]   Benker, H.: Mathematik mit MATHCAD 3.Auflage, Springer Verlag Berlin, Heidelberg, New York 2004,

[6]   Benker, H.: Differentialgleichungen mit MATHCAD und MATLAB, Springer-Verlag Berlin, Heidelberg, New York 2005,

[7]   Faussett: Numerical Methods using Mathcad, Prentice Hall 2001,

[8]   Grobstich, P., Strey, G.: Mathematik für Bauingenieure - Grundlagen, Verfahren und Anwendungen mit MATHCAD, Teubner Verlag Wiesbaden 2004,

[9]   Hörhager, Partoll: Mathcad, Version 7, Addison-Wesley Bonn 1998,

[10]   Kiryanov: The Mathcad 2001i Handbook, Charles River Media 2002,

[11]   Larsen, R.W.: Introduction to Mathcad 15, Prentice Hall 2010,

[12]   Neumann, B.: Bildverarbeitung für Einsteiger - Programmbeispiele mit MATHCAD, Springer Verlag Berlin, Heidelberg, New York 2005,

[13]   Reimann, M.: Thermodynamik mit MATHCAD, Oldenbourg Verlag München 2010,

[14]   Trölß, J.: Angewandte Mathematik mit MATHCAD - Lehr- und Arbeitsbuch, Band 1-4, Springer Verlag Wien, New York 2006, 2007,

Mathematiksysteme

[15]   Benker, H.: Mathematik mit dem PC, Vieweg Verlag Wiesbaden 1994,

[16]   Benker, H.: Wirtschaftsmathematik mit dem Computer, Vieweg Verlag Wiesbaden 1997,

[17]   Benker, H.: Ingenieurmathematik mit Computeralgebra-Systemen, Vieweg Verlag Wiesbaden 1998,

[18]   Benker, H.: Mathematik mit MATLAB, Springer Verlag Berlin, Heidelberg, New York 2000,

[19]   Benker, H.: Mathematische Optimierung mit Computeralgebrasystemen, Springer-Verlag Berlin, Heidelberg, New York 2003,

[20]   Benker, H.: Wirtschaftsmathematik - Problemlösungen mit EXCEL, Vieweg Verlag Wiesbaden 2007,

[21]   Benker, H.: Ingenieurmathematik kompakt-Problemlösungen mit MATLAB, Springer Verlag Berlin, Heidelberg, New York 2010,

[22]   Rapin, G., Wassong, T., Wiedman, S. und Koospal, S.: MuPAD - Eine Einführung, Springer Verlag Berlin, Heidelberg, New York 2007,

[23]   Weiß, C.H.: Mathematica kompakt, Oldenbourg Verlag 2008,

[24]   Westermann, Th.: Ingenieurmathematik kompakt mit Maple, Springer Verlag Berlin, Heidelberg, New York 2012,

[25]   Wolfram: Das Mathematica-Buch, Addison-Wesley Bonn 1999.

Sachwortverzeichnis

(Menüs, vordefinierte Funktionen, Schlüsselwörter, Registerkarten, Symbolleisten, Anweisungen und Operatoren der Programmierung sind im **Fettdruck** geschrieben)

—E—

—K—